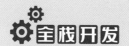

Android App
开发入门与实战

熊欣 / 著

人民邮电出版社

北京

图书在版编目（CIP）数据

Android App开发入门与实战 / 熊欣著. -- 北京：人民邮电出版社，2020.8
 ISBN 978-7-115-54250-2

Ⅰ. ①A… Ⅱ. ①熊… Ⅲ. ①移动终端－应用程序－程序设计 Ⅳ. ①TN929.53

中国版本图书馆CIP数据核字(2020)第116848号

内 容 提 要

本书基于作者14年的开发实战经验，详细介绍了13套Android开发规范、3套热门App框架、12个常用功能模块、14套App解决方案，以及高效开发工具。最后，本书还以实训方式，展现了Github客户端开发的前前后后，作为全书知识的总结。本书不仅实例丰富，还提供完整源码，适合刚入门Android开发人员以及技术管理人员阅读，同时也可作为高等院校相关专业的教学、自学用书。

◆ 著　　熊　欣
　责任编辑　赵　轩
　责任印制　王　郁　马振武

◆ 人民邮电出版社出版发行　北京市丰台区成寿寺路11号
　邮编　100164　电子邮件　315@ptpress.com.cn
　网址　https://www.ptpress.com.cn
　三河市中晟雅豪印务有限公司印刷

◆ 开本：787×1092　1/16
　印张：21
　字数：536千字　　　2020年8月第1版
　印数：1-2 000册　　2020年8月河北第1次印刷

定价：69.00元

读者服务热线：(010)81055410　印装质量热线：(010)81055316
反盗版热线：(010)81055315
广告经营许可证：京东市监广登字20170147号

前言

Android 是一款基于 Linux 的开源操作系统，主要应用于移动端设备。2003 年 10 月，安迪·鲁宾（Andy Rubin）等人创建了 Android 公司；2005 年 8 月，Google 收购了 Android 公司；2008 年 10 月，第一款 Android 智能手机发布。

至今为止，Android 手机已经走过了十多个年头。这些年我们见过各式各样的操作系统，如 iOS、Symbian、Windows Mobile、BlackBerry 等，但是 Android 操作系统却脱颖而出，凭借着其开源性和开放性成为使用人数最多、拥有的使用设备数最多的移动端操作系统，因此这些年也迎来了一阵 Android App 开发的狂潮。

Android 不仅局限于应用和游戏的开发，还将应用到 AI 人工智能、智慧家居、虚拟现实技术、安全等热门领域。在未来的 10 年里，Android 将以更加人性化、智能化，以及安全和便捷的体验展示在大众面前。Android 本身也由于开源的特性，吸引了众多手机厂商的加入，随着国内外各大手机厂商的壮大，引发了 Android App 开发的热潮。

作为一名程序员，如果你对移动端开发和开源有兴趣，那么你应该对 Android App 的开发有一定的了解。本书的目的就是带领读者进入 Android App 开发的世界，让读者全面、系统地掌握 App 开发的技能，最终能胜任 Android 开发的职位，并且开发出自己的 App。

本书特色

1. 内容全面

本书包括 Android 开发过程中所涉及的开发规范、框架、模块、解决方案、App 实战开发等部分，同时还包括团队管理方面的内容，可以说覆盖了 Android 开发所涉及的各个方面。每个部分均再次细化并进行详细说明，同时附带大量图片加以介绍。

2. 实例多

本书在介绍了相关知识点后，都会配备相应的实例，书中会展示关键部分代码，并且配有详细注释，完整实例源码存放在随书源码中。

3. 实战性强

本书不仅从技术角度详细介绍 Android 开发的知识点，更重要的是指引读者手动实现这些功能，如实现框架和模块。实现过程中会通过需求分析、技术分析、代码实现、总结等步骤一步一步地指导实现过程，让读者深入了解实现原理。

4. 解决方案多

本书为 Android 实战开发过程中可能会遇到的问题提供了丰富的解决方案。这些解决方案均是根据实际开发中常见的问题所提出的，经过了长时间的检验，可靠性、实用性强。

5. 结构安排合理

本书 4 篇的安排体现了 App 开发过程的系统性和完整性，并且依据循序渐进的原则，让读者从浅到深、由点及面，更好地理解整个 Android 开发体系。同时，每篇内容自身也可成独立体系，以满足不同阅读需求的读者。

本书体系结构

第 1 篇　规范篇（第 1～5 章）

本篇介绍了 Android 开发过程中所需制定的各种规范。规范不仅是一种约束，还是一种解决方案，更是提升开发效率的手段。

第 2 篇　开发篇（第 6～10 章）

本篇介绍了 Android 开发中常用的设计模式、框架和模块。这是 Android 开发的重点所在，除了介绍原理外，还会介绍如何动手一步步地实现自己的框架和模块。

第 3 篇　扩展篇（第 11～14 章）

本篇介绍了提升 Android 开发效率的相关知识点，包括 App 开发中的各种常用解决方案、App 优化、App 测试和常用工具。

第 4 篇　实战篇（第 15～16 章）

本篇通过实际开发一个 App 对之前介绍的知识内容进行总结，通过实战 App 开发，相信能更好地帮助读者了解 Android App 的整个开发过程。

本书读者对象

- Android 初中级开发人员，有 Android 开发基础，想进一步提高开发水平，想对 Android 开发有更全面和深入的了解。
- Android 团队开发管理人员，想进一步规范团队开发管理，以及提升团队开发质量和效率。
- Android 开发爱好者，想短时间内快速开发出 App。

本书代码开发环境

- Android Studio：3.5.1
- Android Gradle Plugin Version：3.5.1
- Gradle Version：5.4.1
- compileSdkVersion：29
- buildToolsVersion：29.0.2
- targetSdkVersion：29
- minSdkVersion：19
- OS：Windows
- 开发语言：Java

本书源代码下载

为了方便读者学习，本书提供了配套的全部源码。

读者可以发送邮件到作者 androidbook@126.com 获取，邮件主题为本书书名。

读者也可以通过邮箱提出意见或建议。

目录

第 1 篇 规范篇

第 1 章 编码规范 2
- 1.1 命名规范 2
  - 1.1.1 Android 包命名规范 2
  - 1.1.2 Android 代码命名规范 4
  - 1.1.3 Android 资源文件命名规范 6
- 1.2 代码规范 10
  - 1.2.1 IDE 规范 10
  - 1.2.2 CheckStyle 10
  - 1.2.3 代码注释 15
  - 1.2.4 JavaDoc 18
  - 1.2.5 .gitignore 21
  - 1.2.6 ProGuard 21

第 2 章 开发规范 23
- 2.1 API 接口规范 23
  - 2.1.1 API 接口安全设计规范 23
  - 2.1.2 API 接口通用设计规范 25
- 2.2 SDK 设计规范 28
  - 2.2.1 SDK 通用规范 28
  - 2.2.2 SDK 开发规范 28
  - 2.2.3 SDK 开发实例 29
- 2.3 App 常用安全开发规范 30
  - 2.3.1 加壳 30
  - 2.3.2 组件外露 30
  - 2.3.3 WebView 31
  - 2.3.4 Logcat 日志 31
  - 2.3.5 网络请求 31
  - 2.3.6 API 接口 32
  - 2.3.7 so 文件 32
- 2.4 CodeReview 规范 32
  - 2.4.1 CodeReview 目的 32
  - 2.4.2 CodeReview 清单 vs Bad Smell 33
  - 2.4.3 CodeReview 方式 34
  - 2.4.4 CodeReview 输出 34

第 3 章 版本管理规范 35
- 3.1 Git 版本管理规范 35
  - 3.1.1 Git 版本管理说明 35
  - 3.1.2 Git 版本管理流程图 36
  - 3.1.3 Git 分支命名规范 37
  - 3.1.4 Git 分支管理表格图 37
  - 3.1.5 Git 备忘录 37
- 3.2 Maven 使用规范 37
  - 3.2.1 Maven 简介 37
  - 3.2.2 snapshot 和 release 38
  - 3.2.3 Maven 上传的两种方法 38
  - 3.2.4 引用 Maven 41
  - 3.2.5 Maven 版本号 41
  - 3.2.6 免费 Maven 服务器 41
  - 3.2.7 上传到 JCenter 41

第 4 章 打包发布规范 43
- 4.1 App 打包规范 43
  - 4.1.1 打包前 43
  - 4.1.2 打包后 44
  - 4.1.3 发版后 44
  - 4.1.4 发版备注 45
- 4.2 App 发布规范 45
  - 4.2.1 全量发布 45

4.2.2 灰度发布 ……………………………… 45

第 5 章　团队管理规范 ……………… 47
5.1 任务管理规范 …………………………… 47
5.2 需求评审规范 …………………………… 48
5.3 过程管理规范 …………………………… 48

第 2 篇　开发篇

第 6 章　常用设计模式 ……………… 51
6.1 设计模式六大原则 ……………………… 51
6.1.1 单一职责原则 …………………… 51
6.1.2 里氏替换原则 …………………… 52
6.1.3 依赖倒置原则 …………………… 53
6.1.4 接口隔离原则 …………………… 55
6.1.5 迪米特法则 ……………………… 55
6.1.6 开闭原则 ………………………… 56
6.2 单例模式 ………………………………… 56
6.2.1 单例模式介绍 …………………… 56
6.2.2 单例模式实现 …………………… 57
6.2.3 静态类 …………………………… 58
6.2.4 单例和静态类的选择 …………… 58
6.3 工厂模式 ………………………………… 59
6.3.1 简单工厂 ………………………… 59
6.3.2 工厂方法 ………………………… 60
6.3.3 抽象工厂 ………………………… 62
6.4 观察者模式 ……………………………… 63
6.4.1 Java 自带的观察者 ……………… 63
6.4.2 自己实现观察者模式 …………… 64
6.5 Builder 模式 …………………………… 65
6.5.1 为什么要用 Builder 模式 ………… 65
6.5.2 Builder 模式的实现 ……………… 67
6.6 代理模式 ………………………………… 68
6.6.1 静态代理 ………………………… 69
6.6.2 动态代理 ………………………… 69

6.6.3 动态代理应用：简单工厂 ……… 70
6.6.4 动态代理应用：AOP …………… 72
6.7 策略模式 ………………………………… 72
6.7.1 策略模式介绍 …………………… 72
6.7.2 策略模式实现 …………………… 73
6.7.3 关于 SLF4J ……………………… 76
6.8 模板模式 ………………………………… 79
6.8.1 模板模式介绍 …………………… 79
6.8.2 模板模式实现 …………………… 79
6.9 适配器模式 ……………………………… 80
6.9.1 适配器模式介绍 ………………… 80
6.9.2 适配器模式实现 ………………… 81

第 7 章　设计框架 …………………… 83
7.1 MVC ……………………………………… 83
7.1.1 MVC 介绍 ……………………… 83
7.1.2 MVC 的优点、缺点、适用范围 … 83
7.1.3 MVC 实例 ……………………… 84
7.2 MVP ……………………………………… 87
7.2.1 MVP 介绍 ……………………… 87
7.2.2 MVP 的优点、缺点、适用范围 … 87
7.2.3 MVP 实例 ……………………… 88
7.3 MVVM …………………………………… 89
7.3.1 MVVM 介绍 …………………… 89
7.3.2 MVVM 的特点 ………………… 90
7.3.3 MVVM 实例 …………………… 90

第 8 章　动手写框架 ………………… 93
8.1 TinyMVP ………………………………… 93
8.1.1 回顾 MVP ……………………… 93
8.1.2 常规解决方案 …………………… 93
8.1.3 MVP 优化：泛型 ……………… 94
8.1.4 MVP 优化：减少接口 ………… 95
8.1.5 MVP 优化：生命周期 ………… 96
8.2 TinyMVVM ……………………………… 99
8.2.1 回顾 MVVM …………………… 99

8.2.2	MVVM 第一种实现 ……………………	100
8.2.3	MVVM 第二种实现 ……………………	102
8.2.4	MVVM 第三种实现 ……………………	104

8.3　TinyModule …………………… 106
- 8.3.1　关于 Module …………………… 106
- 8.3.2　TinyModule 的实现 …………… 107
- 8.3.3　拓展：Module 的 MVP 化 …… 109

第 9 章　常用模块 …………………… 110
9.1　功能模块 …………………… 110
- 9.1.1　网络请求 …………………… 110
- 9.1.2　图片加载 …………………… 111
- 9.1.3　数据库 …………………… 111
- 9.1.4　异步分发 …………………… 112
- 9.1.5　IOC …………………… 112
- 9.1.6　数据解析 …………………… 112
- 9.1.7　权限 …………………… 113

9.2　UI 模块 …………………… 113
- 9.2.1　Adapter …………………… 113
- 9.2.2　Refresh …………………… 113
- 9.2.3　Tab …………………… 113
- 9.2.4　Banner …………………… 114
- 9.2.5　ImageView …………………… 114

第 10 章　动手写模块 …………… 115
10.1　日志模块：TinyLog …………… 116
- 10.1.1　日志模块需求 …………… 116
- 10.1.2　日志模块技术分析 ……… 117
- 10.1.3　日志模块代码实现 ……… 118
- 10.1.4　总结 …………………… 122

10.2　权限模块：TinyPermission … 123
- 10.2.1　权限模块需求 …………… 123
- 10.2.2　权限模块技术分析 ……… 125
- 10.2.3　权限模块代码实现 ……… 126
- 10.2.4　总结 …………………… 128

10.3　任务模块：TinyTask …………… 129

- 10.3.1　任务模块需求 …………… 129
- 10.3.2　任务模块技术分析 ……… 130
- 10.3.3　任务模块代码实现 ……… 131
- 10.3.4　总结 …………………… 138

10.4　异步分发模块：TinyBus ……… 138
- 10.4.1　异步分发模块需求 ……… 139
- 10.4.2　异步分发模块技术分析 … 139
- 10.4.3　异步分发模块代码实现 … 140
- 10.4.4　总结 …………………… 144

10.5　网络模块：TinyHttp …………… 145
- 10.5.1　网络模块需求 …………… 145
- 10.5.2　网络模块技术分析 ……… 146
- 10.5.3　网络模块代码实现 ……… 147
- 10.5.4　总结 …………………… 154

10.6　图片模块：TinyImage ………… 154
- 10.6.1　一种封装图片调用的方式 … 154
- 10.6.2　Glide 调用的改造 ……… 157
- 10.6.3　图片框架的切换 ………… 158
- 10.6.4　总结 …………………… 161

10.7　数据库模块：TinySql ………… 161
- 10.7.1　数据库模块需求 ………… 161
- 10.7.2　数据库模块技术分析 …… 163
- 10.7.3　数据库模块代码实现 …… 164
- 10.7.4　总结 …………………… 168

10.8　两种开源数据库的封装 ……… 169
- 10.8.1　对 GreenDao 数据库的封装 … 169
- 10.8.2　对 OrmLite 数据库的封装 … 171

10.9　IOC 模块：TinyKnifer ………… 173
- 10.9.1　IOC 模块需求 …………… 174
- 10.9.2　IOC 实现：注解 + 反射 … 174
- 10.9.3　IOC 实现：注解 +Annotation Processor+JavaPoet …… 176

10.10　Adapter 模块：TinyAdapter … 183
- 10.10.1　Adapter 模块需求 ……… 184

10.10.2	Adapter 模块技术分析 …………	187
10.10.3	Adapter 模块代码实现 …………	187
10.10.4	总结 ………………………………	192
10.11	下拉刷新模块：TinyPullTo Refresh …………………………………	192
10.11.1	下拉刷新模块需求 ……………	192
10.11.2	下拉刷新模块技术分析 ………	193
10.11.3	下拉刷新模块代码实现 ………	193
10.12	综合应用：TinyTemplate ………	195

第 3 篇　扩展篇

第 11 章　常用开发解决方案 …… 201

11.1	设计方案：蓝湖 …………………	201
11.2	产品方案：Axure ………………	203
11.2.1	Axure 优点 ……………………	203
11.2.2	Axure 和蓝湖 …………………	203
11.2.3	Axure 实例 ……………………	204
11.3	Mock 方案：Postman ……………	205
11.3.1	为什么要模拟 API 接口 ………	205
11.3.2	利用 Postman 模拟 API 接口 …	205
11.4	长连接方案：Mars ………………	208
11.4.1	为什么用 Mars …………………	208
11.4.2	.proto 文件 ……………………	209
11.4.3	自动生成 Java 文件 ……………	210
11.4.4	Android 中的调用 ……………	210
11.5	伪协议方案 ………………………	211
11.5.1	URL Scheme 定义 ……………	212
11.5.2	URL Scheme 解析 ……………	212
11.5.3	URL Scheme 应用 ……………	212
11.5.4	URL Scheme 应用场景 ………	213
11.6	App 预埋方案 ……………………	215
11.6.1	升级 ……………………………	215
11.6.2	功能开关 ………………………	216
11.6.3	通用弹框 ………………………	216
11.6.4	旧版本和新版本字段兼容 ……	217
11.6.5	extension 扩展字段 ……………	217
11.6.6	权限管理 ………………………	217
11.6.7	域名替换 ………………………	218
11.7	Gradle 配置方案 ………………	218
11.7.1	Gradle 简介 ……………………	218
11.7.2	配置信息 ………………………	219
11.7.3	使用 .each 引入依赖库 ………	220
11.7.4	任务信息 ………………………	220
11.8	串行与并行方案：RxJava ………	221
11.8.1	什么是串行和并行 ……………	221
11.8.2	串行：FlatMap …………………	221
11.8.3	串行：Concat …………………	222
11.8.4	并行：Merge …………………	223
11.8.5	并行：Zip ……………………	224
11.9	设计一种串行方案 ……………	225
11.10	异常处理方案 …………………	227
11.10.1	异常介绍 ………………………	227
11.10.2	异常抛出 ………………………	228
11.10.3	异常捕获 ………………………	229
11.10.4	Android 全局异常的捕获 ……	231
11.10.5	预防异常 ………………………	232
11.11	Android 动画方案：属性动画 …	232
11.11.1	视图动画和属性动画 …………	232
11.11.2	属性动画的应用 ………………	233
11.11.3	Lottie …………………………	235
11.12	Android Studio 动态调试方案 …	235
11.13	自定义 View 方案 ………………	238
11.13.1	自定义 View 简介 ……………	238
11.13.2	View 绘制流程 ………………	238
11.13.3	坐标系 …………………………	239
11.13.4	方案一：继承系统 View 控件 …	239
11.13.5	方案二：组合控件 ……………	241

11.13.6	方案三：重写 View ……………	243
11.14	组件化方案 …………………………	245
11.14.1	为什么要进行组件化开发 ……	245
11.14.2	组件化改造方案 ………………	246
11.14.3	组件化开发手册 ………………	250
11.14.4	组件化开发实战 ………………	252

第 12 章　Android 优化 ………… 255

12.1	内存泄漏 ……………………………	255
12.1.1	Static 静态变量 ………………	255
12.1.2	InnerClass 内部类 ……………	257
12.1.3	其他导致内存泄漏的场景 ……	260
12.1.4	LeakCanary ……………………	262
12.2	编译速度 ……………………………	262
12.2.1	配置文件优化 …………………	263
12.2.2	Gradle 脚本优化 ………………	264
12.2.3	其他优化方案 …………………	265

第 13 章　测试 …………………… 266

13.1	压力测试 Monkey …………………	266
13.2	JUnit、Espresso、Mockito、	
	Robolectric ………………………	267
13.2.1	JUnit …………………………	268
13.2.2	Espresso ………………………	269
13.2.3	Mockito ………………………	269
13.2.4	Robolectric ……………………	270
13.2.5	综合应用 ………………………	270
13.2.6	扩展：mock 植入和反射 ……	272

第 14 章　工具 …………………… 273

14.1	Android 模拟器 ……………………	273
14.1.1	AVD ……………………………	273
14.1.2	Genymotion ……………………	274
14.1.3	MuMu 模拟器 …………………	274
14.2	文档管理 ……………………………	275
14.2.1	文档共享和编辑平台 …………	275

14.2.2	知识管理平台 …………………	276
14.2.3	任务管理和缺陷跟踪平台 ……	276
14.3	9PNG 的应用 ………………………	277
14.3.1	字体阴影 ………………………	277
14.3.2	用 9png 图片实现通用阴影效果 …	278
14.3.3	用 9png 图片实现网络传输 …	279
14.4	CI：持续集成 ………………………	279
14.4.1	Jenkins …………………………	279
14.4.2	Travis …………………………	281
14.5	Kotlin 学习 …………………………	282
14.5.1	Kotlin 语法手册 ………………	282
14.5.2	Kotlin 在 Android 上的应用 …	284
14.6	其他的一些与开发相关的工具 ……	286
14.6.1	图片压缩 ………………………	286
14.6.2	源码阅读 ………………………	287
14.6.3	Stetho …………………………	288
14.6.4	Android Asset Studio …………	288

第 4 篇　实战篇

第 15 章　Github 客户端开发 … 291

15.1	Github 需求 ………………………	291
15.2	Github 原型图 ……………………	292
15.3	技术选型 ……………………………	293
15.3.1	架构 ……………………………	293
15.3.2	功能模块 ………………………	294
15.3.3	UI 模块 ………………………	294
15.3.4	技术方案 ………………………	295
15.4	开发准备 ……………………………	296
15.4.1	新建工程 ………………………	296
15.4.2	目录结构 ………………………	297
15.4.3	图标 ……………………………	298
15.4.4	配置文件 ………………………	298
15.4.5	辅助工具 ………………………	300

- 15.5 开发实现：架构与模块 …………… 301
  - 15.5.1 MVVM 架构 ………………… 301
  - 15.5.2 网络模块 …………………… 301
  - 15.5.3 图片模块 …………………… 304
  - 15.5.4 数据库模块 ………………… 304
  - 15.5.5 base 模块 …………………… 307
  - 15.5.6 数据模块 …………………… 311
  - 15.5.7 其他模块 …………………… 313
- 15.6 开发实现：业务 ………………… 314
  - 15.6.1 启动页 ……………………… 314
  - 15.6.2 登录页 ……………………… 316
  - 15.6.3 首页 ………………………… 318
  - 15.6.4 开源项目和搜索 …………… 319
  - 15.6.5 国际化 ……………………… 320

第 16 章 打包与发布 …………… 322
- 16.1 打包 ……………………………… 322
- 16.2 发布 ……………………………… 324

第 1 篇
规范篇

凡事预则立，不预则废。在进行 Android App 开发之前，制定 Android 开发规范是一个必要而且首要的步骤。小到每个开发团队，大到整个公司，都需要有一套自己的开发规范。良好的开发规范不但有助于提升开发人员的开发效率，而且有利于团队成员之间的代码阅读和沟通协作，以及有利于团队成员在项目之间流动。

第 1 章

编码规范

1.1 命名规范

1.1.1 Android 包命名规范

因为 Android 包目录的命名会直接影响到整个 App 工程后期的开发效率和扩展性，所以在创建项目的初期，包目录的命名非常重要。

Android 工程本身对包目录命名没有要求，可以将代码文件直接放置在默认目录下，但这样做会导致很多无关文件的堆积，不利于查找及后期维护，所以一般不建议采用这种方式。

Android 包目录命名的常用方式有两种：PBL（Package By Layer）和 PBF（Package By Feature）。

1. Package By Layer

PBL 是按层次划分的，实际上就是按照职能划分，如在根目录里面命名 activity、fragment、view、service、db、net、util、bean、base 等包名。

例如，activity 的职能是管理所有的 Activity 类，只要这个类是继承自 Activity 的，都放到这个目录下。以此类推，fragment 目录存放所有继承自 Fragment 的类，view 放置自定义的 View，net 放置网络相关的类，bean 放置 Bean 对象等。

早期的 Android App 开发常采用图 1.1 所示的包结构。

接下来我们来分析一下 PBL 这种命名结构的优缺点。

1）PBL 优点

- 项目结构简洁明了，上手快。
- 适合开发人员不多、项目功能简单、后期变动不大的项目。

2）PBL 缺点

（1）低内聚

同一个目录下会有各种功能模块。例如 activity 目录，其中放置了登录、设置等功能模块；这几个模块本身并没有很强的关联性，却被放置在了一起，导致聚合性降低。

（2）高耦合

这里讲的高耦合是指目录之间的关联性，例如 activity 目录内的类可能引用到了 fragment 或者 view 目录里面的类，导致目录之间的耦合性较高。

（3）影响开发效率

开发一个功能模块，往往需要在不同的包目录之间切换。例如登录模块，需要在 activity 目录下开发 LoginActivity 类，而 LoginActivity 类往往包含了 fragment 目录下的内容，这时又需要去 fragment 目录下找到对应的 Fragment 类来开发，目录之间频繁切换会影响开发效率。同样，修改、调试一个功能也需要进行这样的操作，如果后期项目功能和代码增多，会大大降低开发效率。

2. Package By Feature

PBF 是按照功能划分包目录的。以功能模块名称作为目录名，所有与这个功能模块相关的开发都在这个目录内。

以 Google I/O 2019 Android App 为例，如图 1.2 所示。

图 1.1　PBL 包目录结构　　　　图 1.2　Google I/O 2019 Android App 包目录结构

可以看到，除了与业务无关的模块，如 utils 这样的通用模块，每一个包目录都对应一个功能模块。

Google 的项目采用 PBF 进行包目录命名，我们来分析一下 PBF 有哪些优点。

1）高内聚

所有功能都在一个包下完成，以 map 模块为例，如图 1.3 所示。

可以看到，map 目录下包含了 fragment、adapter、viewmodel 等。这里需要说明的是，功能模块里面的 util 一般都是和这个功能模块强相关的，如果是功能模块包目录外的 util 目录名，一般放置的是与项目相关的 util 类和能作用于整个或者多个功能模块的 util 类。

其他包目录以此类推，例如 ui 包目录下面放置了 Base Activity，adapter 包目录下面放置了 BaseAdapter 等。

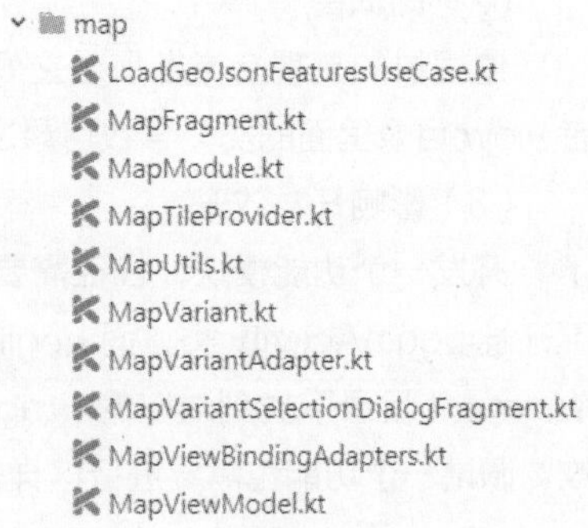

2）低耦合

包目录之间没有很强的关联性，此模块的功能只需要在对应的包目录下面即可进行开发，除了基础类外，一般不需要引入其他包的类。

```
v ■ map
    K LoadGeoJsonFeaturesUseCase.kt
    K MapFragment.kt
    K MapModule.kt
    K MapTileProvider.kt
    K MapUtils.kt
    K MapVariant.kt
    K MapVariantAdapter.kt
    K MapVariantSelectionDialogFragment.kt
    K MapViewBindingAdapters.kt
    K MapViewModel.kt
```

图 1.3　map 模块包目录结构

3）开发效率高

增删改查都只需要在对应的包目录下面操作即可，便于团队开发管理，提升问题排查效率，也方便后续开发人员接手。

4）便于后期组件化转化

如果项目是按照 PBF 来进行包目录划分的，后期进行组件化改造的时候就会非常方便。可以直接把功能模块独立出来作为一个组件，同时划分好代码边界，对外保留好模块间的访问接口。例如上面的 map 功能模块，可以将其独立出来作为一个 library 工程。

1.1.2　Android 代码命名规范

以 Java 语言为例，来说明一下如何制定代码的命名规范。

命名规则约定事项如下。

- 代码命名不以下画线和美元符号开头。
- 【　】表示可选。

1. 类名

采用大驼峰命名法。

（1）命名规则

【功能】+【类型】。

（2）举例

Activity 类，命名以 Activity 为后缀，如：LoginActivity。

Fragment 类，命名以 Fragment 为后缀，如：ShareFragment。

Service 类，命名以 Service 为后缀，如：DownloadService。

Dialog 类，命名以 Dialog 为后缀，如：ShareDialog。

Adapter 类，命名以 Adapter 为后缀，如：ProductAdapter。

BroadcastReceiver 类，命名以 Receiver 为后缀，如：PushReceiver。

ContentProvider 类，命名以 Provider 为后缀，如：FileProvider。
业务处理类，命名以 Manager 为后缀，如：UserManager。
解析类，命名以 Parser 为后缀，如：NewsParser。
工具类，命名以 Util 为后缀，如：EncryptUtil。
模型类，命名以 Bean 为后缀，如：GiftBean。
接口实现类，命名以 Impl 为后缀，如：DeviceImpl。
自定义共享基础类，命名以 Base 开头，如：BaseActivity。
测试类，命名以它要测试的类的名称开始，以 Test 结束，如：DeviceImplTest。
（3）抽象类和接口类
抽象类命名后缀为 Abstract，如：abstract DeviceAbstract。
接口类命名后缀为 Contract，如：interface DeviceContract。

2. 方法名

采用小驼峰命名法。
（1）命名规则
动词或动名词。如：run()、addDevice()。
（2）举例
初始化方法，命名以 init 开头，如：initView。
按钮点击方法，命名以 to 开头，如：toLogin。
设置方法，命名以 set 开头，如：setData。
具有返回值的获取方法，命名以 get 开头，如：getData。
通过异步加载数据的方法，命名以 load 开头，如：loadData。
布尔型的判断方法，命名以 is、has 或 check 开头，如：isEmpty、checkNull。
对数据进行处理，命名以 handle 开头，如：handleUserInfo。
弹出提示框，命名以 show 开头，如：showAgreement。
更新数据，命名以 update 开头，如：updateUserInfo。
保存数据，命名以 save 开头，如：saveUserInfo。
重置数据，命名以 reset 开头，如：resetUserInfo。
删除数据，命名以 delete 开头，如：deleteUserInfo。
查询数据，命名以 query 开头，如：queryUserInfo。
移除数据，命名以 remove 开头，如：removeUserInfo。

3. 变量名

采用小驼峰命名法，变量命名应该简短且有规则。所有变量都要显示地赋值，如 int number = 0。布尔变量应该包含 Is，如 IsFirstLogin。
按照不同的变量类型，变量的命名规则有所不同，如下。
（1）类变量（成员变量）
非公有的变量前面要加上小写 m；静态变量前面要加上小写 s；其他变量以小写字母开头，前面不再加任何前缀，例如 Bean 类中的属性变量，为了生成的 get 和 set 方法名美观可读，有一些 IDE 已经支持生成 get 和 set 方法名时自动去除前缀。

常量、静态变量全大写，采用下画线命名法。

```
1.  public class Demo {
2.      public static final int SOME_CONSTANT = 2020;
3.      public int publicField = 1;
4.      private static Demo sSingleton;
5.      int mPackagePrivate;
6.      private int mPrivate = 0;
7.      protected int mProtected = 10;
8.  }
```

（2）局部变量

变量为一个单词，以小写字母开头。如：GiftBean bean。

（3）参数

参数为一个或多个单词的组合，以小写字母开头。如：fun(int position)、fun(String userName)。

（4）临时变量

临时变量通常被取名为 i、j、k、m 和 n，它们一般用于整型；c、d、e 一般用于字符型。如：for (int i = 0; i < len ; i++)，for (String c : stringList)。

（5）泛型变量

泛型变量一般用单个大写字母来表示，如果这个泛型是某个类的子类，那么这个大写字母一般取的是父类所代表的这个类含义的首字母。如：interface BasePresenter<V extends BaseView, M extends BaseModel>，其中 V 代表 View，M 代表 Model。

（6）控件变量

Android 中把很多 UI 控件作为成员变量，为了和 Java 的成员变量区分开，UI 控件类型的成员变量在遵循前面成员变量命名规范的前提下，后面统一再加上控件名称。如：private TextView mDescriptionTextView。

有些命名规则是在后面加上控件的缩写，缩写不如全名看起来美观，而且不易于理解。

1.1.3　Android 资源文件命名规范

1. layout 命名

全部小写，采用下画线命名法，使用名词或名词词组。所有 Activity 或 Fragment 等的布局名必须与其类名相对应。

（1）命名规则

【类型名】+【模块名】。

（2）举例

MainActivity.java 对应 activity_main.xml，规则是类名单词倒置，中间用"_"连接，并且单词全部改为小写，如下。

activity_main：Main 模块的 Activity。

fragment_login：Login 模块的 Fragment。

dialog_update：Update 模块的 Dialog。

关于 include，由于 include 的布局一般不属于某个专门的模块，所以用 include_ 代表类型。如果是在某个模块内拆分出来的布局，需要加上这个模块的名称，如下。

include_tips：提供 tips 布局。

include_im_function：IM 模块的功能布局。

关于 ListView、RecyclerView 或 GridView 的 item 的布局命名，用 item_ 代表类型，如下。

item_user_member：User 模块下普通会员的 item。

item_user_vip：User 模块下 VIP 会员的 item。

另外，item 如果是表示 header 或 footer 的，可以加上 _header 或 _footer 后缀，如下。

item_user_header：User 模块下下拉刷新的 header。

item_user_footer：User 模块下下拉刷新的 footer。

总之，布局文件的命名需要能直接反映该布局文件的作用范围和功能。

2. layout 中的 id 命名

全部小写，采用下画线命名法。

（1）命名规则

【控件缩写】+【模块名】+【功能名】。

（2）举例

```
1.  <!-- 这是登录模块的密码输入框 -->
2.  <TextView
3.      android:id="@+id/et_login_password"
4.  />
5.
6.  <!-- 这是登录按钮 -->
7.  <Button
8.      android:id="@+id/btn_login_submit"
9.  />
```

有时候为了简洁，layout 的 id 定义得不那么复杂，例如上面的 et_login_password 可能会写成 password。这样有一个问题是，如果项目中存在多个相同的命名，那么查找起来会有些不方便，如图 1.4 所示的同名 id。

图 1.4　同名 id

在单击 main_content 这个 id 名后，系统会弹出对话框提示选择跳转到哪一个 layout 下面的 id。这样会增加开发时间，尤其是在对代码的熟悉程度不够的情况下。而且如果是在 SDK 中这样去命名，很有可能会导致引用 SDK 的项目出现资源重名并产生冲突。

3. anim 命名

全部小写，采用下画线命名法。

（1）命名规则

【模块名】+【动画类型】+【动画方向】。

如果不限定模块名，表示这个动画是全局通用的。

（2）举例

scale_in.xml：缩小；slide_out.xml：扩大。

fade_in.xml：淡入；fade_out.xml：淡出。

push_down_in.xml：从下方推入；push_down_out.xml：从下方推出。

left_in.xml：从左边进入；left_out.xml：从左边退出。

welcome_zoom_in.xml：欢迎界面放大。

4. mipmap（或 drawable）命名

全部小写，采用下画线命名法。

（1）命名规则

【控件缩写】+【模块名】+【功能名】+【状态限定】。

状态限定的内容包括 small、big、normal、focus、red、white 等，且可以叠加。

（2）举例

btn_main_back.png：Main 模块的返回按钮的图片。

btn_main_back_small.png：Main 模块的返回按钮的小图片。

btn_main_back_small_pressed.png：Main 模块的返回按钮被选中时的小图片。

btn_red.png：通用红色按钮图片。

bg_setting.png：Setting 模块通用背景图片。

ic_user_head_small.png：User 模块头像（小）。

selector_login_input.png：Login 模块输入文本框的 selector。

5. values 中的 id 命名

1）strings

（1）命名规则

【模块名】+【控件名】+【功能名】。

（2）举例

```
1.  <string name="loading">加载中</string>
2.  <string name="button_ok">确定</string>
3.  <string name="dialog_title">对话框</string>
4.  <string name="main_titlebar_more">更多</string>
5.  <string name="setting_title">设置页面</string>
6.  <string name="search_edittext_hint">输入关键字</string>
7.  <string name="login_findpassword">找回密码</string>
```

2）colors

（1）命名规则

【模块名或 theme 名】+【功能名】+【颜色编码】。

（2）举例

```
1.    <!-- Basic colors -->
2.    <color name="white">#FFFFFF</color>
3.    <color name="black">#000000</color>
4.    <color name="red">#FF0000</color>
5.    <color name="blue">#0000FF</color>
6.    <color name="green">#00FF00</color>
7.    <!-- Splash page -->
8.    <color name="splash_yellow">#EEEE00</color>
9.    <color name="splash_pink">#FFB5C5</color>
10.   <!-- Feedback page -->
11.   <color name="feedback_submit_black">#000000</color>
```

3）dimens

（1）命名规则

【模块名】+【控件名】+【描述】。

（2）举例

```
1.  <!-- Common dimensions -->
2.  <dimen name="margin_normal">16dp</dimen>
3.  <dimen name="margin_small">8dp</dimen>
4.  <dimen name="margin_large">32dp</dimen>
5.  <!-- Navigation -->
6.  <dimen name="nav_drawer_width">@dimen/match_parent</dimen>
7.  <dimen name="nav_account_image_size">32dp</dimen>
8.  <dimen name="nav_header_logo_size">36dp</dimen>
```

4）styles

采用大驼峰命名法。

（1）命名规则

【模块名.】+【功能名】。

（2）举例

```
1.    <style name="ContentStyle">
2.        <item name="android:layout_weight">1</item>
3.        <item name="android:layout_width">0dp</item>
4.    </style>
5.    <style name="Login.ContentStyle">
6.        <item name="android:layout_weight">1</item>
7.        <item name="android:layout_width">0dp</item>
8.        <item name="android:textSize">14sp</item>
9.        <item name="android:gravity">center</item>
10.   </style>
```

常用控件缩写表请查阅随书源码。

1.2 代码规范

1.2.1 IDE 规范

Android 开发的 IDE 有很多种，Eclipse 就是曾经的"霸主"，但是在 2015 年 6 月，Google 官方宣布 Android Studio 作为 Android 开发的 IDE，之后 Eclipse 就逐渐淡出了。目前 Android 开发的 IDE 主要是 Android Studio，但是也有其他的一些 IDE 可以用来开发 Android，如 IntelliJ IDEA。

还有就是如果涉及混合开发，那么可选的 IDE 就更多了，例如可以使用 VSCode 进行 Flutter 的开发。

Android Studio 实际上也是源自 IntelliJ IDEA 的，只是在 IntelliJ IDEA 社区版上剔除了其他功能，只留下专用于 Android 开发的插件。

这里以 Android Studio 为例，先介绍下基本的配置规范。

- 保持 IDE 版本最新，保持开发人员的 IDE 版本一致。
- IDE 统一编码格式为 UTF-8，如图 1.5 所示。
- 编码完成后记得按 Ctrl + Alt + L 快捷键格式化代码。
- 安装一些常用的 Android Studio 插件，如 GsonFormat 等。

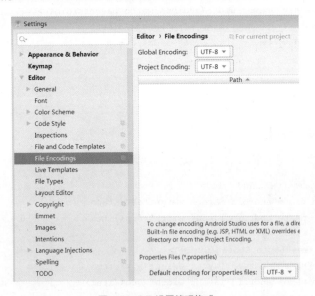

图 1.5 IDE 设置编码格式

1.2.2 CheckStyle

在开发 App 的过程中，每个团队都会制定自己的代码规范，也可以叫作代码格式。但是在实际开发过程中我们发现，要么由于开发周期短，开发人员常常没有按照规范进行开发，而是按照自己的编程习惯来开发，要么是新入职的员工，或者从其他项目组借调过来的开发人员，不熟悉当前项目的开发规范，引入了自己常用的代码开发格式。因此有必要采用一些强制手段来执行我们设定的代码规范。

这里引入 CheckStyle 来执行代码规范。

CheckStyle 有两种使用方式，一种是安装插件，还有一种是通过 gradle 配置。

1. 安装 CheckStyle 插件

1）安装插件

在 Plugins 里面搜索 CheckStyle-IDEA，如图 1.6 所示。

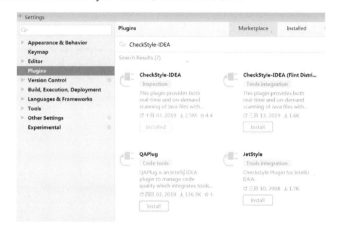

图 1.6　搜索 CheckStyle-IDEA 插件

安装完成后选择 Google Checks，作为项目默认的配置文件，如图 1.7 所示。

图 1.7　选择 Google Checks

以整个项目为范围，运行 CheckStyle，结果如图 1.8 所示。

图 1.8　CheckStyle 运行结果

2）CheckStyle 文件

关于 CheckStyle 的详细介绍，可以访问 CheckStyle 官网。

Android Studio 默认提供了 Google 和 Sun 的 CheckStyle 文件，我们可以在设置中找到它们。可以选择其中的一个作为自己项目的 CheckStyle。

3）实例

打开一个 Java 文件，右键单击以运行 Check Current File，结果如图 1.9 所示。

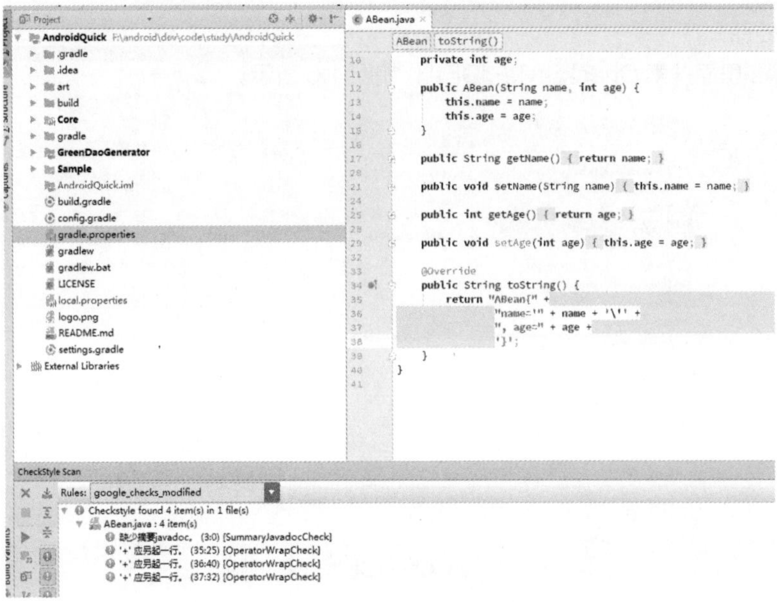

图 1.9　运行 Check Current File

根据提示进行部分修改后，结果如图 1.10 所示。

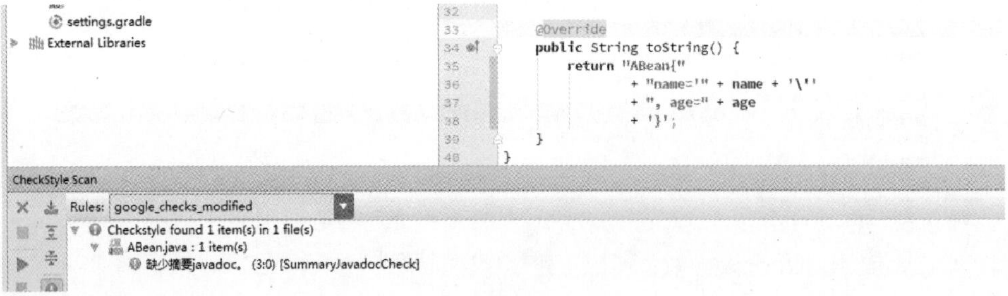

图 1.10　修改后运行结果

4）自定义 CheckStyle

每个公司，甚至每个团队都应该有自己的 CheckStyle 文件。可参考 Google 或其他公司的 CheckStyle 文件，自行修改成为适合自己团队使用的代码规范文件。

随书源码中有一个自定义的 CheckStyle 文件供读者查阅。

2. 通过 gradle 执行 CheckStyle

有两种方式可以通过配置 gradle 脚本使用 CheckStyle，如下。

- 可以直接运行命令执行 CheckStyle；
- 可以在运行 Build 任务的时候，同时触发 CheckStyle 任务，用来检测代码规范性。如果不符合代码规范，停止运行，并且提供 HTML 文件查看错误详情，直到代码完全符合我们定义的代码规范才能继续运行。

建议使用第二种方式，通过强制性的脚本检测以保证每个团队成员提交的代码都是符合代码规范的。接下来介绍这种方式是如何实现的。

首先，新建一个 checkstyle.gradle 文件，内容如下。

```
1.  allprojects {
2.      project ->
3.          // 代码规范检查
4.          apply plugin: 'checkstyle'
5.          checkstyle {
6.              configFile rootProject.file('config/quality/checkstyle/checkstyle.xml')
7.              toolVersion '8.18'
8.              ignoreFailures false
9.              showViolations true
10.         }
11.         task('checkstyle', type: Checkstyle){
12.             source 'src/main/java'
13.             include '**/*.java'
14.             exclude '**/gen/**'
15.             classpath = files()
16.         }
17.         tasks.whenTaskAdded { task ->
18.             boolean runCheckStyleOnLocalDev = "${enable_checkstyle}"
19.                                              .toBoolean()
20.             boolean runCheckStyleTask = task.name == 'prepareReleaseDependencies' || (runCheckStyleOnLocalDev && task.name == 'preBuild')
21.             if (runCheckStyleTask){ //prepareReleaseDependencies, preBuild
22.                 println("checkstyle run task.name : " + task.name)
23.                 task.dependsOn 'checkstyle'
24.             }
25.     }
26. }
```

其中 config/quality/checkstyle/checkstyle.xml 是项目中 CheckStyle 文件的路径。

然后在项目的 build.gradle 文件中加上如下代码。

```
1.  apply from: './checkstyle.gradle'
```

第一种方式是直接运行 CheckStyle 的 Gradle 脚本，在 terminal 里面输入"gradlew checkstyle"，即可运行 CheckStyle 任务。

第二种方式是在运行 Build 任务的时候自动检测 CheckStyle。按 Ctrl+B 快捷键运行 Build 任务，同时触发 checkstyle.gradle 文件中的任务。

如果有错误，日志中会提供一个查看报告结果的路径，可以打开这个 HTML 文件格式的报表，查看详细的检查结果，然后对比将代码修改成符合我们定义的代码规范的代码。

需要注意的是，如果错误太多，输出的消息中不一定会包含检查结果路径。如果没输出，可以到各个工程 module 的 build\reports\checkstyle 路径下进行查看。

图 1.11 所示为 CheckStyle 检测结果报表的内容。

CheckStyle Audit

Designed for use with CheckStyle and Ant.

Summary	
Files	Errors
42	173

Files
Name
E:\android\AndroidQuick\code\AndroidQuick\Core\src\main\java\la\xiong\androidquick\task\TaskScheduler.java
E:\android\AndroidQuick\code\AndroidQuick\Core\src\main\java\la\xiong\androidquick\tool\AppUtil.java
E:\android\AndroidQuick\code\AndroidQuick\Core\src\main\java\la\xiong\androidquick\task\Task.java
E:\android\AndroidQuick\code\AndroidQuick\Core\src\main\java\la\xiong\androidquick\tool\DialogUtil.java

图 1.11 CheckStyle 检测结果报表

单击链接可以看到详细的描述，如图 1.12 所示。

File E:\android\AndroidQuick\code\AndroidQuick\Core\src\main\java\la\xiong\androidquick\task\TaskScheduler.java

Error Description	Line
';' 前不应有空格。	34
';' 前不应有空格。	35
',' 后应有空格。	38
'if' 后应有空格。	45
'==' 前应有空格。	45
'==' 后应有空格。	45
'if' 后应有空格。	47
'==' 前应有空格。	47
'==' 后应有空格。	47
',' 后应有空格。	66
',' 后应有空格。	67
',' 后应有空格。	67

图 1.12 详细的描述

3. CheckStyle 的 155 条规范

CheckStyle 官网提供了检查标准，截至目前一共有 155 条规范。在编写 CheckStyle 的时候可以按照这些规范来编写，单击链接可查看详细的属性介绍。

图 1.13 所示为 FileLength 规范。

FileLength

Since Checkstyle 5.0

Description

Checks for long source files.

Rationale: If a source file becomes very long it is hard to understand. Therefore long classes should usually be refactored into several individual classes that focus on a specific task.

Properties

name	description	type	default value	since
max	Specify the maximum number of lines allowed.	Integer	2000	3.2
fileExtensions	Specify the file type extension of files to process.	String Set	all files	5.0

Examples

To configure the check:

```
<module name="FileLength"/>
```

图 1.13 FileLength 规范

4. 格式化代码

在编码完成后，我们要养成将文件格式化的习惯，保证文件符合我们 CheckStyle 定义的代码规范。

选择 CheckStyle 文件，如图 1.14 所示。

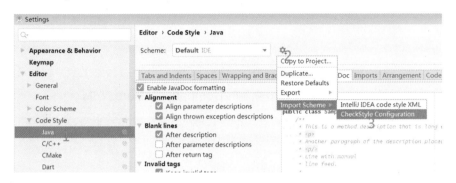

图 1.14　选择 CheckStyle 文件

然后在代码文件中按 Ctrl + Alt + L 快捷键即可将代码按照我们定义的代码规范格式化。

这里需要注意的是，并不是所有定义的代码规范都能够通过按 Ctrl + Alt + L 快捷键来得以实施，例如定义了每一行的字符长度不能超过 140 个字符，若某行的字符长度超过 140 个字符，那么格式化也不能将该行自动换行。

1.2.3　代码注释

为了方便自己和他人阅读代码，请做好注释。代码不仅是用来运行的，还是用来给人阅读的。

如果没有注释，那么会给代码阅读以及问题排查带来不便，例如其他开发人员接手某块代码的开发工作时，如果有详细的注释，那么接手的开发人员能很快地了解这块代码的业务逻辑以及解决思路。同样，项目的一部分功能也会经常交给新员工来解决，新员工往往需要花费大量时间阅读代码，如果有详细的注释，新员工阅读和理解代码的效率就会提升；否则新员工有可能会经常请教老员工，在一定程度上占用老员工的开发时间，影响彼此的工作效率。

所以说代码注释也是需要特别关注的一项内容。

1. 文件头注释

在文件头注释中添加版权声明。

1）示例

```
1. /**
2.  * Copyright (c) 2020 Your Company. All rights reserved.
3.  */
```

2）设置

在 Android Studio 中依次单击 File → Settings → Editor → File and Code Templates → Includes → File Header，如图 1.15 所示，设置 File Header 的内容。

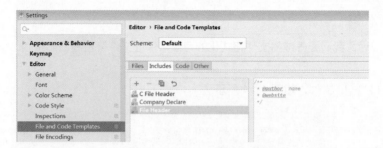

图 1.15　设置 File Header 的内容

还可以创建注释模板文件，如图 1.16 所示的 Company Declare 文件。

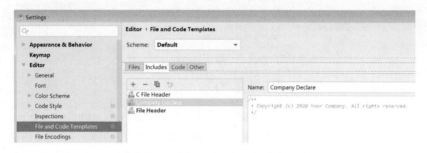

图 1.16　创建 Company Declare 文件

在 Class 中添加这个文件，如图 1.17 所示。

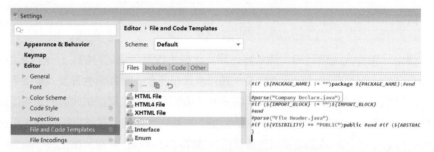

图 1.17　添加 Company Declare 文件

在新建 Java 文件的时候，这个文件头注释也会自动生成，如图 1.18 所示。

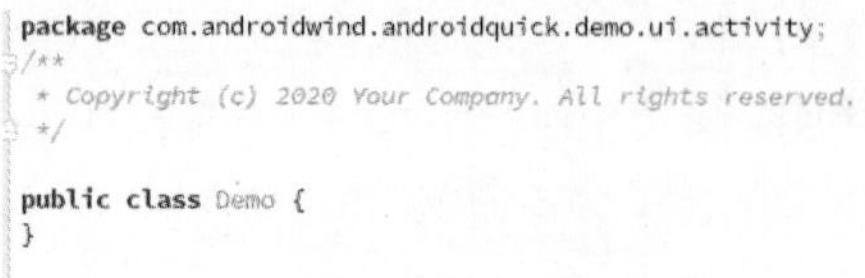

图 1.18　带有文件头注释的新建 Java 文件

2. 类注释

1）示例

```
/**
 * 对类的描述
```

```
3.  * @author: 张三
4.  * @e-mail: xxx@xx
5.  * @time:    ${date}${time}
6.  * @version: 1.0
7.  */
```

2）设置

在 File Header 中添加即可。

3. 方法头注释

每一个成员方法（包括自定义成员方法、覆盖方法、属性方法）的方法头都必须做方法头注释。

在方法前一行输入 /** 并按 Enter 键，或者在 Android Studio 中设置 Fix doc comment（Settings → Keymap → Fix doc comment）快捷键，Android Studio 会自动生成注释模板，我们只需要补全参数即可。

```
1.  /**
2.   * 对方法的说明
3.   * @param id 查询用 ID
4.   * @return User 实体类
5.   */
```

4. 通用注释

对于注释，还可以设定通用注释模板，然后通过快捷输入的方式让 IDE 自动生成设定的注释内容。这样可以在代码的任何地方快捷生成注释，提升编码效率。如图 1.19 所示。

图 1.19　创建通用注释模板

在 Android Studio 中依次单击 File → Settings → Editor → Live Templates，新建一个名为 MyComment 的 Group，然后新建一个名为 cmt 的缩写，再输入通用注释模板内容。这样在代码里面输入 cmt 然后按 Enter 键，就会自动生成通用注释模板内容。

5. 方法体内代码的注释

1）对代码块注释

```
1.  /***************** 说明 ******************/
```

2）对单行注释

```
1.  // 说明
```

3）对多行注释

```
1. /*
2. * 说明1
3. * 说明2
4. */
```

6. 常量和变量的注释

下面几种情况下的常量和变量，都需要添加注释，优先采用在代码右侧添加 // 符号的方法来注释，若注释太长则在代码上方添加注释。

- 接口中定义的所有常量。
- 公有类的公有常量。
- 枚举类定义的所有枚举常量。
- 实体类的所有属性变量。

```
1. public static final int TYPE_DOG = 1; // 狗
2. public static final int TYPE_CAT = 2; // 猫
3. public static final int TYPE_PIG = 3; // 猪
4.
5. private int id; // id
6. private String name; // 名称
7. private String sex; // 性别
```

7. 资源文件注释

在 1.1.3 小节介绍的资源文件中，如果需要添加注释，使用如下格式。

```
1. <!-- Toast信息 -->
```

8. TODO、FIXME 注释

TODO 代表需要实现，但目前还未实现的功能说明。FIXME 代表功能代码有问题，需要修复的说明。

在 Android Studio 左下角的 TODO 里面可以看到当前项目所有的 TODO 和 FIXME 注释，如图 1.20 所示。

图 1.20　TODO 和 FIXME 注释

1.2.4　JavaDoc

在介绍了代码注释规范后，在开发过程中我们会在文件中按规范添加代码注释。

如果打算更进一步地将整个项目的代码注释规范地整理出来，形成一份文档交给用户，应该怎么办呢？这里我们引入 JavaDoc。

JavaDoc 是 Sun 公司提供的一种技术，即从程序源代码中抽取类、方法、成员等注释，形成一个和源代码配套的 API 帮助文档。

1. JavaDoc 标签

JavaDoc 标签有很多，符合 JavaDoc 标签规范的注释能够在生成的文档中显示出来。此处以 @param 为例，介绍 JavaDoc 标签的用法。

@param 的用法是在其后接参数名和描述。

```
1.  /**
2.   * startActivityForResult
3.   *
4.   * @param clazz         类名.class，获取类型类
5.   * @param requestCode   请求码
6.   */
7.  protected void readyGoForResult(Class<?> clazz, int requestCode) {
8.      Intent intent = getGoIntent(clazz);
9.      startActivityForResult(intent, requestCode);
10. }
```

在生成的 JavaDoc 中的效果如图 1.21 所示。

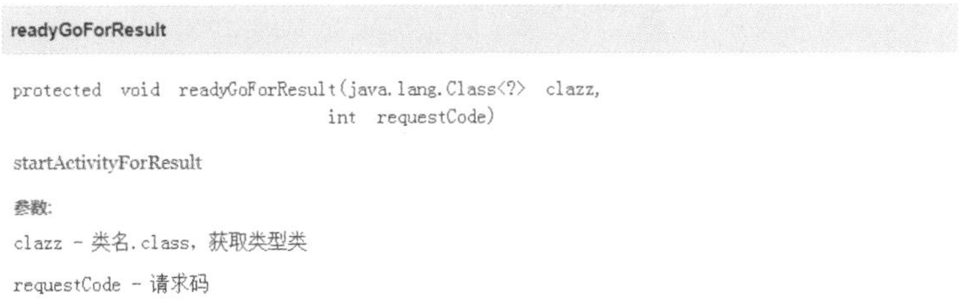

图 1.21 JavaDoc 中的效果

2. 通过 Android Studio 导出 JavaDoc

图 1.22 展示了如何配置 JavaDoc。在 Android Studio 中依次单击 File → Settings → Editor → Code Style → Java → JavaDoc。

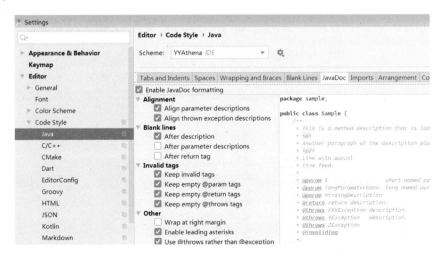

图 1.22 JavaDoc 配置

JavaDoc 的输出也很简单，在 Android Studio 中通过单击 Tools → Generate JavaDoc……即可导出 JavaDoc 文档。

导出 JavaDoc 文档的时候有些常见的问题需要注意，例如提示：编码 GBK 的不可映射字符。

这是在 utf-8 项目中经常会遇到的问题，其实也就是字符编码问题。可以在 VM 的 setting 中进行图 1.23 所示的设置。

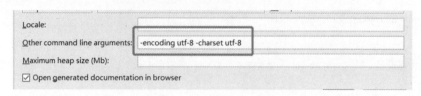

图 1.23　JavaDoc 设置

3. 通过 gradle 导出 javadoc

除了上述导出 JavaDoc 的方法，还可以通过 Gradle 脚本配置来自动生成 javadoc 文件。在 module 的 build.gradle 中进行配置：

```
1.  task javadoc(type: Javadoc) {
2.      source = android.sourceSets.main.java.srcDirs
3.      classpath += project.files(android.getBootClasspath().join(File.pathSeparator))
4.  }
5.
6.  task javadocJar(type: Jar, dependsOn: javadoc) {
7.      classifier = 'javadoc'
8.      from javadoc.destinationDir
9.  }
10.
11. artifacts {
12.     archives javadocJar
13. }
```

接下来在 Android Studio 右侧的 gradle 这个 tab 里，找到这个 module 中的 javadocJar 脚本，双击运行，在该 module 的 build 目录下会自动创建 javadoc 文件，如图 1.24 所示。

图 1.24　生成的 javadoc 文件

1.2.5 .gitignore

.gitignore 的作用是忽略指定文件的上传，否则在提交代码的时候，项目中的所有文件都会提示可以上传，但是有一些文件（如本地编译文件）实际上不需要上传到服务器中；还有一些文件里面有用户的账号密码，涉及安全信息，也不应该上传。因此我们通过配置 .gitignore 文件，来决定哪些可以上传，哪些不用上传。

Github 上有一个 gitignore 项目，专门提供了一系列的针对不同语言的 gitignore 模板。

编写 .gitignore 文件需要注意以下几点。

- \# 表示此行不生效，一般用来写注释。
- * 表示通配符，如 *.dex 表示所有的 dex 文件。
- 目录路径以 / 结尾，如 build/ 表示所有 build 目录下的文件。
- 特定文件直接写明文件名，如 freeline.py。

随书源码中我们也提供了一个 Android 通用的 .gitignore 模板以供参考，实际开发过程中可以根据项目的情况进行修改。

1.2.6 ProGuard

1. ProGuard 简介

Java 源码编译后成为字节码，保存在 class 文件中，而出于跨平台考虑，class 文件会保存类名、方法名、属性名等信息。而这些信息是很容易被反编译成 Java 源码的。

ProGuard 是一种字节码优化工具，通过它可以删除无用的代码，并且将代码中的类名、方法名、属性名替换成简短并难以理解的名称，从而达到代码压缩、混淆、优化的目的。经过 ProGuard 混淆后的 App 往往体积会缩小（一般可以缩小 25% 左右），并且经过混淆后会给反编译增大难度，在一定程度上防止了 App 的逆向。

2. ProGuard 语法

先介绍下 Android Studio 中 ProGuard 的配置。

- minifyEnabled：混淆开关。
- proguard-android.txt：SDK 中 ProGuard 的默认配置规则。
- proguard-rules.pro：自定义 ProGuard 的配置规则。

编写的 ProGuard 内容不仅可以存在于 proguard-rules.pro 文件中，还可以自定义一个 .pro 文件（如 my-proguard.pro），然后在 proguard-rules.pro 中通过 -include 引入：

```
1. -include my-proguard.pro
```

另外需要注意的是，并不是所有文件都能被混淆，以下几种类型的类不能使用混淆。

- 反射用到的类。
- Jni 中调用的类。
- AndroidManifest 中配置的类，如 Activity、Fragment 及 Framework 中的类。

- 其他情况会受到混淆影响的类。例如定义一个 TAG 常量，我们可能会通过这种方式来获取类名：Demo.class.getSimpleName(); TAG 提供给输出日志使用，混淆后，日志中看不到原本的类名，所以此处的 TAG 一般直接使用常量"Demo"。

随书源码中有 ProGuard 的详细语法介绍。

3. ProGuard 模板

如果 ProGuard 配置得不好的话可能会带来难以预料的问题，常见的如导致 App 崩溃等，而且增大了 Bug 的排查难度。

例如测试环境一般不使用 ProGuard，但是在正式环境中会启用 ProGuard，就会出现测试环境运行正常，但是正式环境异常甚至崩溃的情况。这种情况可以从 ProGuard 启用混淆的角度来进行排查。

因此整理一份混淆配置模板是一项必要的工作，随书源码中整理了一套 Android ProGuard 模板，这是在实际开发过程中总结出来的，可以直接参考使用，非常方便。

第 2 章 开发规范

2.1 API 接口规范

2.1.1 API 接口安全设计规范

App 的数据来源就是 API 接口，所以 API 接口对 App 的重要性不言而喻。设计 API 接口首要考虑的就是安全机制。

本书将从以下 3 个方面来考虑怎么设计一个安全的 API 接口。

1. 防篡改

防篡改就是防止请求的 URL 参数值发送至服务器的时候被改动。

普通的 API 接口格式是 xxx.html?key1=xx?key2=xx?key3=xx。我们采用 sign 签名的方式保证数据传输的正确性。

App 一般会在公司的后台申请一个 appKey 和一个 appSecret，这两个是一一对应的。appKey 会作为一个参数写在 URL 中，然后再发送至服务器。appSecret 则用于参与生成 sign 的计算。sign 算法需要足够复杂，最好有一套自己的签名算法，而不是外界公开的签名算法。一般采用安全散列算法实现，如 SHA1。

sign 也要作为一个参数添加到 URL 中，和 appKey 一并发送至服务器，如 xxx.html?appKey=xx?sign=xx?key1=xx?key2=xx?key3=xx。服务器收到请求后，会通过 appKey 查找对应的 appSecret，然后通过同样的散列算法，得到一个 sign，最后比较一下两个 sign 是否相等。如果不相等则数据遭到篡改，废弃这条请求。

另外，关于 appSecret 有以下两种使用方式。

- appSecret 直接写在客户端代码中，这样即可直接获取调用。
- appSecret 还可以通过一个专门的接口 getSign 从后台获取。这种情况首先需要用户登录，登录成功后，服务器返回一个 accessToken 参数，然后调用 appSecret 接口时需要带上这个 accessToken 参数。

2. 防重放

解决了数据被篡改的问题之后，还有一个问题就是，如果一条正常的请求数据被其他人获取到了，从而进行第二次甚至多次请求应该怎么办呢？

我们这里可以使用 nonce + timestamp 的解决方案。

1）nonce

nonce 是一个随机数，由客户端生成，每次请求时将随机数作为一个参数发送给服务器。服务器会在数据库里查询是否有这个 nonce，如果没有则是一条新的请求，进行正常处理即可；如果能查到已经存在这个 nonce，则废弃这条请求。

nonce 可以通过 UUID.randomUUID().toString() 来生成。

有个问题是，这个 nonce 在数据库中随着请求量的增大，产生的数据量也会越来越大。为了解决这个问题，我们可以采用 timestamp 时间戳的方式。

2）timestamp

时间戳是服务器给 URL 请求设定的一个有限时间范围起点。例如服务器认为客户端发送过来的 timestamp 与服务器当前的时间戳之差在 10 分钟之内，则认为这条请求是有效的。超过了 10 分钟则废弃这条请求。如果是 10 分钟内的请求，需要在数据库中查询 nonce 是否有记录，如果有记录，则废弃这条请求；如果没有记录，则记录这个 nonce，并且将超过 10 分钟的 nonce 全部删除。

关于这个 timestamp 获取的问题，同样需要从服务器获取，不然客户端怎么知道服务器的起点计算时间呢？上面说到有个获取 appSecret 的接口，其实我们可以在这个接口中一并将 timestamp 获取到。

需要注意的是，客户端需要在每次发送 URL 请求的时候，计算一下 timestamp 的值。例如获取到的 timestamp=1564588800，那么下次请求的 timestamp 的值是 1564588800 + diffTime。服务器收到 timestamp 后会跟服务器当前的时间戳做对比，看是否大于 10 分钟。

一条正常的 URL 格式请求如下：

```
demo.html?nonce=xx?timestamp=xx?appKey=xx?sign=xx?key1=xx?key2=xx?key3=xx
```

所以一个正常的 API 请求应该是这样的流程：用户登录成功后，每次进行一个 API 请求，都需要调用一次 getSign 接口，用于获取 appSecret 和 timestamp。但是肯定不是每次请求都要获取一次这个接口的数据。我们可以在首次请求后，将这些数据保存起来，后续 API 请求可以直接使用，除非 appSecret 或者 timestamp 为空（例如 App 退出登录后清空 appSecret 和 timestamp）。

3. HTTPS

HTTPS 是用 SSL + HTTP 构建的可用于网络传输以及身份认证的网络协议。HTTP 使用明文通信，传输的内容可以通过抓包工具截取，HTTPS 自动对数据进行加密压缩，防止监听，防止被抓包以看到明文，防止中间人截取。

苹果从 iOS9 就开始默认使用 HTTPS，Android 9.0 也开始强制使用 HTTPS 了，默认阻塞 HTTP 请求。如果需要在 Android 9.0 中兼容 HTTP，则需要进行额外的特定配置。

2.1.2　API 接口通用设计规范

1. 版本号

每一组 API 接口需要对应一个大版本号，大版本号一般是跟 App 的大版本对应的。例如 App 第一版本命名为 v1，App 第二版本经过改版后，接口返回的内容一般也会有变化，这里命名为 v2。以 Restful API 风格为例，如 /api/v{x}/，一般在 API 接口的前面位置加上 v{x} 这个值。x 分以下两种情况。

- 整型表示大版本号，如 v1、v2。
- 浮点型表示小版本号，是对大版本定义的业务接口的补充，如 v1.1。

举个例子，如下。

/api/v1/userinfo：表示 v1 这个大版本的 App，有一个 userinfo 业务类型的接口。
/api/v2/userinfo：表示 v2 这个大版本的 App，有一个 userinfo 业务类型的接口。
/api/v2.1/userinfo：表示在 v2 这个大版本中，对 userinfo 这个业务接口进行了一些细微调整。

2. 请求参数

请求参数由公共请求参数和业务请求参数组合而成。

1）公共请求参数

公共请求参数如表 2.1 所示。

表 2.1　公共请求参数

参数名	参数类型	是否必填	描述
nonce	String	是	防重放攻击
timestamp	String	是	防重放攻击
sign	String	是	请求参数的签名
accessToken	String	否	鉴权标志，用于登录判断
appKey	String	是	防篡改
version	String	否	客户端版本号

其中 version 表示客户端版本号，此处将其传给服务器，由服务器根据客户端版本号进行一定的业务逻辑判断。

2）业务请求参数

以登录为例，表 2.2 展示了登录 API 接口的业务请求参数。

表 2.2　业务请求参数

参数名	参数类型	是否必填	描述
name	String	是	姓名
password	String	是	密码

一个完整的 URL 如下（以传统的 URL 格式为例）：
/api/v1/getUserInfo.do?nonce=3ec934e8-81b9-492e-933d-a5dc41eb15bd&timesta

mp=1567118072&sign=c1741210c06f3827d1d2f3bfd1f1fc2878377307&accessToken=LvzFEeQSuU9B4DrnoPO9D4CL3ZhKCetZ%2FRckCWQlgb9qmNLmgCKxkymoC4pEs5LFw1lSAGZXKvHe%0AvpFgXKmAAQ%3D%3D&appKey=3b6af23db66c69b7131a8186f90fe663&name=jack&password=123456

3. 返回值

使用 JSON 格式（而不是 XML）返回 API 请求的结果。JSON 格式简洁，传输数据量小，而且能展示复杂的数据结构。

```
1.  {
2.      "body":{
3.      },
4.      "code":0,
5.      "msg":""
6.  }
```

- code：API 接口执行状态，例如 0 表示成功，-100 表示网络超时，-200 表示鉴权失败等。
- msg：非成功状态下需要说明的信息，一般与 code 状态码一一对应定义。
- body：返回的具体数据，通常是 JSON 格式。

客户端需要对所有 code 的值进行逐一处理。

4. 接口变更

一般来说，一个 API 接口投入使用后，除非这个接口确定废弃不再使用，不然一般情况下不能对这个接口进行修改。例如修改了 API 的请求参数和返回值，会对使用此 API 接口的 App 带来不可预估的影响，最严重的影响就是崩溃。

如果接口需要变更，那需要保证 API 接口的变更能够向下兼容，就是 API 的变更不影响原来使用 API 接口的客户端。如果不能够保证向下兼容，那么只能建立一个新的 API 接口。

接口变更有以下两种情况：能够向下兼容；不能向下兼容，需要建立一个新的 API 接口。以下是一个原始的 JSON 格式的返回值：

```
1.  {
2.      "id": 1,
3.      "name": "jack",
4.      "address": "usa"
5.  }
```

原始 URL：/api/v1/userinfo

1）向下兼容

- URL 的请求参数新增字段，例如：

/api/v1/userinfo?currentTime=2019/12/12

新增一个请求参数 currentTime，不影响当前 API 接口的使用。

- URL 的返回数据结构新增字段，例如：

```
1.  {
2.      "id": 1,
```

```
3.    "name": "jack",
4.    "address": "usa"
5.    "age": 18
6. }
```

新增一个 age 字段，旧版本的 App 只需要 id、name、address 3 个字段，多出来的 age 字段对旧版本来说没有用处，也不会被额外处理。而新版本的 App 使用到这个接口时，可以对这 4 个字段进行解析，将新增加的 age 字段利用起来。

2）建立一个新的 API 接口

如果返回的数据格式字段值类型发生了变化，例如 age 原先是数字类型，值为 18，现在改为字符串类型，值为"18"，这样旧版本的 App 解析的时候可能就会出错，影响使用。

```
1. {
2.    "id": 1,
3.    "name": "jack",
4.    "address": "usa"
5.    "age": "18"
6. }
```

或者直接将 age 这个字段的名称改变了，变成 year；或者直接将 age 这个字段给删除了。这些情况对当前使用这个 API 接口的 App 一定会产生影响，所以如果出现这种情况需要增加一个新的接口，而不是在原有的接口上修改。

5. 传统格式 API

传统格式 API：/getUserInfo.do?id=10000&netType=wifi

API 由具体的业务地址（getUserInfo.do）和请求参数（id=10000&netType=wifi）拼装而成。请求类型一般就 get 和 post 两种，而且有时候在实际项目中这两种类型的请求并没有区分得很详细，两者都可以使用。

6. Restful API

Restful API：/api/v1/userinfo

Restful API 通过 URI（如 api/vi/userinfo）来表示资源，通过 GET、POST、PUT、DELETE 等方法来表示操作行为。

- GET：获取资源。
- POST：新建资源。
- PUT：更新资源。
- DELETE：删除资源。

URI 一般使用名词命名，例如 GET/userinfo，表示获取全部用户的信息；GET/userinfo/100，表示获取 id 为 100 的用户信息。

2.2 SDK 设计规范

2.2.1 SDK 通用规范

- SDK 发布时需配套有完整且详细的使用说明文档,包括混淆配置说明。
- SDK 需要详细记录每个版本的变更内容。
- SDK 如果对外开放,需要有一个专门的网站,同时附上 SDK 的说明文档、demo、变更历史等。
- SDK 的 minSdkVersion 要尽量小,最好不要超过使用 SDK 的项目的 minSdkVersion。
- 尽量不要引用第三方库,要尽量使用 Android 系统自带的功能,然后在其基础上进行封装。如果一定要用到第三方库,可以使用 provided 依赖,并告知调用方主动依赖这个第三方库。
- 如果打出来的包是 AAR 格式的,需要注意 res 下面的资源文件名称,以避免和调用方的 res 文件名称冲突,所以一般 SDK 里面的 res 文件名称需加上特定的修饰符,例如公司 + 项目名称。
- SDK 需要有较强的容错性,要增大力度对 SDK 内部的异常进行捕获。
- SDK 对外提供的接口,需要对其传入的参数的合法性和有效性进行检测。
- SDK 内部对于关键路径要有详细的 Log 记录,便于后期排查问题。

2.2.2 SDK 开发规范

SDK 需要做到代码结构层次分明,功能清晰。

一个典型的 SDK 一般可以分为以下 3 层。

1. 接入层

接入层的功能就是对外提供接口,供给调用方使用。一般对外提供的接口我们会定义一个接口文件,里面的方法都是可以对外提供的接口。所以接入层一般都是定义的接口文件,另外还有一个统一管理所有业务功能模块的类,是外界跟 SDK 交互的统一入口。它还负责统一配置和进行初始化工作,例如初始化业务模块的 Manager 文件。

2. 业务层

业务层的作用就是实现具体的业务逻辑。对于业务层的设计,我们会按照业务功能划分为不同的模块,每一个模块通过对应的 Manager 文件进行管理,并且 Manager 文件会具体实现接入层定义的接口方法。

3. 基础层

基础层里面包括各种功能模块,例如 SDK 自行封装的网络请求模块,还有数据库模块、日志模块、Crash 模块等。总而言之就是对业务层提供支持。

图 2.1 所示是 SDK 各层调用流程图。

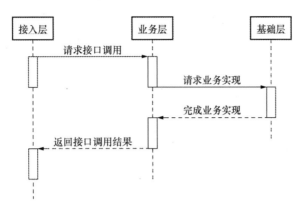

图 2.1　SDK 各层调用流程图

2.2.3　SDK 开发实例

一个完整的 SDK 项目实例目录结构如图 2.2 所示。

图 2.2　SDK 项目实例目录结构

其中 api 代表接入层，business 代表业务层，common 代表基础层。

2.3 App 常用安全开发规范

2.3.1 加壳

加壳也就是加固，或者叫作加密，App 打包成 APK 后，通过加壳技术给 App 上一层保护，用来预防 App 被破解、反编译、二次打包等。

免费的加固应用有乐固、阿里聚安全、360 加固保等；收费的有梆梆安全、爱加密，以及一些免费加固应用的收费版本。

以下是相关机构发布的安全报告：

"65% 的移动 App 至少存在 1 个高危漏洞，平均每 1 个 App 就有 7.32 个漏洞；88% 的金融类 App 存在内存敏感数据泄露问题；每 10 个娱乐类 App 就有 9 个至少包含一个高危漏洞。——《FreeBuf：2017 年度移动 App 安全漏洞与数据泄露现状报告》"

因此加壳是 App 开发中的重要一环，没了壳等于将危险直接暴露在外。建议如果有条件的话还是选择收费版本的加壳软件，因为收费版本加密的强度会高些，而且还有合同保障。

2.3.2 组件外露

Android 的四大组件 Activity、Service、ContentProvider、BroadcastReceiver，有一个 android:exported 属性。如果是 false，那么只能在同一个应用程序组件间或带有相同用户 id 的应用程序间才能启动或绑定该服务；如果是 true，则该组件可以被任意应用启动或执行，这样就会有组件被恶意调用的风险。

```
1.  <activity
2.      android:name="com.androidwind.safe.DemoActivity"
3.      android:exported="false"
4.      android:label="@string/app_name" >
5.  </activity>
```

如果组件没有包含过滤器 intent-filter，那么 android:exported 属性的值默认是 false；如果组件包含了至少一个 intent-filter，那么 android:exported 属性的值默认是 true。

如果必须暴露这些组件，那么需要添加自定义的 permission 权限来进行访问控制。

```
1.  <activity
2.      android:name="com.androidwind.safe.DemoActivity"
3.      android:exported="true"
4.      android:label="@string/app_name"
5.      android:permission="com.androidwind.permission.demoPermission" >
6.  </activity>
```

外部应用如果想直接打开 DemoActivity，需要在 AndroidManifest.xml 中进行配置：

```
<uses-permission android:name="com.androidwind.permission.demoPermission" />
```

2.3.3 WebView

因为 WebView 在低系统版本中存在远程代码执行漏洞，如 JavascriptInterface，中间人可以利用此漏洞执行任意代码，所以 App 的 targetSdkVersion 需要大于 17，也就是 Android 版本至少要达到 4.2。

另外需要将 Webview 自动保存密码的功能关闭：

```
webView.getSettings().setSavePassword(false);
```

2.3.4 Logcat 日志

有的时候为了方便跟踪用户操作，App 通常会把日志保存在 SD 卡上，在适当的时候将用户日志上传到服务器，然后开发人员可以查看用户日志信息，分析相关的问题。但是这样做有一个很大的风险就是日志里面往往包含了 App 的一些敏感信息，如 URL 地址、参数、类名，以及用户的使用记录，包括名称、id、聊天记录等。虽然 App 可以做一些操作来减少风险，如定期删除日志等，但是毕竟这些信息还是外露了，可能会被别有用心的人利用。

因此，对日志输出的要求如下。
- 不存储在外部空间中，如手机存储空间。
- 测试环境下可以使用 logcat 输出日志信息。
- 正式环境下屏蔽所有的日志输出，包括 logcat 和手机外部存储。
- 不使用 System.out 输出日志。

另外，项目中日志输出需要使用同一个日志管理类，不应该存在多个输出日志的类。

2.3.5 网络请求

所有网络请求必须使用 HTTPS。而且在 Android P 系统中，默认使用加密连接，所有未加密的连接会受限：

"Google 表示，为保证用户数据和设备的安全，针对下一代 Android 系统（Android P）的应用程序，将要求默认使用加密连接，这意味着 Android P 将禁止 App 使用所有未加密的连接，因此搭载 Android P 系统的安卓设备无论是接收或者发送流量，未来都不能明码传输，需要使用下一代传输层安全协议（Transport Layer Security），而 Android Nougat 和 Oreo 则不受影响。"

如果使用 HTTP 连接，那么会返回如下错误信息。

• HTTP 在使用 HttpUrlConnection 时遇到的异常：java.io.IOException:Cleartext HTTP traffic to *** not permitted。

• HTTP 在使用 OkHttp 时遇到的异常：java.net.UnknownServiceException: CLEARTEXT communication *** notpermitted by network security policy。

2.3.6 API 接口

参考第 2 章 2.1.1 小节中的"API 接口安全设计规范"。

2.3.7 so 文件

通常简单的做法是将密钥等敏感信息保存在 Java 代码中，例如直接写在静态变量里。但是这样很容易被编译破解，即使代码有混淆。

我们可以考虑将一些敏感信息，如密码、密钥等，通过 cpp 代码保存在 so 文件中。这样会增加敏感信息被破解的难度。

需要说明的是，如果使用 so 文件，那么 so 文件也需要加壳。

github 上有一个可以自动生成加密 so 库的插件 cipher.so，这样通过在 gradle 里配置需要加密的数据，即可加密保存到 so 库，并且自动生成对应的 Java 接口。

```
1.  cipher.so {
2.      keys {
3.          数据库 {
4.              value = '你好数据库！'
5.          }
6.          hello {
7.              value = 'Hello From Cipher.so'
8.          }
9.      }
10. //   signature = '1234567890'
11.     encryptSeed = 'HelloSecretKey'
12. }
```

2.4 CodeReview 规范

CodeReview 也叫代码评审、代码复查，是一种通过阅读代码来检测编码是否符合代码规范的活动。

2.4.1 CodeReview 目的

代码质量从低到高有这几种级别：可编译；可运行；可测试；可读；可维护；可重用。

自动化测试过的代码只能达到第三层次，也就是可测试阶段，而通过 CodeReview 的代码可以上升到更高的层次。

CodeReview 可以达到如下目的。

- 提升开发人员的代码编写质量。
- 优化现有版本。
- 开发人员间代码和业务的互相熟悉。

- 促进团队知识共享。

2.4.2　CodeReview 清单 vs Bad Smell

1. 常规项

- 代码能够运行吗？它有没有实现预期的功能，逻辑是否正确等。
- 所有的代码是否简单易懂？
- 代码符合你所遵循的编程规范吗？这通常包括大括号的位置、变量名和函数名、行的长度、缩进、格式和注释。
- 是否存在多余的或是重复的代码？
- 代码是否尽可能地模块化了？
- 是否有可以被替换的全局变量？
- 是否有被注释掉的代码？
- 循环是否设置了长度和正确的终止条件？
- 是否有可以被库函数替代的代码？
- 是否有可以删除的日志或调试代码？

2. 安全

- 所有的输入数据是否都进行了检查（检测正确的类型、长度、格式和范围）并且编码？
- 在哪里使用了第三方工具，返回的错误是否被捕获？
- 输出的值是否进行了检查并且编码？
- 无效的参数值是否能够处理？

3. 文档

- 是否有注释，并且描述了代码的意图？
- 所有的函数都有注释吗？
- 对非常规行为和边界情况的处理是否有描述？
- 第三方库的使用和函数是否有文档？
- 数据结构和计量单位是否进行了解释？
- 是否有未完成的代码？如果是的话，是不是应该移除，或者用合适的标记进行标记，如 TODO？

4. 测试

- 代码是否可以测试？例如，不要添加太多的或是隐藏的依赖关系，不能够初始化对象，测试框架可以使用的方法等。
- 是否存在测试代码，它们是否可以被理解？例如，至少达到你满意的代码覆盖（code coverage）。
- 单元测试是否真正地测试了代码是否可以完成预期的功能？
- 是否检查了数组的"越界"错误？
- 是否有可以被已经存在的 API 所替代的测试代码？

- 代码审查单还可以利用现有的代码检测工具来实现，如 findbugs 等。

每个团队要有一个 CodeReview 清单（CodeReview-checklist），代码审查清单也需要不断地迭代更新和优化。

5. 补充

关于 CodeReview 清单，另外补充一点：每个团队都需要有自己的技术选型规范，例如网络请求用什么框架，图片加载用什么框架，Adapter 用什么方案等。因为每一个功能可能有多种实现方式，为了保证统一性，不在一个项目里面对同一种功能采用多种实现方式（例如使用 Glide，又引入了 Picasso），所以我们在 CodeReview 的时候也需要对这一块进行检查。

2.4.3 CodeReview 方式

- face 2 face，面对面阅读代码。
- 抓重点，如设计、架构、可读、健壮。
- 所有人参与 CodeReview。
- 简单点：技术经理可以从这周提交的代码中找出典型的代码片段，拿出来进行讲解和讨论。

完善点：每个开发者互相进行 CodeReview，找出有问题的代码片段，挑选出来供大家讨论。灵活点：遇到问题就跟开发人员面对面或者 IM 沟通。

- CodeReview 时间不宜过长，半个小时左右为宜。

2.4.4 CodeReview 输出

每个项目团队每周 CodeReview 后需要在文档管理系统上总结 CodeReview 的内容，按照 CodeReview-checklist 进行汇报。文档管理系统参考 14.2.2 小节介绍。

第 3 章 版本管理规范

3.1 Git 版本管理规范

Git 是非常好用的分布式版本管理系统，通过 Git 能够方便地管理多个版本，并实现版本之间的切换、代码比对、代码回滚等功能。例如 Github 网站就是使用 Git 进行代码管理的典型。

根据 Git 分支管理策略，结合 Git Flow 分支管理实践，我们可以给团队制定适合 App 项目开发的 Git 版本管理规范。

3.1.1 Git 版本管理说明

1. master 主分支

master 主分支是线上当前发布的版本，是稳定可用的版本。App 线上版本代码就是这个分支。

2. develop 分支

develop 分支作为日常开发时使用的分支，是功能最新的分支。App 版本迭代开发人员都在这个分支上进行 add、modify、commit、push 等操作。develop 分支测试完毕后，合入 master 主分支。

3. feature 分支

feature 分支作为完成某个特定功能的分支，是从 develop 分支拉的分支。

feature 分支根据项目实际情况，分为以下两种。

1）第一种

此类分支的特点是开发周期短、功能特定性强。feature 分支开发完毕后，合入 develop 分支。develop 分支测试完毕，合入 master 主分支后，删除 feature 分支。

2）第二种

此类分支的特点是开发周期长，一般与 develop 分支处于并行关系。feature 分支功能与 develop 分支同步，但是自身有特定的功能。feature 分支在一般情况下不删除。

4. hotfix 分支

从 master 主分支拉取，是为了修复线上版本中紧急的 Bug 而拉的分支，如线上版本的证书突然失效。

5. release 分支

release 分支的主要作用是用来给当前版本提测以及修复 Bug。release 版本过测后，需要做两步操作，一是将 release 分支合入 master 主分支，二是将 release 分支合入当前的 develop 分支。

3.1.2　Git 版本管理流程图

下面通过一张 Git 版本管理流程图来说明 Git 在 App 开发过程中的应用，如图 3.1 所示。

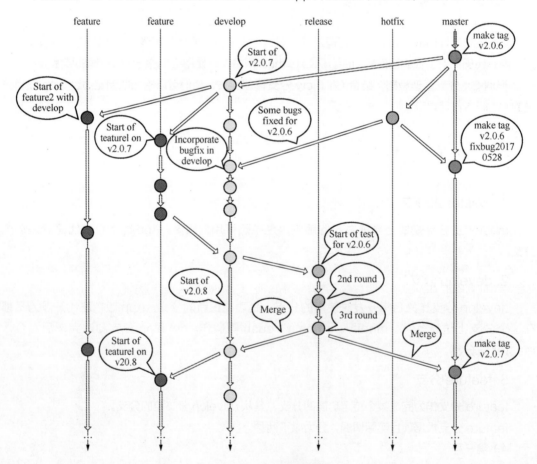

图 3.1　Git 版本管理流程图

3.1.3 Git 分支命名规范

- 主分支：master
- 开发分支：develop
- 特性分支：feature/***
- 修复 Bug 分支：hotfix/***
- TAG 标记：tag/***
- 发布分支：release/***

3.1.4 Git 分支管理表格图

表 3.1 详细展示了 Git 的分支管理规范。

表 3.1 Git 分支管理

分支类型	命名规范	创建自	合入	说明
master	master	/	/	主分支，发布后需打上 tag
develop	develop	master	master	版本迭代开发
feature	feature/***	develop	develop	新功能，版本发布后删除此分支
feature	feature/***	develop	/	定制版、OEM 版
hotfix	hotfix/***	master	master&develop	生产环境紧急 Bug 修复
tag	tag/***	master	/	master 的 tag
release	release/***	develop	master&develop	待发布版本的提测及 Bug 修复

3.1.5 Git 备忘录

- release 分支合入 master 主分支之后，需要打上一个 tag；
- 分支版本的设立、master 版本的合入，统一由管理员操作；
- 分支版本的合入，例如从 feature 分支合入 develop 分支，一般先将本地仓库的 feature 分支合入本地仓库的 develop 分支，然后将 develop 分支 push 到 gitlab 服务器上。

3.2 Maven 使用规范

3.2.1 Maven 简介

Maven 是一种管理项目 JAR 或 AAR 包之间相互依赖的工具，项目可以通过 pom.xml 获取 JAR 或 AAR 包，而无须手工引入这些包。

例如在 Android Studio 中我们可以通过以下方式引入包：

```
1. implementation 'com.android.support:appcompat-v7:28.0.0'
```

由于登录 Maven 服务器会受到网速等影响。一般 Maven 会到本地仓库查找依赖包,如果没有就到中央服务器查找。因此我们会搭建一个本地的私有 Maven 服务器,将一些公司内部项目所要用到的包放到上面。这样不但提升了依赖稳定性,而且可配置度高、灵活性强。

搭建自己的 Maven 服务器,目前用得最多的解决方案就是 Sonatype Nexus Repository。

我们可以通过 Maven 服务器将一些公共组件共享给其他项目使用,如 SDK、日志、网络请求、图片、数据库等组件。

在平时开发的时候,可以将 Maven 分为两个服务器:snapshot 版本的服务器和 release 版本的服务器。snapshot 服务器主要在平时开发调测的时候使用,也就是可以理解为开发环境。release 服务器主要在发布正式稳定版本时使用,也就是通过测试后的版本的 App,在发布于应用市场时使用(打包发布时需要注意切换到 RELEASE 服务器)。

3.2.2　snapshot 和 release

1. snapshot

snapshot 也叫快照版本,如果是 snapshot 版本,那么在上传的时候会自动发布到 snapshot 版本库中;而使用 snapshot 版本的模块,在不更改版本号的情况下,直接编译打包时,Maven 会自动从镜像服务器上下载最新的快照版本。

snapshot 版本下载下来的路径是 \build\intermediates\exploded-aar<Your Package Name>;所以如果 snapshot 版本需要更新的话,只需要重建项目就可以拿到最新的包。

2. release

release 也叫正式版本,如果是 release 版本,那么在上传时会自动发布到正式版本库中;而使用 release 版本的模块,在不更改版本号的情况下,编译打包时如果本地已经存在该版本的模块,则不会主动去镜像服务器上下载。

release 版本下载下来的路径是 Android Studio 全局性质的路径地址,如:.gradle\caches\modules-2\files-2.1<Your Package Name>;所以 release 版本需要更新的话,只能升级 release 的版本号,如果需要更新而且保留原来的版本号,并且 Android Studio 已经下载了原来的版本号的话,是不会再次下载的。

3.2.3　Maven 上传的两种方法

1. 自动打包并上传

此方式包含打包和上传两种功能,是自动集成一体的,不能单独拆分。

在 library 工程的 build.gradle 里面添加如下代码:

```
1. apply from: 'maven_upload.gradle'
```

在 library 工程下面新建 gradle.properties（如果没有的话），添加如下代码：

```
1.  #####################Maven上传参数########################
2.  MAVEN_VERSION=0.0.1-SNAPSHOT
3.  MAVEN_GROUP_ID=your group id
4.  MAVEN_ARTIFACT_ID=your artifact id
5.  MAVEN_PACKAGING=aar
6.  MAVEN_DESCRIPTION=your description
7.  MAVEN_RELEASE_URL= maven-releases网址
8.  MAVEN_SNAPSHOT_URL= maven-snapshots网址
9.  MAVEN_NAME=your maven name
10. MAVEN_PASSWORD=your maven password
```

注意以下两个问题。

• 如果有 Could not find metadata your group id:your artifact id/maven-metadata.xml in remote（maven-releases 网址）这样的提示，可以暂时不予理会。

• MAVEN_VERSION：如果是 snapshot 版本，需要在版本号后面添加 "-SNAPSHOT"。MAVEN_RELEASE_URL 和 MAVEN_SNAPSHOT_URL 分别指向 Maven 的 release 服务器和 Maven 的 snapshot 服务器。MAVEN_GROUP_ID 和 MAVEN_ARTIFACT_ID 根据项目实际情况来设定。

在 library 工程下面新建 maven_upload.gradle 文件，内容如下：

```
1.  apply plugin: 'maven'
2.  apply plugin: 'signing'
3.  configurations {
4.      deployerJars
5.  }
6.  repositories {
7.      mavenCentral()
8.  }
9.  // 判断版本是release还是snapshots
10. def isReleaseBuild() { return !MAVEN_VERSION.contains("SNAPSHOT"); }
11. // 获取仓库URL
12. def getRepositoryUrl() { return isReleaseBuild() ? MAVEN_RELEASE_URL : MAVEN_SNAPSHOT_URL; }
13.
14. uploadArchives {
15.     repositories {
16.         mavenDeployer {
17.             beforeDeployment {
18.                 MavenDeployment deployment -> signing.signPom(deployment)
19.             }
20.             pom.project {
21.                 version MAVEN_VERSION
22.                 groupId MAVEN_GROUP_ID
23.                 artifactId MAVEN_ARTIFACT_ID
24.                 packaging MAVEN_PACKAGING
25.                 description MAVEN_DESCRIPTION
```

```
26.          }
27.          repository(url: getRepositoryUrl()) {
28.              // maven授权信息
29.              authentication(userName: MAVEN_NAME, password: MAVEN_PASSWORD)
30.          }
31.      }
32.  }
33. }
34. // 进行数字签名
35. signing {
36.     // 当发布版本 & 存在"uploadArchives"任务时，才执行
37.     required { isReleaseBuild() && gradle.taskGraph.hasTask("uploadArchives") }
38.     sign configurations.archives
39. }
```

自动打包需要注意以下两点。

• 上传到 Maven 的 release 服务器按规定来说需要用到签名机制，Android Studio 自带的签名机制是 gpg 机制。这个涉及将公钥上传到 Maven 服务器的事宜。

• 组件上传的时候，要注意根据 Build Variants 的设置，只生成一个 JAR 或 AAR 文件，不要生成多个，例如带有 debug 或 release 标记的版本。

2. 单独上传

此方式只包含上传功能，即手动上传指定压缩包。

1）安装 Maven 客户端

具体安装方法不赘述，自行参考文章指引。

2）配置 Maven 上传脚本

在 conf/settings.xml 文件里，编辑好服务器的账号、密码信息，另外还有一个 id，对应上传脚本中的 -DrepositoryId 字段。

示例：

```
<server>
<id>nexus-snapshots</id>
<username>账号</username>
<password>密码</password>
</server>
```

3）利用 Maven 命令，上传指定文件

命令参考格式：

```
1. mvn deploy:deploy-file -e -Dfile=F:\demo.aar -DgroupId=your group id -DartifactId=your artifact id -Dversion=0.0.1-SNAPSHOT -Durl= maven-snapshots网址 -Dpackaging=aar -DrepositoryId=nexus-snapshots
```

单独上传有一个好处就是可以只上传现有的 JAR 包或者 AAR 包，无须工程及时编译重新打包。有时候这个包是第三方提供的，可以通过 Maven 一并管理。

3.2.4 引用 Maven

在项目根目录的 build.gradle 中添加：

```
1.  allprojects {
2.      repositories {
3.          jcenter()
4.          mavenLocal() //加上这句话
5.      }
6.
7.  dependencies{
8.      repositories {
9.  //一个SNAPSHOT服务器，一个RELEASE服务器，使用时自行切换
10.         maven { url 'maven-snapshots网址' } //加上这句话，对应上传页面中的repository
11. //      maven { url 'maven-releases网址' }
12.     }
13. }
```

3.2.5 Maven 版本号

组件通常使用版本号进行管理，版本号一般分为 3 段：x.y.z（如：1.0.0）。
- z 部分：内容和接口没有变动，只是修复了 Bug，或者进行内部状态优化，修改最后一位（如：1.0.1）。
- y 部分：如果调用接口增加了，或者进行了细微调整，修改中间位（如：1.1.0）。
- x 部分：如果进行了大面积的重构，接口完全不同了，修改第一位（如：2.0.0）。

3.2.6 免费 Maven 服务器

现在有一些网站提供了免费的 Maven 服务器，如 Bintray。Bintray 是一个网站，知名的 JCenter 就是托管在这个网站上的。但是 Bintray 不仅有 JCenter，还给用户提供了 Maven 仓库。例如用 test 账号创建一个名叫 Maven 的仓库，这个仓库的地址就是 /test/maven 这样的格式。

在项目的 build.gradle 中可以这样引入我们的 Maven 仓库：

```
1.  maven { url '你的Maven地址' }
```

这样托管在这个仓库下的 JAR 或 AAR 包，在项目中就可以通过 "implementation" 引入进来了。

3.2.7 上传到 JCenter

上传的常用方法有 novoda 和 jfrog 两种，这里介绍的是通过 novoda 的方式上传。

在项目的根目录中添加 novoda 的配置代码：

```
1. buildscript {
2.     repositories {
3.         google()
4.         jcenter()
5.     }
6.     dependencies {
7.         classpath 'com.android.tools.build:gradle:3.2.1'
8.         classpath 'com.novoda:bintray-release:0.9'
9.     }
10. }
```

在待上传的 module 工程中添加配置：

```
1. publish {
2.     userOrg = 'demo'
3.     groupId = 'com.androidwind'
4.     artifactId = 'androidquick'
5.     version = '2.0.0'
6.     desc = 'AndroidQuick is a code library contains quicker kits.'
7.     website = "你项目的网址"
8. }
```

然后在 Android Studio 的 Terminal 中输入：

```
1. gradlew clean generatePomFileForReleasePublication build bintrayUpload -PbintrayUser=Your_Bintray_Name -PbintrayKey=Your_Bintray_Key -PdryRun=false
```

通过上述几步操作即可完成 JCenter 的上传。这里介绍的仅仅是上传的方法，关于 Bintray 的注册、Maven 仓库的建立、JCenter 的提交申请等未进行详细说明。

第 4 章 打包发布规范

4.1 App 打包规范

4.1.1 打包前

- 更新最新版本的外部文件（例如需要放到 App 中的文件，如 html、pb 文件等）。
- 和产品经理确认本次打包的功能。
- Build-Clean Project，最好清空 build 文件夹内的内容。

1. 在 app/gradle.properties 下

- 设置 systemProp.app_version_code 为版本升级号（每次发布新版本需要 +1）。
- systemProp.app_version_num + systemProp.app_version_name = 应用版本号。例如，systemProp.app_version_num = 101，systemProp.app_version_name=1.0.1，其应用版本号为 1.0.1.101。
- 其他业务相关参数的配置。默认 product 连接正式服、uat 连接测试服，如要更改，可以在 app/build.gradle 下进行。在 Android Studio 的右侧边栏上部的 Grade 里面选择打包脚本，如 app -> Tasks -> build -> assembleUat 表示同时打包 uat 环境的 debug 包和 release 包；app -> Tasks -> build -> assembleDebug 表示同时打包所有环境（product 和 uat）的 debug 包；app -> Tasks -> other -> assembleProductDebug 表示只打包 product 环境下的 debug 包；app -> Tasks -> andresguard -> resguardProductDebug 表示在 AndResGuard 模式下只打包 product 环境下的 debug 包。

2. 在项目根目录的 gradle.properties 下

- systemProp.proguard = true，表示可开启混淆（开启混淆后需要在 SDK 中开启 consumer ProguardFiles 注释）。

- 如果开启混淆，可以直接启用 Gradle->:app->Tasks->andresguard 下的打包脚本，此脚本同步增加 AndResGuard 功能。
- 开启混淆后，将 app\build\outputs\mapping\uat\debug\mapping.txt 文件上传至 bugly，并指定对应版本号。

3. 在项目根目录的 build.gradle 下

andResGuard 中的 use7zip 必须设置为 false。

4. 在项目根目录 /SDK/gradle.properties 下，检查 SDK 的配置文件

可新增 IS_USE_HTTPS 字段作为 HTTPS 开关。

5. 版本号说明

android：v1.0.1.1xx。前面 3 位是下次发布的正式版的版本号。后面的版本号：0 ~ 99 表示测试服 App 提测包；100 ~ 199 表示正式服 App 提测包；200 ~ 299 表示正式服专项测试包；300 及以上表示测试服专项测试包。

6. 其他

- 检查"xxx 需求"是否与本次发版需求一致。
- 关闭保存应用日志功能。
- 屏蔽在本次发版中不需要上线的功能。
- Lint 检测代码质量。

4.1.2 打包后

1. 功能验证

- 打包后检查上述配置是否正常（需求是否完成、是否有日志输出、"关于"的版本号）。
- 主要功能是否正常。
- 验证本次升级说明描述中的功能是否正常。

2. 加固

使用加固软件加固 App，或者使用公司购买的第三方加固服务商提供的加固服务。

3. 多渠道

使用加固软件加固 App 的同时，进行自动多渠道打包。一般购买的第三方加固服务也会提供多渠道打包功能。

4.1.3 发版后

- 版本归档。
- 发布到蒲公英、fir。

- 是否有第三方版本需要同步提供。

4.1.4 发版备注

- App 版本号和 SDK 对应关系表。
- App 版本号和 app_version_code 对应关系表，例如：

1.0.1 —> 1
2.0.0 —> 2
2.0.1 —> 3

4.2 App 发布规范

App 版本发布，就是 App 有新的版本发布，需要给用户安装升级使用。按照 App 发布的手段可以分为两大类：直接全量发布、先灰度发布再全量发布。

4.2.1 全量发布

顾名思义，全量发布就是一次性发布给所有用户使用。已经安装 App 的用户打开 App 后会收到更新弹框，或者在 App 内也可以点击查看是否有升级提示，并且点击升级。

1. 优点

- 每个新版本只会有一次更新，也就是说不存在补丁版本，也不会让用户收到多次升级的提示。
- 新版本 App 经过多轮测试，质量一般会有保障。
- 省去了发布多个补丁包在人力和流程上的消耗。

2. 缺点

- 因为只会发布一个版本，所以对 App 的质量把控要求高，需要测试团队严格把控质量，一般需要进行 3 轮甚至更多轮的测试。扩大测试范围，保证 App 不出现重大的 Bug，影响使用。
- 除了新版本功能外，还需要保证主路径功能没有问题，另外还有手机兼容性、App 旧版本和新版本互通、App 旧版本升级等需要测试。
- 存在重大 Bug 的风险，例如导致 App 崩溃。这样没有新版本就需要再次发版解决。例如发版后客户端 HTTPS 证书过期，导致 App 不可用，这个时候只能重新发版。

3. 适用范围

- App 更新频率不高，例如几个月甚至半年以上更新一个版本。一般在传统行业中比较常见。

4.2.2 灰度发布

灰色是介于黑色和白色之间的一种颜色，引申到 App 版本发布上面来可以理解为在正式版本发布之前的一个版本。

灰度版本的作用是用来验证新版本是否有重大 Bug 或者严重影响用户体验的问题。理想状态是发布一个灰度版本 v1 后没有任何问题，那么就可以将这个灰度版本 v1 作为正式版本全量发布；如果这个灰度版本 v1 存在问题，那么需要开发人员进行修复，还要经过测试，再发布一个灰度版本 v2，然后再观察这个 v2 版本是否有问题，如果有问题则需要再发布一个 v3 版本，甚至更多。

1. AB Test

灰度发布这种思路其实跟 AB Test 解决方案是一样的。让大部分用户使用 A 版本，然后让一小部分用户开始使用 B 版本，观察 B 版本用户的反应，如果 B 版本用户没什么反应，那么就逐步地让 A 版本用户过渡到 B 版本。AB Test 可以保证系统的稳定性，如果有什么问题可以立即解决。

2. 灰度策略

1）灰度数量

灰度数量可以根据用户体量来决定，也可以根据产品需求来决定。一般可以投放 10% 的量来观察。量太小了对数据统计会有影响，例如发现某个崩溃的可能只有几台特殊机器，却因量小导致崩溃率上升；如果全量发布后这个崩溃率反而会降低。

2）灰度目标

我们可以通过用户 id、用户手机号、设备 id 的尾号来决定给哪些用户推送升级信息。一般不选择给某一个渠道的所有用户发送升级信息，因为这个渠道的用户数量不好控制，而且这个渠道的灰度包有可能被其他平台抓包使用，从而影响数量统计。

需要注意的是，如果有 v2 版本的灰度包，那么选择灰度目标时需要避开 v1 版本的灰度目标，避免 v1 版本的用户再次收到升级提示，影响用户体验。

3）回收功能

需要保证这些安装了有问题的灰度包的用户，最终能升级到稳定版本。如果不这样的话，会导致市面上一直存在着有问题的版本，从而导致崩溃之类的问题一直存在，影响整体新版本的 App 数据统计。

一般采取的方法是服务器这边如果发现有存在问题的灰度版本发送的请求，则在客户端弹框，要求用户强制升级。

3. 优点

- 小步快跑，快速开发，快速测试，发现问题（Bug 或用户反馈）及时改进，然后继续发布灰度包观察用户的使用反应。
- 因为可以再次发布修复后的灰度版本，所以不必担心灰度版本出问题。

4. 缺点

- 如果灰度版本较多，那么势必会消耗开发和测试不少的人力。因为每发布一个灰度版本，至少主功能路径之类的需要检测一遍。而且还有各种公司内部的发版流程、邮件，这也是一种消耗。
- 灰度版本到正式版本之间会有一段时间间隔，如果灰度版本存在问题，那么这个灰度用户只能一直等着正式版本的发布。

5. 适用范围

- App 更新频率高，一般一个月甚至 2～3 周就有一个版本发布。一般互联网行业的 App 常用这种方式。

第 5 章 团队管理规范

5.1 任务管理规范

一个 App 从需求的提出到最终版本的上线，涉及的环节有很多。除了我们通常理解的编码以外，还有很多相关的环节也需要一并处理，这样才能保证 App 开发的闭环。

- 开发环节：开发人员对各自负责的模块进行编码工作。
- 需求评审：一般由技术经理对需求涉及的技术点进行把控。
- 版本管理：App 对外版本号管理，如测试环境、正式环境、特殊版本等。
- 仓库管理：一般指团队的 Maven 仓库管理，包括上传的 JAR 包和 AAR 包。
- 技术管理：项目技术选型、解决方案的管理。
- 进度追踪：版本迭代周期内，技术经理对各个成员的开发进度进行把控。
- 测试管理：App 自身编写测试用例的管理。
- 异常管理：App Crash 的搜集与处理。
- 打包管理：参考 4.1 节的打包规范。
- 发布管理：参考 4.2 节的发布规范。
- 归档管理：App 正式版本发布后，对所有已经对外发布的 App 版本进行归档管理。

我们除了在编码层面上进行分工，在其他的环节也需要进行分工处理。例如某人专门负责打包，某人专门负责加密或者上传等。

表 5.1 所示的团队任务分工可以作为团队开发人员分工的参考。

表 5.1 团队任务分工

团队成员	功能模块A	功能模块B	功能模块C	功能模块D	需求评审	版本管理	仓库管理	技术管理	进度追踪	测试管理	异常管理	打包管理	发布管理	归档管理
技术经理	●				●			●	●	●	●			
甲程序员		●				●							●	
乙程序员				●			●					●		●

5.2 需求评审规范

作为技术经理，除了在技术层面上做好把关，在需求评审的时候也应该做好以下几点工作。

- 多问几个为什么，为什么这个需求要做，做了以后能带来多大的收益？需求是需要产品经理经过大量的数据挖掘和用户调研后才能得到的，而不是拍脑袋或者听到个别人的抱怨就能得到的。
- 多跟产品经理沟通，多引导产品经理。我们不提倡功能需求的堆积，而是需要把控产品的核心、用户的痛点。我们的目的不是迁就用户，而是引导用户。
- 明确好各自的职责范围，例如明确产品经理应该输出的内容是否完善，以及输出的内容是否符合标准。

我们结合项目经理、产品经理、研发人员在需求评审阶段的配合工作制作了一个流程图，如图 5.1 所示。通过流程图可以了解这个过程中各方如何交互和沟通。

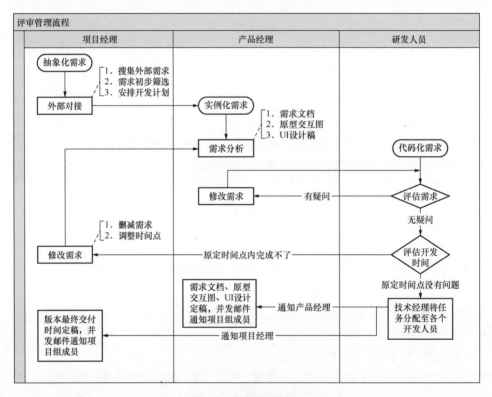

图 5.1 需求评审流程图

5.3 过程管理规范

这里提到的过程管理，是指整个 App 开发过程中所涉及的所有流程，包括从项目启动开始，最后到版本归档，这其中涉及哪些流程，每个流程需要做些什么，每个流程的输出是什么。

例如编码开发阶段，我们分为技术管理和 Output 产出这两个部分。

技术管理上我们要求做到以下几点。

- 符合技术规范：App 要符合我们制定的开发规范。
- 选择开发架构：选择合适的架构和技术解决方案。
- CodeReview：保证按要求做到代码评审。

Output 产出有以下几点。

- 项目周报：每周总结项目情况，包括是否按计划进行、有没有遇到困难等。
- 技术心得：通过项目的开发有什么收获，可以自己记录下来放到 Wiki 上。
- 技术预研：这个项目所涉及的技术点，可以用什么方案解决。
- 技术文章：搜集跟项目相关的技术文章，包括自己撰写的技术文章。
- 技术分享：例如在周会上同大家分享自己的技术心得或者技术文章。

图 5.2 展示了过程管理规范的整个流程。

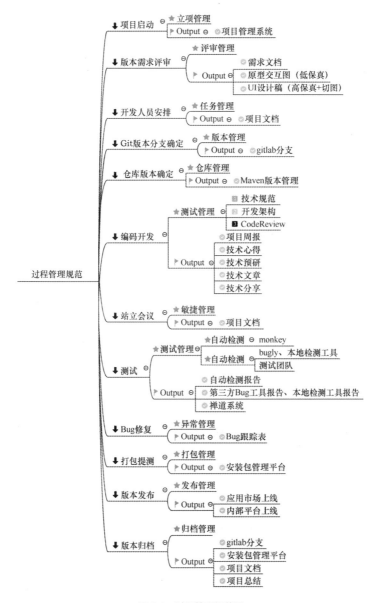

图 5.2　过程管理规范图

第 2 篇
开发篇

本篇主要介绍 Android 开发中所涉及的常用的设计模式、框架、模块,然后我们会详细介绍自己如何一步一步地手动实现这些框架和模块。

第 6 章 常用设计模式

GoF 出版的《设计模式：可复用面向对象软件的基础》一书中，一共收录了 23 种设计模式，这些设计模式本质是对面向对象设计的封装、继承、多态的理解。限于篇幅，本书不一一列举这 23 种设计模式，而是挑选出了在 App 开发过程中应用得较多的 8 种设计模式来介绍。

在介绍具体的设计模式之前，我们来看一下设计模式六大原则。

6.1 设计模式六大原则

面向对象 OOP 的开发模式中，不论从事的是后台还是前端开发，都离不开设计模式的制约。不论什么框架和架构，都离不开设计模式的约束。

OOP 设计模式有六大原则，现在就来谈谈这六大原则、这些原则的优点，以及平时编码过程中是如何按照这六大原则来进行设计的。

6.1.1 单一职责原则

"改变一个类的原因不能超过一个。"

该原则面向的对象是类。

以 Car 这个类为例，它有 move 这个功能：

```
1.  public class Car {
2.
3.      private void move() {
4.          System.out.println("move");
5.      }
6.  }
```

车辆还有载人功能，把 load 功能也加到 Car 里面：

```
1.  public class Car {
2.
3.      private void move() {
4.          System.out.println("car move");
5.      }
6.      private void load() {
7.          System.out.println("car load");
8.      }
9.  }
```

这样一来，Car 有两个功能，一个是 move，一个是 load。

问题来了，修改 move 的时候，Car 这个类就会变动；修改 load 的时候，Car 这个类也会变动。

那 Car 这个类是否可以拆分成两个类呢？答案是可以。

Car 如果依赖了其他类，例如：

```
1.  public class Car {
2.      private Driver driver;
3.      private void init() {
4.          driver = new Driver();
5.      }
6.      private void move() {
7.          System.out.println("move");
8.      }
9.  }
```

假设给这辆车配备司机，开始对司机进行初始化。但是 Driver 这个类的初始化，本身不应该在 Car 这个类里面进行。也就是说，Car 这个类没有职责去初始化所依赖的 Driver 类（可以用工厂模式等去实现）。

因此，像 Dagger2 这样的框架解决的就是这类单一职责的问题。

6.1.2 里氏替换原则

"使用基类的地方如果替换成子类，不影响当前功能的实现。"

该原则面向的对象是子类和父类。

具体表现如下。

- 子类继承父类后，可以扩展父类功能。
- 子类可以实现父类抽象的方法，但是不能覆盖父类已实现的方法。

简而言之，里氏替换原则说明的是：子类可以对父类进行扩展，但是不能改变父类现有的功能。

还是以 Car 这个类为例，现在由 Benz 子类继承它：

```
1.  public class Benz extends Car {
2.      private void move() {
```

```
3.        System.out.println("benz move");
4.    }
5. }
```

如果我们进行如下调用：

```
1. public class Client{
2.    public static void main(String[] args) {
3.        Car car = new Car();
4.        car.move();
5.        Car car = new Benz();
6.        car.move();
7.    }
8. }
```

输出的结果是：

car move
move benz

为什么说这样的输出是不符合规则的呢？因为 move() 这个功能已经由父类 Car 实现了，子类只需要继承就可以自动获得这个功能，但是由于某些功能、需求的升级或变更，开发人员在子类中对父类方法进行了重写，也就是覆盖了父类方法。这样就导致在子类中调用父类的方法实际上已经被改动了。这种情况会造成不可预估的错误，因此不建议这么做。

解决的方案是：子类增加自己特有的方法，不用覆盖父类实现的方法。

例如：

```
1. public class Benz extends Car {
2.    private void newMove() {
3.        System.out.println("benz move");
4.    }
5. }
```

6.1.3 依赖倒置原则

"所有模块必须依赖抽象，实现也依赖抽象。"
该原则面向的对象是模块之间的。
具体表现如下。
- 底层模块：原子逻辑，不可分割的业务逻辑。
- 高层模块：原子逻辑的封装。
- abstractions：接口或抽象类，不能被直接实例化。
- details：接口或抽象类的实例化。

简而言之就是面向接口编程。
举例来说，Benz 这辆车由司机来开，这里把司机叫作 ZhangSan：

```
1. public class Benz {
2.     public void move(ZhangSan zhangsan) {
3.         System.out.println("driver is ZhangSan");
4.     }
5. }
```

```
1. public class Client{
2.     public static void main(String[] args) {
3.         Benz benz = new Benz();
4.         Zhangsan zhangsan = new ZhangSan();
5.         benz.move(zhangsan);
6.     }
7. }
```

我们可以看到 Benz 这辆车配备了一个叫作 ZhangSan 的司机，而且只能由叫作 ZhangSan 的司机来驾驶。万一有一天 ZhangSan 请假了，这辆 Benz 车那不是就不能开动了？

我们知道，只要拥有符合条件的驾照的驾驶员就可开 Benz 这辆车，那么 Benz 的 drive 方法中就不能限制只对 ZhangSan 这个驾驶员有效。

我们定义一个接口，这个接口中有个 granted 方法，任何实现了这个方法的驾驶员都有权限开 Benz 这辆车。

```
1. public interface ILicense {
2.     void granted();
3. }
```

```
1. public class LiSi implements ILicense{
2.     public boolean granted() {
3.         System.out.println("driver with license");
4.         return true;
5.     }
6. }
```

这里我们定义了 LiSi，拥有驾照，那么这辆 Benz 车不再是只能由 ZhangSan 来驾驶了：

```
1. public class Benz {
2.     public void move(ILicense license) {
3.         if(license.granted()) {
4.             ...
5.         }
6.     }
7. }
```

这样 LiSi 也能驾驶了：

```
1. public class Client{
2.     public static void main(String[] args) {
```

```
3.        Benz benz = new Benz();
4.        ILicense license = new LiSi();
5.        benz.move(license);
6.    }
7. }
```

6.1.4 接口隔离原则

"类和类之间应该保持最小程度的依赖。"

该原则面向的对象是类和接口。

该原则说明类实现的接口应该是这个类所需要的。换句话说，定义接口时，应当做到尽量根据业务逻辑细化。

例如车辆有 move、load 这两个方法：

```
1. public interface IMove {
2.     void move();
3.     void load();
4. }
```

IMove 接口表示能动的物体。如果是飞机呢？飞机能飞，于是 IMove 接口增加了 fly 方法：

```
1. public interface IMove {
2.     void move();
3.     void fly();
4. }
```

这样一来，Benz implements IMove 接口实现后，还需要实现 fly 方法，虽然这个方法里面也可不做处理，但是这样会增大代码的冗余度，提升阅读难度。因此 fly 这个方法应该放到其他供飞机使用的接口中。

6.1.5 迪米特法则

"只和你亲近的朋友交谈。"

该原则描述得很形象，就是说一个类尽可能少地使用暴露方法，能用 private 的就用 private，尽可能少地让外界调用到你的方法。

该原则面向的对象是类和类之间的。

具体表现如下。

- private 方法主要实现类本身的逻辑功能。
- protected 方法主要暴露给子类用。
- public 方法主要是给其他类提供接口。

我们可以用一句话概括这个原则：高内聚，低耦合。

6.1.6 开闭原则

"软件实体,如类、模块、函数应该对扩展开放,对修改关闭。"

面向的对象:类、模块、函数。

这个原则在工厂方法设计模式中体现得很明显。

还是以上面的 Benz 类为例:

```
1.   public class Benz implements IMove{
2.       public void move(ILicense license) {
3.
4.       }
5.   }
```

如果现在要实现一辆赛车版的 Benz,它的 move 有赛车版的功能,现在有以下两种方法来实现。

- IMove 里面增加一个 raceMove() 接口来处理赛车驾驶事宜。
- 在现有的 drive 方法里面根据传入的参数判断是否为赛车版的 Benz,然后进行处理。

但是这样的处理涉及接口的更改,还有就是对源代码的改动,这些都不是很好的方法,搞不好会对原有功能造成损害。

使用开闭原则的解决方案就是,新建一个 RaceBenz 类,继承 Benz 类,并且在 RaceBenz 类里面新增一个 raceDrive 方法:

```
1.   public class RaceBenz extends Benz{
2.       public void raceDrive(ILicense license) {
3.
4.       }
5.   }
```

6.2 单例模式

6.2.1 单例模式介绍

单例模式是我们在开发中经常用到的一种设计模式。单例模式创建的类在当前进程中只有一个实例,并有一个访问它的全局入口。

1. 单例模式的优点

- 内存中只有一个对象实例,节省了内存空间。
- 避免了频繁创建实例带来的性能消耗。
- 提供了一种全局访问入口,例如读取配置信息。

2. 单例模式的缺点

● 一般静态类不提供接口实现、抽象方法等功能，扩展能力差，修改的话只能在这个单例类里面进行。

● 由于静态模式使用了 static 全局变量，所以涉及生命周期的引用，这样很容易引起内存泄漏。例如传入了一个 Activity 类。这个时候我们需要传入的是跟 static 生命周期一样长的 Application Context，否则就不要使用单例模式，例如像 Dialog 对话一样。

3. 单例模式适用场景

● 对象需要保存一些状态信息。

● 避免多重读写操作。例如多个实例读取了同一资源文件，后续涉及对这个资源文件写入同步的操作。

6.2.2 单例模式实现

单例模式的实现有很多种，这里展示一种最常用的实现。代码如下：

```
1.  public class SingletonDemo {
2.
3.      private static volatile SingletonDemo sInstance = null;
4.      private SingletonDemo() {
5.
6.      }
7.      public static SingletonDemo getInstance () {
8.          if (sInstance == null) {
9.              synchronized(SingletonDemo.class){
10.                 if (sInstance == null) {
11.                     sInstance = new SingletonDemo();
12.                 }
13.             }
14.         }
15.         return sInstance;
16.     }
17.
18.     public void printSomething() {
19.         System.out.println("this is a singleton");
20.     }
21. }
```

这种写法的好处有以下几点。

● 构造函数 private，不能直接 new 对象，保证通过 getInstance 方法来创建。

● 由于不能直接 new 对象，所以 getInstance 方法必须是一个 static 方法；而静态方法不能访问非静态成员变量，所以这个实例变量也必须是 static 的。

- 双重检查锁，使用 volatile 关键字，重排序被禁止，所有的写（write）操作都将发生在读（read）操作之前。

除了使用上述传统的方式创建单例模式，我们还可以通过枚举实现：

```
1. public enum SingletonDemo {
2.     INSTANCE;
3. }
```

然后直接通过 SingletonDemo.INSTANCE 调用，比传统实现方便多了。枚举实现的单例模式不但能保证线程安全，而且能防止反序列化时重新创建新的对象。

说到单例模式，就不得不提到静态类。接下来介绍静态类。

6.2.3 静态类

静态类读者应该都很熟悉，用 static 修饰的方法或者变量，可以直接调用，方便快捷。

```
1. public class StaticDemo {
2. 
3.     public static void printSomething() {
4.         System.out.println("this is a static");
5.     }
6. }
```

这是一个最简单的静态类，提供一个静态方法 printSomething()。

1. 静态类的优点

- 静态类的方法直接调用即可，无须 new 一个实例对象。
- 静态类的性能较好，因为静态类的方法是在编译期间就绑定了的。

2. 静态类的缺点

- 静态类方法不能被 Override，没有扩展性。
- 静态类做不到懒加载。

6.2.4 单例和静态类的选择

单例表现的是类，静态类表现的是方法。
- 如果需要类的扩展能力，例如 Override，选择单例模式。
- 如果类比较重，需要考虑懒加载，选择单例模式。
- 如果有状态信息维护需求，选择单例模式。
- 如果有资源文件访问需求，选择静态类。
- 如果需要将一些方法集中在一起，选择静态类。

6.3 工厂模式

本节介绍的 3 种设计模式都属于工厂模式,所谓的工厂,通俗来讲就是用来生产产品的地方。从代码的角度来说,产品就是一个个具体的类的实例对象,工厂也是一个实例对象,用来生产这些实例产品。工厂模式要解决的问题就是实例化对象。

6.3.1 简单工厂

1. 优点

工厂类承担创建所有产品的职责,只要有想创建的产品实例,都可以在工厂类里面实现,工厂类号称"万能类"。

2. 缺点

- 只要新增一个产品,就会对工厂类进行修改。
- 工厂类会随着产品种类的增多而变得庞大,而且不易于管理和维护。
- 违反了设计模式中的"开闭原则",即对修改关闭(新增产品需要修改工厂类),对扩展开放(没有扩展)。

3. 示例展示

```
1.  private interface ICar {
2.      void move();
3.  }
4.
5.  private static class Benz implements ICar {
6.
7.      @Override
8.      public void move() {
9.          ToastUtil.showToast("Benz moved!");
10.     }
11. }
12.
13. private static class BMW implements ICar {
14.
15.     @Override
16.     public void move() {
17.         ToastUtil.showToast("BMW moved!");
18.     }
19. }
20.
21. //简单工厂
22. private static class SimpleFactory {
23.     public static ICar getCar(int carType) {
24.         switch (carType) {
```

```
25.            case 0:
26.                return new Benz();
27.            case 1:
28.                return new BMW();
29.        }
30.        return null;
31.    }
32. }
33.
34. //开始生产
35. ICar car1 = SimpleFactory.getCar(0);
36. car1.move();
```

6.3.2 工厂方法

1. 优点

- 弱化一个工厂类通用的概念，将生产产品的职责交给各自的产品工厂去完成，也就是每一个产品都有一个工厂类，负责完成本身产品的生产。
- 符合"开闭原则"，对修改关闭（无须修改工厂类），对扩展开放（新增产品对应的工厂类）。

2. 缺点

- 工厂方法实现了多个工厂类，相对简单工厂来说，使用起来更复杂。
- 缺少形成产品族的功能，这个后续可在抽象工厂模式中解决。

3. 实例展示

```
1.  private interface IFactory {
2.      ICar getCar();
3.  }
4.
5.  private class BenzFactory implements IFactory{
6.
7.      public ICar getCar() {
8.          return new Benz();
9.      }
10. }
11.
12. private class BMWFactory implements IFactory{
13.
14.     public ICar getCar() {
15.         return new BMW();
16.     }
17. }
18. //工厂方法
19. IFactory factory = new BenzFactory();
20. ICar car1 = factory.getCar();
21. car1.move();
```

```
22.
23.     IFactory factory = new BMWFactory();
24.     ICar car2 = factory.getCar();
25.     car2.move();
```

4. 工厂方法的实现：泛型

```
1. public class CarFactory {
2.     public static ICar createCar(Class<? extends ICar> c) {
3.         try {
4.             return (ICar) c.newInstance();
5.         } catch (Exception e) {
6.             System.out.println("初始化失败");
7.         }
8.         return null;
9.     }
10. }
```

```
1. ICar bmw = CarFactory.createCar(BMW.class);
2.     if (bmw != null) {
3.         bmw.move();
4.     }
```

所有产品类必须实现 ICar 接口。

5. 工厂方法的实现：Enum

```
1. enum EnumCarFactory {
2.     Benz {
3.         @Override
4.         public ICar create() {
5.             return new Benz();
6.         }
7.     },
8.     BMW {
9.         @Override
10.        public ICar create() {
11.            return new BMW();
12.        }
13.    };
14.
15.    public abstract ICar create();
16. }
```

接下来看下如何使用：

```
1. try {
2.     ICar ACar = EnumCarFactory.valueOf("Benz").create();
3.     ACar.move();
4. } catch (Exception e) {
5.     System.out.println("初始化失败");
6. }
```

利用 Enum 的枚举特性，返回特定的产品类实例。

6.3.3 抽象工厂

1. 简介

抽象工厂是由"产品族"的概念拓展而来的。

一个产品不止一个功能，例如我们为用户制定了一套出行方案，这个方案里面配备的有车辆、穿的衣服等，这些功能合在一起就成为"人群"这个产品的功能。如果只配备了车辆，那就跟工厂方法模式一样，只有一个功能，这是极端的情况。

所谓的抽象工厂指的是工厂不止生产某一具体的产品，而是能扩展到生产一系列的产品。

2. 示例展示

```
1.  private interface IFactory {
2.      ICar getCar();
3.  }
4.
5.  private interface IClothes {
6.      void wear();
7.  }
8.
9.  private class Gucci implements IClothes {
10.
11.     @Override
12.     public void wear() {
13.         ToastUtil.showToast("wear Gucci");
14.     }
15. }
16.
17. private class Prada implements IClothes {
18.
19.     @Override
20.     public void wear() {
21.         ToastUtil.showToast("wear Prada");
22.     }
23. }
24.
25. public interface IAbsFactory {
26.     ICar getCar();
27.     IClothes getClothes();
28. }
29.
30. private class ZhangSan implements IAbsFactory {
31.
32.     @Override
33.     public ICar getCar() {
34.         return new Benz();
35.     }
36.
```

```
37.        @Override
38.        public IClothes getClothes() {
39.            return new Gucci();
40.        }
41.    }
42.
43.    private class LiSi implements IAbsFactory {
44.
45.        @Override
46.        public ICar getCar() {
47.            return new BMW();
48.        }
49.
50.        @Override
51.        public IClothes getClothes() {
52.            return new Prada();
53.        }
54.    }
55.    //抽象工厂
56.    IAbsFactory absFactory = new ZhangSan();
57.    ICar car = absFactory.getCar();
58.    car.move();
59.    IClothes clothes = absFactory.getClothes();
60.    clothes.wear();
```

6.4 观察者模式

观察者模式，包括观察者和被观察者。观察者们将自己的需求告知被观察者，被观察者负责通知到观察者。概念讲起来比较简单，我们还是来看看实际的代码。

6.4.1 Java 自带的观察者

1. Server

Server 可以理解为被观察者，用来通知所有的 Client。

```
1.  public class Server extends Observable {
2.
3.      private int time;
4.
5.      public Server(int time) {
6.          this.time = time;
7.      }
8.
9.      public void setTime(int time) {
10.         if (this.time == time) {
11.             setChanged();//一定要标注，表明有数据变更，需要通知观察者
12.             notifyObservers(time);
13.         }
```

```
14.    }
15. }
```

2. Client

Client 是观察者，通过实现 Observer 接口来接收 Server 发送的通知。

```
1.  public class Client implements Observer {
2.      private String name;
3.      public Client(String name) {
4.          this.name = name;
5.      }
6.
7.      @Override
8.      public void update(Observable o, Object arg) {
9.          if (o instanceof Server) {
10.             ToastUtil.showToast(name + "say: time is up!" + arg);
11.         }
12.     }
13. }
```

3. 使用方法

```
1. Server server = new Server(2019);
2. Client client1 = new Client("张三");
3. Client client2 = new Client("李四");
4. server.addObserver(client1);
5. server.addObserver(client2);
6. server.setTime(2018);
7. server.setTime(2019);
```

注意，不需要观察者的时候需要移除观察者，例如在 onDestroy 的时候：

```
1. @Override
2. protected void initDestroy() {
3.     if (server != null) {
4.         server.deleteObservers();
5.     }
6. }
```

6.4.2　自己实现观察者模式

对于一个被观察者，我们希望在任何地方都能添加观察者，可以使用静态变量的方式简单地实现：

```
1. public class MyObservable {
2.
3.     private static Vector<MyObserver> observers = new Vector<>(); //用Vector考虑线程安全
4.
```

```
5.     public static void addObserver(MyObserver myObserver) {
6.         observers.add(myObserver);
7.     }
8.
9.     public static void removeObserver(MyObserver myObserver) {
10.        observers.remove(myObserver);
11.    }
12.
13.    public interface MyObserver {
14.        void update(int time);
15.    }
16.
17.    public static void notify(int time) {
18.        for (MyObserver observer : observers) {
19.            observer.update(time);
20.        }
21.    }
22. }
```

使用方法也很简单，参考如下代码：

```
1. //创建观察者
2. MyObservable.MyObserver myObserver = new MyObservable.MyObserver() {
3.     @Override
4.     public void update(int time) {
5.         ToastUtil.showToast("here is myObserver!");
6.     }
7. };
8. //将观察者添加到被观察者中
9. MyObservable.addObserver(myObserver);
10.//通知
11.MyObservable.notify(2020);
12.//移除
13.@Override
14.protected void initDestroy() {
15.    if (myObserver != null) {
16.        MyObservable.removeObserver(myObserver);
17.    }
18.}
```

6.5 Builder 模式

6.5.1 为什么要用 Builder 模式

Builder 模式主要用于解决初始化类时（也就是 new 一个类的实例出来），类的构造函数种类过多且不易管理的问题。

我们来看一下有 3 个参数的类能构建出多少个构造函数：

```
1.  public class Student {
2.  
3.      private String name;
4.      private int age;
5.      private boolean sex;
6.  
7.      public Student() {
8.      }
9.  
10.     public Student(String name) {
11.         this.name = name;
12.     }
13. 
14.     public Student(int age) {
15.         this.age = age;
16.     }
17. 
18.     public Student(boolean sex) {
19.         this.sex = sex;
20.     }
21. 
22.     public Student(String name, int age) {
23.         this.name = name;
24.         this.age = age;
25.     }
26. 
27.     public Student(String name, boolean sex) {
28.         this.name = name;
29.         this.sex = sex;
30.     }
31. 
32.     public Student(int age, boolean sex) {
33.         this.age = age;
34.         this.sex = sex;
35.     }
36. 
37.     public Student(String name, int age, boolean sex) {
38.         this.name = name;
39.         this.age = age;
40.         this.sex = sex;
41.     }
42. 
43.     public Student(StudentBuilder studentBuilder) {
44.         this.name = studentBuilder.name;
45.         this.age = studentBuilder.age;
46.         this.sex = studentBuilder.sex;
47.     }
48. }
```

一共有 9 种之多。

如果这些构造函数都写到类里面，不但代码量大、代码不美观，而且调用起来也容易出错。

6.5.2 Builder 模式的实现

我们的想法是 Student 类的构造函数不要那么多，但是又要满足初始化 Student 类变量的需求。

可以考虑设计一个内部类，这个内部类的参数跟 Student 类的参数一样，而 Student 类的构造函数的参数，我们就设定为这个内部类。因此，只需要将这个内部类的变量初始化即可。

内部类变量设定的时候，我们采用链式结构，这样可以通过 setxx().setxx.() 形式一直写下去。目前 RxJava、OkHttp 等框架均采用了这样的链式结构设计。

```java
1.  public class Student {
2.
3.      private String name;
4.      private int age;
5.      private boolean sex;
6.
7.      public Student() {
8.      }
9.
10.     public Student(StudentBuilder studentBuilder) {
11.         this.name = studentBuilder.name;
12.         this.age = studentBuilder.age;
13.         this.sex = studentBuilder.sex;
14.     }
15.
16.     public static StudentBuilder newInstance() {
17.         return new StudentBuilder();
18.     }
19.
20.     public static class StudentBuilder {
21.
22.         private String name;
23.
24.         private int age;
25.
26.         private boolean sex;
27.
28.         public StudentBuilder setName(String name) {
29.             this.name = name;
30.             return this;
31.         }
32.
33.         public StudentBuilder setAge(int age) {
34.             this.age = age;
35.             return this;
36.         }
37.
38.         public StudentBuilder setSex(boolean sex) {
39.             this.sex = sex;
40.             return this;
41.         }
```

```
42.
43.        public Student build() {
44.            return new Student(this);
45.        }
46.    }
47.
48.    @Override
49.    public String toString() {
50.        return "Student{" +
51.                "name='" + name + '\"' +
52.                ", age=" + age +
53.                ", sex=" + sex +
54.                '}';
55.    }
56.
57.    public Student setName(String name) {
58.        this.name = name;
59.        return this;
60.    }
61.
62.    public Student setAge(int age) {
63.        this.age = age;
64.        return this;
65.    }
66.
67.    public Student setSex(boolean sex) {
68.        this.sex = sex;
69.        return this;
70.    }
71. }
```

有 3 种使用方法可以实现 Builder 模式，参考如下代码。

```
1. Student student1 = new Student.StudentBuilder().setName("张三").setAge(18).setSex(true).build();
2. mTextView1.setText(student1.toString());
3.
4. Student student2 = Student.newInstance().setName("李四").setAge(20).setSex(false).build();
5. mTextView2.setText(student2.toString());
6.
7. Student student3 = new Student().setAge(22).setName("王五").setSex(true);
8. mTextView3.setText(student3.toString());
```

从以上实例可以看出，Builder 模式调用的过程清晰、代码简洁明了。

6.6 代理模式

代理是一个中间者的角色，它屏蔽了访问方和委托方之间的直接接触。也就是说访问方不能直接调用委托方的这个对象，而是必须实例化一个跟委托方有同样接口的代理方，通过这个代理方来完成对委托方的调用。访问方只和代理方打交道,这个代理方有点像掮客的角色,现实生活中的代理类似于中介机构。

什么时候需要用到代理模式呢?

- 访问方不想和委托方有直接接触,或者直接接触有困难。
- 访问方对委托方的访问需要增加额外的处理,例如访问前和访问后都做一些处理。这种情况下我们不能直接对委托方的方法进行修改,因为这样会违反"开闭原则"。

代理模式有两类:静态代理和动态代理,下面我们通过代码分别详细说明。

6.6.1 静态代理

静态代理的代理类每次都需要手动创建。

```
1.  private interface ICar {
2.      void move();
3.  }
4.
5.  private class Benz implements ICar {
6.
7.      @Override
8.      public void move() {
9.          ToastUtil.showToast("Benz move");
10.     }
11. }
12.
13. //代理类
14. private class BenzProxy implements ICar {
15.     private Benz benz;
16.
17.     public BenzProxy() {
18.         benz = new Benz();
19.     }
20.
21.     @Override
22.     public void move() {
23.         //做一些前置工作,例如检查车辆的状况
24.         //before();
25.         benz.move();
26.         //做一些后置工作,例如检查结果
27.         //after();
28.     }
29. }
30. //调用
31. BenzProxy proxy1 = new BenzProxy();
32. proxy1.move();
```

6.6.2 动态代理

动态代理的代理类可以根据委托类自动生成,而不需要像静态代理那样通过手动创建。动

态代理类的代码不是在 Java 代码中定义的，而是在运行的时候动态生成的。这里主要用到 InvocationHandler 接口。

```java
1.  //动态代理类
2.      public class CarHandler implements InvocationHandler {
3.
4.          //目标类的引用
5.          private Object target;
6.
7.          public CarHandler(Object target) {
8.              this.target = target;
9.          }
10.
11.         @Override
12.         public Object invoke(Object proxy, Method method, Object[] args) throws Throwable {
13.             //做一些前置工作，例如检查车辆的状况
14.             before();
15.
16.             //调用被代理类的方法
17.             Object result = method.invoke(target, args);
18.
19.             //做一些后置工作，例如检查结果
20.             //after();
21.             return result;
22.         }
23.
24.         private void before() {
25.             ToastUtil.showToast("before Benz move");
26.         }
27.     }
28. //调用方
29.     ICar car1 = new Benz();
30.     InvocationHandler handler = new CarHandler(car1);
31.     ICar proxy2 = (ICar) Proxy.newProxyInstance(ICar.class.getClassLoader(), new Class[]{ICar.class}, handler);
32.     proxy2.move();
```

6.6.3 动态代理应用：简单工厂

接着上面动态代理调用方的使用方式，通过工厂模式加上泛型的方式，优化一下动态代理的生成和调用。

```java
1. public class ProxyFactory<T> {
2.
3.     private T client;//目标对象
4.     private IBefore before; // 前置增强
5.     private IAfter after; // 后置增强
6.
```

```java
7.      @SuppressWarnings("unchecked")
8.      public <T> T createProxy() {
9.          ClassLoader loader = client.getClass().getClassLoader();
10.         Class[] interfaces = client.getClass().getInterfaces();
11.         InvocationHandler h = new InvocationHandler() {
12.             public Object invoke(Object proxy, Method method, Object[] args)
13.                     throws Throwable {
14.                 if("getName".equals(method.getName())){
15.                     //可根据name值过滤方法
16.                 }
17.                 //前置
18.                 if (before != null) {
19.                     before.doBefore();
20.                 }
21.                 Object result = method.invoke(client, args);//执行目标对象的目标方法
22.                 if (after != null) {
23.                     after.doAfter();
24.                 }
25.                 return result;
26.             }
27.         };
28.         return (T) Proxy.newProxyInstance(loader, interfaces, h);
29.     }
30.
31.     public void setClient(T client) {
32.         this.client = client;
33.     }
34.
35.     public void setBefore(IBefore before) {
36.         this.before = before;
37.     }
38.
39.     public void setAfter(IAfter after) {
40.         this.after = after;
41.     }
42. }
43.
44. public interface IBefore {
45.     void doBefore();
46. }
47.
48. public interface IAfter {
49.     void doAfter();
50. }
51. //调用
52. ProxyFactory factory = new ProxyFactory();//创建工厂
53. factory.setBefore(new IBefore() {
54.     @Override
55.     public void doBefore() {
56.         System.out.println("doBefore.");
57.     }
```

```
58.    });
59.    factory.setClient(new Benz());
60.    factory.setAfter(new IAfter() {
61.        @Override
62.        public void doAfter() {
63.            System.out.println("doAfter.");
64.        }
65.    });
66.
67.    ICar car2 = (ICar) factory.createProxy();
68.    car2.move();
```

6.6.4 动态代理应用：AOP

AOP 的英文全称是 Aspect-Oriented Programming，即面向切面编程。

AOP 的实现方式之一是动态代理。简单来说，AOP 能够动态地将代码切入指定的位置，在指定位置上实现编程，从而达到动态改变原有代码的目的。上面的 IBefore 和 IAfter 接口实际上就是简单地实现了 AOP，例如在 invoke 具体方法之前和之后插入一些操作。

另外介绍一下 Proxy.newProxyInstance 这个方法：

```
public static Object newProxyInstance(ClassLoader loader,Class<?>[] interfaces,
InvocationHandler h)
```

- loader：委托类的 classLoader。
- interfaces：代理类需要实现的接口，这个接口同委托类的接口。
- h：调用处理器，只有一个 invoke 方法，调用委托类的任何方法都是通过它的 invoke 方法来完成的。

6.7 策略模式

6.7.1 策略模式介绍

我们知道，Android 每一种模块都有很多种解决方案，例如网络模块有 OKHttp、Volley、Retrofit 等；数据库有 OrmLite、GreenDao、Room 等；图片模块有 Glide、Picaso 等。平时开发的时候可能就会选定一种模块，例如图片就用 Glide，然后在项目的代码里面直接调用 Glide 的接口来完成图片的处理。

如果我们确定以后不会更换这些模块的话，那么初看也没什么问题。但是万一以后有了一个更好的解决方案呢？或者公司开发了一个中间件用来解决这个模块的问题，然后公司通知各个项目都需要接入这个模块。

这种情况下，我们通常的解决方案是：将项目中所有用到原先模块的 API，统一换成新引入模块的 API。这样不仅工程量大，还容易造成新的问题；而且新的模块的 API 也需要重新了解和熟悉。

6.7.2 策略模式实现

根据设计模式中的"开闭原则",我们应该尽量做到对修改关闭。如果使用上述提到的解决方案,那么相当于是业务跟模块之间强耦合了。

那么怎么解决这种"强耦合"呢?答案是面向接口编程。我们在使用模块功能的时候,尽量不要直接使用模块提供的 API 接口,而要使用我们定义的接口提供的方法,也就是我们通常所说的面向接口编程。

具体的解决方案如下。

- 定义一个接口,这个接口的方法就是我们项目里面所调用的。
- 所有引用的模块都要实现这个接口,虽然模块本身有自己的 API,但是我们现在不是直接使用模块的 API,而是使用我们定义的接口。所以这个模块必须要实现我们定义的接口。
- 提供一个使用类,通常是单例模式。这个使用类就是我们项目里面所直接调用的,所以这个使用类也必须实现我们定义的接口。
- 在使用类中指定所引用的第三方模块。例如 Glide 或者 Picaso,或者是公司提供的中间件模块。

这种解决方案的好处就是,无论怎么替换第三方模块,项目使用到这个模块功能的地方都不需要改动,只需要在配置里面设定好使用的第三方模块即可。

以日志模块为例,我们来看一下策略模式在日志模块中的应用。

首先定义一个日志模块 API 通用接口:

```
1.  public interface ILogProcessor {
2.      void v(String vLog);
3.
4.      void d(String dLog);
5.
6.      void i(String iLog);
7.
8.      void e(String eLog);
9.  }
```

接下来我们创建两个日志功能类,分别实现上面的日志接口。

第一个日志功能类使用系统自带的 log 实现,我们定义为 DefaultLogProcessor:

```
1.  public class DefaultLogProcessor implements ILogProcessor {
2.      @Override
3.      public void v(String vLog) {
4.          Log.v("DefaultLogProcessor", "defaultlog:" + vLog);
5.      }
6.
7.      @Override
8.      public void d(String dLog) {
9.          Log.d("DefaultLogProcessor", "defaultlog:" + dLog);
10.     }
11.
12.     @Override
```

```
13.     public void i(String iLog) {
14.         Log.i("DefaultLogProcessor", "defaultlog:" + iLog);
15.     }
16.
17.     @Override
18.     public void e(String eLog) {
19.         Log.e("DefaultLogProcessor", "defaultlog:" + eLog);
20.     }
21. }
```

第二个日志功能类使用 TinyLog 实现，我们定义为 TinyLogProcessor：

```
1. public class TinyLogProcessor implements ILogProcessor {
2.     @Override
3.     public void v(String vLog) {
4.         TinyLog.v("tinylog:" + vLog);
5.     }
6.
7.     @Override
8.     public void d(String dLog) {
9.         TinyLog.d("tinylog:" + dLog);
10.    }
11.
12.    @Override
13.    public void i(String iLog) {
14.        TinyLog.i("tinylog:" + iLog);
15.    }
16.
17.    @Override
18.    public void e(String eLog) {
19.        TinyLog.e("tinylog:" + eLog);
20.    }
21. }
```

提供一个使用类 LogLoader：

```
1. public class LogLoader implements ILogProcessor{
2.
3.     private static volatile LogLoader sInstance = null;
4.     private static ILogProcessor sILogProcessor;
5.     private LogLoader() {
6.
7.     }
8.     public static LogLoader getInstance () {
9.         if (sInstance == null) {
10.            synchronized(LogLoader.class){
11.                if (sInstance == null) {
12.                    sInstance = new LogLoader();
13.                }
14.            }
15.        }
16.        return sInstance;
```

```
17.     }
18.
19.     //通过load选定使用哪一个日志功能类
20.     public static ILogProcessor load(ILogProcessor logProcessor) {
21.         return sILogProcessor = logProcessor;
22.     }
23.
24.     @Override
25.     public void v(String vLog) {
26.         sILogProcessor.v(vLog);
27.     }
28.
29.     @Override
30.     public void d(String dLog) {
31.         sILogProcessor.d(dLog);
32.     }
33.
34.     @Override
35.     public void i(String iLog) {
36.         sILogProcessor.i(iLog);
37.     }
38.
39.     @Override
40.     public void e(String eLog) {
41.         sILogProcessor.e(eLog);
42.     }
43. }
```

这个 LogLoader 直接使用了 ILogProcessor 接口提供的方法作为对外 API 接口的调用入口。

这种使用方式保持了调用的接口名称和 ILogProcessor 一致。不过有个缺点就是 LogLoader 必须要实现接口，而且接口名称不能发生变化。

我们也可以实现另一种 LogLoader，不用实现 ILogProcessor。自定义对外的 API 接口方法的名称，其灵活性更强。

```
1.  public class LogLoader2 {
2.
3.      private static volatile LogLoader2 sInstance = null;
4.      private static ILogProcessor sILogProcessor;
5.      private LogLoader2() {
6.
7.      }
8.      public static LogLoader2 getInstance () {
9.          if (sInstance == null) {
10.             synchronized(LogLoader2.class){
11.                 if (sInstance == null) {
12.                     sInstance = new LogLoader2();
13.                 }
14.             }
15.         }
16.         return sInstance;
17.     }
18.
```

```
19.    public static ILogProcessor load(ILogProcessor logProcessor) {
20.        return sILogProcessor = logProcessor;
21.    }
22.
23.    public void useVmode(String vLog) {
24.        sILogProcessor.v(vLog);
25.    }
26.
27.    public void useDmode(String dLog) {
28.        sILogProcessor.d(dLog);
29.    }
30.
31.    public void useImode(String iLog) {
32.        sILogProcessor.i(iLog);
33.    }
34.
35.    public void useEmode(String eLog) {
36.        sILogProcessor.e(eLog);
37.    }
38. }
```

最后我们来看一下怎么使用日志模块的策略模式：

```
1. public class StrategyFragment extends BaseFragment {
2.     @Override
3.     protected void initViewsAndEvents(Bundle savedInstanceState) {
4.
5.     }
6.
7.     @Override
8.     protected int getContentViewLayoutID() {
9.         return R.layout.fragment_solution_switcher;
10.    }
11.
12.    @OnClick({R.id.btn_log1, R.id.btn_log2})
13.    public void onClick(View view) {
14.        switch (view.getId()) {
15.            case R.id.btn_log1:
16.                LogLoader.load(new TinyLogProcessor());
17.                LogLoader.getInstance().d("this is tiny log");
18.                break;
19.            case R.id.btn_log2:
20.                LogLoader.load(new DefaultLogProcessor());
21.                LogLoader.getInstance().d("this is system default log");
22.                break;
23.        }
24.    }
25. }
```

可以看到，我们通过 LogLoader.load(……) 可以自由切换不同的日志实现模块，在使用的地方无须做任何改动，仍然使用 LogLoader.getInstance().d(……) 方法。

6.7.3 关于 SLF4J

SLF4J，英文全称为 Simple Logging Facade for Java，即简单日志门面。SLF4J 并不是具

体的日志解决方案，而是提供一个用于解决日志问题的门面，由用户在使用时决定所用的日志系统。

按照上述描述，SLF4J 提供如下功能。

- 提供日志功能接口。
- 提供获取具体日志对象的方法。

通过图 6.1 所示的内容，我们可以大致了解 SLF4J 的结构。

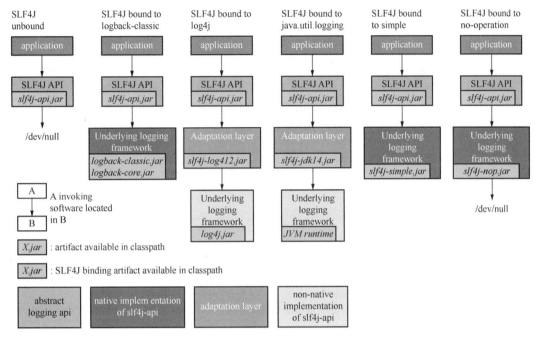

图 6.1　SLF4J

SLF4J 提供了几套 Log 模块以供切换，如 log4j、jdk14、logback 等。我们只需要在 pom.xml 里面配置不同的 log 模块即可，客户端无须更改调用方式，就可以达到一键切换模块的目的。

以 Eclipse 为例，新建一个 Maven 工程，然后在 pom.xml 中切换不同的 log 模块。

1. 选择 log4j

选择 log4j，如图 6.2 所示。

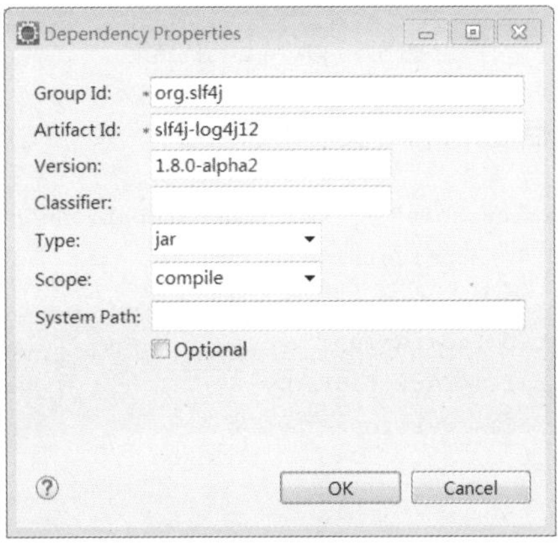

图 6.2　选择 log4j

log4j 运行的结果如图 6.3 所示。

```
2018-11-29 20:45:14,512 [INFO ] com.androidwind.demo.slf4j.LoggerTest.main(LoggerTest.java:17) 0ms: Current Time: 1543495514511
2018-11-29 20:45:14,514 [INFO ] com.androidwind.demo.slf4j.LoggerTest.main(LoggerTest.java:18) 2ms: Current Time: 1543495514514
2018-11-29 20:45:14,514 [WARN ] com.androidwind.demo.slf4j.LoggerTest.main(LoggerTest.java:20) 2ms: this is warn log
2018-11-29 20:45:14,514 [INFO ] com.androidwind.demo.slf4j.LoggerTest.main(LoggerTest.java:22) 2ms: this is info log
2018-11-29 20:45:14,514 [ERROR] com.androidwind.demo.slf4j.LoggerTest.main(LoggerTest.java:23) 2ms: this is error log
2018-11-29 20:45:14,514 [INFO ] com.androidwind.demo.slf4j.LoggerTest.setTemperature(LoggerTest.java:30) 2ms: Temperature has risen above 50 degrees.
```

图 6.3 log4j 运行的结果

2. 选择 jdk14

选择 jdk14，如图 6.4 所示。

图 6.4 选择 jdk14

jdk14 运行的结果如图 6.5 所示。

```
十一月 29, 2018 8:47:09 下午 com.androidwind.demo.slf4j.LoggerTest main
信息: Current Time: 1543495629170
十一月 29, 2018 8:47:09 下午 com.androidwind.demo.slf4j.LoggerTest main
信息: Current Time: 1543495629191
十一月 29, 2018 8:47:09 下午 com.androidwind.demo.slf4j.LoggerTest main
警告: this is warn log
十一月 29, 2018 8:47:09 下午 com.androidwind.demo.slf4j.LoggerTest main
信息: this is info log
十一月 29, 2018 8:47:09 下午 com.androidwind.demo.slf4j.LoggerTest main
严重: this is error log
十一月 29, 2018 8:47:09 下午 com.androidwind.demo.slf4j.LoggerTest setTemperature
信息: Temperature has risen above 50 degrees.
```

图 6.5 jdk14 运行的结果

我们来看一下选择 jdk14 后 pom.xml 文件中的内容：

```
1.  <project xmlns="…" xmlns:xsi="…" xsi:schemaLocation="…">
2.      <modelVersion>4.0.0</modelVersion>
3.
4.      <groupId>com.androidwind</groupId>
5.      <artifactId>demo_slf4j</artifactId>
6.      <version>1.0-SNAPSHOT</version>
7.      <packaging>jar</packaging>
8.
9.      <name>demos</name>
10.     <url>Maven 地址</url>
```

```
11.
12.     <properties>
13.         <project.build.sourceEncoding>UTF-8</project.build.sourceEncoding>
14.     </properties>
15.
16.     <dependencies>
17.         <dependency>
18.             <groupId>org.slf4j</groupId>
19.             <artifactId>slf4j-jdk14</artifactId>
20.             <version>1.8.0-alpha2</version>
21.         </dependency>
22.     </dependencies>
23.     <build>
24.         <defaultGoal>compile</defaultGoal>
25.     </build>
26. </project>
```

可以看到，artifactId 代表的就是 jdk14。

6.8 模板模式

6.8.1 模板模式介绍

模板模式其实在我们平常的编码过程中基本都会用到，现在我们专门针对这个设计模式来总结一下，让读者更清晰地了解这个模式。

模板模式（Template Pattern）是一种基于代码复用的设计模式。具体实现需要架构师和开发人员之间进行合作。架构师构造好实现的流程和轮廓，开发人员则完成具体的实现过程。

父类抽象模板的作用如下。

- 定义 abstract 限定符方法并交由子类实现。
- 定义非 private 方法，延迟至子类实现，此方法也可以完成一些通用操作。

子类实现模板的作用如下。

- 实现父类 abstract 方法。
- 可以重写父类非 private 方法。

模板模式的静态结构如图 6.6 所示。

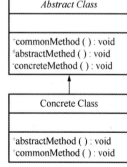

图 6.6 模板模式的静态结构

6.8.2 模板模式实现

以汽车为例，先定义一个汽车抽象类：

```
1. public abstract class Car {
2.     void startUp() {
```

```
3.        System.out.println("启动!");
4.    }
5.
6.    abstract void move();//强制要求实现
7.
8.    void stop() {
9.        System.out.println("熄火!");
10.   }
11.
12.   public final void operation(){//定义成final，防止被重写
13.       //第一步：启动
14.       startUp();
15.       //第二步：驾驶
16.       move();
17.       //第三步：停止
18.       stop();
19.   }
20. }
```

我们定义了一个方法 operation，里面有 3 个方法，其中 move 方法是交由子类实现的。而且为了 operation 类不被重写，我们把它定义成了 final 类型。

接下来我们定义两个汽车的实体类：

```
1. public class BMW extends Car {
2.     @Override
3.     void move() {
4.         System.out.println("BMW烧汽油动起来了");
5.     }
6. }
```

```
1. public class Benz extends Car {
2.     @Override
3.     void move() {
4.         System.out.println("Benz靠电动起来了");
5.     }
6. }
```

使用方法如下：

```
1. Car bmw = new BMW();
2. bmw.move();
3. Car benz = new Benz();
4. benz.move();
```

6.9 适配器模式

6.9.1 适配器模式介绍

适配器模式，也叫 Adapter 或者 Wrapper 设计模式，根据字面意思来理解，就是为了达到适

配的目的而设计的开发模式。

那么到底在什么场景下需要用到适配器模式呢？

现有系统扩展，需要接入第三方系统，也就是接入第三方 API；如 Class 有 3 个字段 A、B、C，需要再添加外部类 OuterClass 的两个字段，而且还要在不影响当前 Class 的情况下添加。

适配器模式提供的解决方案如下。

- 因为要兼容原有类，所以原有类需要面向接口编程，也就是要有原有类的接口实现。
- 适配器的目的是兼容原有类，所以适配器也必须实现原有类的接口。
- 适配器内部实现具体的适配方案。

6.9.2 适配器模式实现

以一个美规设备为例，美国标准电压是 110V，中国标准电压是 220V，如果美规设备要在中国使用应该怎么做呢？

美规设备电源接口及实现：

```
1.  public interface IAmericanCharger {
2.
3.      void charge4American();
4.  }
5.
6.  public class AmericanCharger implements IAmericanCharger {
7.      @Override
8.      public void charge4American() {
9.          LogUtil.i("AmericanCharger", "do American charge");
10.     }
11. }
```

美规设备运作实现：

```
1.  public class AmericanDevice {
2.
3.      private IAmericanCharger mIAmericanCharger;
4.
5.      public AmericanDevice(IAmericanCharger IAmericanCharger) {
6.          mIAmericanCharger = IAmericanCharger;
7.      }
8.
9.      public void work() {
10.         mIAmericanCharger.charge4American();
11.         LogUtil.i("AmericanDevice", "美规电器开始运行！");
12.     }
13. }
```

可以看到，美规设备要正常运作，必须由实现了美规电源接口的类完成，而这个类就是由实现了美规电源接口的 Adapter 类完成的。

Adapter 适配器实现：

```
1. public class Adapter implements IAmericanCharger {
2.     private IChineseCharger mIChineseCharger;
3.     public Adapter(IChineseCharger iChineseCharger) {
4.         mIChineseCharger = iChineseCharger;
5.     }
6.
7.     @Override
8.     public void charge4American() {
9.         mIChineseCharger.charge4Chinese();
10.    }
11.}
```

可以看到，Adapter 适配器的 charge4American 方法实际上是调用中规电源接口类实现的。
中规设备电源接口及实现：

```
1. public interface IChineseCharger {
2.     void charge4Chinese();
3. }
4. public class ChineseCharger implements IChineseCharger {
5.     @Override
6.     public void charge4Chinese() {
7.         LogUtil.i("AmericanCharger", "do Chinese charge");
8.     }
9. }
```

使用方法如下：

```
1. IChineseCharger iChineseCharger = new ChineseCharger();
2. Adapter adapter = new Adapter(iChineseCharger);
3. AmericanDevice device = new AmericanDevice(adapter);
4. device.work();
```

第 7 章 设计框架

7.1 MVC

7.1.1 MVC 介绍

一个 App 总是由展示层、业务层，以及数据层组成的，如图 7.1 所示。所有的架构设计，不管是 MVC、MVP，还是 MVVM、AAC 等，都是围绕这三个层级进行设计的。

MVC 中的 V 就是展示层，由 XML 和 View 组成；C 就是业务层，由 Activity 和 Fragment 组成；M 就是数据层，是获取数据的部分，如图 7.2 所示。

图 7.1　3 层结构

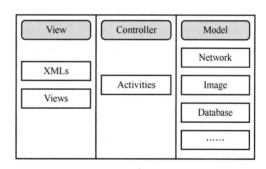

图 7.2　MVC 架构

7.1.2 MVC 的优点、缺点、适用范围

1. 优点

- 新建工程的时候，Android 已经分配了 XML 和 Activity，直接对应 View 层和 Controller 层，

我们只需要增加 model 模块并处理好数据即可。

- 由于 Controller 层承担了较多的界面展示处理和数据处理的功能，相对来说简化了业务模块和功能模块的划分。

2. 缺点

- View 层以 XML 作为实现，其控制能力太弱，例如动态地更新 View 状态就不能通过 View 来实现。
- Controller 层既负责 UI 的更新，又负责处理业务，职责臃肿。
- Controller 层未做到完全将 View 层和 Model 层隔离，因为 View 层可以直接访问 Model 层（如自定义 View 类），导致 View 层和 Model 层的耦合性增强。
- Controller 层负担太重，导致代码过多，后期开发、测试及维护困难。

3. 适用范围

- 适合 App 需求功能不多、版本迭代不频繁、需要短时间内完成的项目。

7.1.3 MVC 实例

1. View 层

放置一个 TextView，用来显示数据结果。

```xml
1.  <?xml version="1.0" encoding="utf-8"?>
2.  <RelativeLayout xmlns:android="…"
3.      android:layout_width="match_parent"
4.      android:layout_height="match_parent"
5.      android:background="@color/base_bg">
6.
7.      <TextView
8.          android:id="@+id/tv_activity_mvc"
9.          android:layout_width="wrap_content"
10.         android:layout_height="wrap_content"
11.         android:textSize="30sp"
12.         android:layout_centerInParent="true"/>
13. </RelativeLayout>
```

2. Controller 层

在初始化 Activity 的时候，通过 RetrofitManager 进行网络请求。

```java
1.  public class MVCActivity extends BaseActivity {
2.
3.      RetrofitManager mRetrofitManager;
4.      @BindView(R.id.tv_activity_mvc)
5.      TextView mTextView;
6.
7.      @Override
```

```
8.      protected int getContentViewLayoutID() {
9.          return R.layout.activity_architecture_mvc_activity;
10.     }
11.
12.     @Override
13.     protected void initViewsAndEvents(Bundle savedInstanceState) {
14.         mTextView.setText("I don't do anything, but this is a MVC show anyway. Click me!");
15.         //实例化C层
16.         mRetrofitManager = new RetrofitManager();
17.     }
18.
19.     @OnClick(R.id.tv_activity_mvc)
20.     public void onClick(View view) {
21.         switch (view.getId()) {
22.             case R.id.tv_activity_mvc:
23.                 mRetrofitManager.createApi(MyApplication.getInstance().getApplicationContext(), DemoApis.class)
24.                         .getHistoryDate()
25.                         .subscribeOn(Schedulers.io())
26.                         .observeOn(AndroidSchedulers.mainThread())
27.                         .subscribe(new BaseObserver<DemoRes<List<String>>>() {
28.
29.                             @Override
30.                             public void onError(ApiException exception) {
31.                                 LogUtil.e(TAG, "error:" + exception.getMessage());
32.                             }
33.
34.                             @Override
35.                             public void onSuccess(DemoRes<List<String>> listDemoRes) {
36.                                 LogUtil.i(TAG, listDemoRes.getResults().toString());
37.                                 if (!MVCActivity.this.isFinishing() && !MVCActivity.this.isDestroyed()) {
38.                                     mTextView.setText("yes, I get it from net!");
39.                                 }
40.                             }
41.                         });
42.                 break;
43.         }
44.     }
45. }
```

3. Model 层

RetrofitManager 实现了具体的网络请求，这里使用的是 Retrofit 网络框架。

```
1. public class RetrofitManager {
2.
3.     private static final String TAG = "RetrofitManager";
4.     private static Retrofit singleton;
5.     private static OkHttpClient okHttpClient = null;
```

```java
6.    private static String BASE_URL = "Base地址";
7.
8.    private void init() {
9.        initOkHttp();
10.   }
11.
12.   public RetrofitManager() {
13.       init();
14.   }
15.
16.   private void initOkHttp() {
17.       OkHttpClient.Builder builder = new OkHttpClient.Builder();
18.       if (BuildConfig.DEBUG) {
19.           // Log信息拦截器
20.           HttpLoggingInterceptor loggingInterceptor = new HttpLoggingInterceptor();
21.           loggingInterceptor.setLevel(HttpLoggingInterceptor.Level.BODY);//这里可以选择拦截级别
22.           //设置 Debug Log 模式
23.           builder.addInterceptor(loggingInterceptor);
24.           //配置SSL证书检测
25.           builder.sslSocketFactory(SSLSocketClient.getNoSSLSocketFactory());
26.           builder.hostnameVerifier(SSLSocketClient.getHostnameVerifier());
27.       }
28.       //错误重连
29.       builder.retryOnConnectionFailure(true);
30.       okHttpClient = builder.build();
31.       LogUtil.i(TAG, "initOkHttp:getNoSSLSocketFactory");
32.   }
33.
34.   public static void initBaseUrl(String url) {
35.       BASE_URL = url;
36.       LogUtil.i(TAG, " base_url ->" + BASE_URL);
37.   }
38.
39.   /**
40.    * @param context Context
41.    * @param clazz    interface
42.    * @param <T>      interface实例化
43.    * @return
44.    */
45.   public static <T> T createApi(Context context, Class<T> clazz) {
46.       if (singleton == null) {
47.           synchronized (RetrofitManager.class) {
48.               if (singleton == null) {
49.                   Retrofit.Builder builder = new Retrofit.Builder();
50.                   builder.baseUrl(BASE_URL)
51.                           .client(okHttpClient)
52.                           .addConverterFactory(GsonConverterFactory.create())//定义转化器,用Gson将服务器返回的JSON格式解析成实体
53.                           .addCallAdapterFactory(RxJava2CallAdapterFactory.create());//关联Rxjava
```

```
54.                    singleton = builder.build();
55.                }
56.            }
57.        }
58.        return singleton.create(clazz);
59.    }
60. }
```

7.2 MVP

7.2.1 MVP 介绍

MVP 的架构组成如图 7.3 所示。

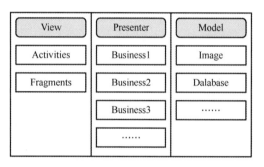

图 7.3 MVP 架构

相对于 MVC 架构，MVP 架构对应的内容有了如下调整。
- V 层对应 Activity 和 Fragment，或者自定义的 View。
- P 层需要自己创建，用来处理业务逻辑。
- M 层同 MVC 的 M，也是需要自己创建的，用来处理数据。

7.2.2 MVP 的优点、缺点、适用范围

1. 优点

MVP 对 MVC 的缺点做了很大的改进，如下。
1）明确了各个层级的职责范围
View 层改为 Activity 和 Fragment，只负责 UI 的更新。
Presenter 层的角色变成 Controller，只负责业务逻辑的处理。
Model 层跟 MVC 架构中的 Model 层一样，负责底层功能模块的实现。
2）避免了跨层级的交互
View 层只和 Presenter 层交互，Presenter 层只和 Model 层交互，而且层级间的交互只能通过接口进行，避免了 View 层直接接触 Model 层的可能。

3)Presenter 不一定对应一个固定的 View，其他的 View 也可以使用 Presenter

由于 Presenter 暴露出去的是接口，所以 Presenter 层同样可以用来进行业务逻辑的单元测试。

2. 缺点

- 由于层之间是通过接口实现访问的，故而会增加不少的接口。
- 会造成从 View 层直到 Model 层使用到的类会比较多，流程不是那么地直观。

3. 适用范围

- 适合项目功能较多、版本迭代频繁、人员分工明确的 App。

7.2.3 MVP 实例

1. MVP 接口

由于各层之间的交互是通过接口进行的，所以我们定义一个接口类来专门存放各层的接口。

```
1.  public interface MVPContract {
2.      interface Model extends BaseModel {
3.
4.      }
5.
6.      interface View extends BaseContract.BaseView {
7.          void refreshView(String result);
8.      }
9.
10.     abstract class Presenter extends BasePresenter<View> {
11.         public abstract void initData();
12.     }
13. }
```

2. View 层

定义一个 MVPActivity，所有的 UI 更新都在这个类中完成。BaseActivity 需要通过泛型对传入的 P、M 层进行实例化。

```
1.  public class MVPActivity extends BaseActivity<MVPPresenter, MVPModel> implements MVPContract.View{
2.
3.      private TextView mContent;
4.      @Override
5.      protected int getContentViewLayoutID() {
6.          return R.layout.activity_architecture_mvp_activity;
7.      }
8.
9.      @Override
10.     protected void initViewsAndEvents(Bundle savedInstanceState) {
11.         mContent = findViewById(R.id.tv_activity_mvp);
12.         mContent.setText("this is MVPActivity");
```

```
13.         mPresenter.initData();
14.     }
15.
16.     @Override
17.     public void refreshView(final String result) {
18.         runOnUiThread(new Runnable() {
19.             @Override
20.             public void run() {
21.                 mContent.setText(result);
22.             }
23.         });
24.     }
25.
26. }
```

3. Presenter 层

Presenter 层提供了一个 initData 方法供 View 层调用。

```
1. public class MVPPresenter extends MVPContract.Presenter {
2.
3.     @Override
4.     public void initData() {
5.         String book = mModel.getBook();
6.         getView().refreshView(book);
7.     }
8. }
```

4. Model 层

Model 层提供了 getBook 方法供 Presenter 层调用。

```
1. public class MVPModel implements MVPContract.Model {
2.     @Override
3.     public String getBook() {
4.         String mBook = "民谣";
5.         return mBook;
6.     }
7. }
```

7.3 MVVM

7.3.1 MVVM 介绍

MVVM 架构也有多种实现方式，目前最热门的就是 Android 官方推荐的 AAC 设计模式。AAC 设计模式实现了 MVVM 的架构，我们先来看看 MVVM 的实现架构，如图 7.4 所示。

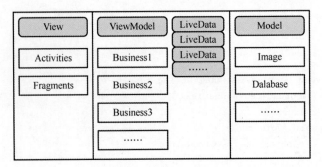

图 7.4 MVVM 架构

初看起来跟 MVP 架构差不多，但是每一层的功能却不一样。

1. View 层

监听 UI 事件和生命周期，通知到 ViewModel；由 ViewModel 通知数据更新、刷新 UI 展示。

2. ViewModel 层

只负责业务处理，这一点跟 MVP 的 P 层功能相同；它不持有 View 层的应用，这一点跟 MVP 的 P 层不相同，MVP 的 P 层会通过 View 层暴露的接口间接地"持有"对 UI 控件的引用，而 ViewModel 层则是完全不会引用到 View 层的 UI 控件；而且 ViewModel 层和 View 层的交互完全通过 LiveData 进行。

3. Model 层

在 AAC 中，Model 层可以被一个叫作 Repository 的层替代；Repository 层又叫作数据仓库层，所有的数据处理都在这一层中完成，然后统一暴露给 ViewModel 使用，例如触发 LiveData。

7.3.2 MVVM 的特点

- 各层之间高度解耦。
- 自动管理生命周期，不用担心内存泄漏。
- 通过 LiveData 可以实现数据持久化。

7.3.3 MVVM 实例

1. V 层

```
1.  public class TomFragment extends BaseMVVMFragment<TomViewModel> {
2.
3.      @BindView(R.id.tv_fragment_mvvm)
4.      TextView tvMVVM;
5.
6.      @Override
7.      protected TomViewModel getViewModel() {
```

```
8.         return ViewModelProviders.of(getActivity()).get(TomViewModel.class);
9.     }
10.
11.    @Override
12.    protected void initViewsAndEvents(Bundle savedInstanceState) {
13.        viewModel.getData().observe(this, new Observer<String>() {
14.            @Override
15.            public void onChanged(@Nullable String s) {
16.                tvMVVM.setText(s);
17.            }
18.        });
19.    }
20.
21.    @Override
22.    protected int getContentViewLayoutID() {
23.        return R.layout.fragment_architecture_mvvm;
24.    }
25.
26.    @OnClick(R.id.btn_fragment_mvvm)
27.    public void onClick(View view) {
28.        switch (view.getId()) {
29.            case R.id.btn_fragment_mvvm:
30.                viewModel.loadData();
31.                break;
32.        }
33.    }
34.}
```

2. VM 层

```
1. public class TomViewModel extends BaseViewModel<TomRepository> {
2.     public TomViewModel(@NonNull Application application) {
3.         super(application);
4.     }
5.
6.     @Override
7.     protected TomRepository getRepository() {
8.         return new TomRepository(context);
9.     }
10.
11.    public LiveData<String> getData() {
12.        final MutableLiveData<String> liveData = repository.getData();
13.        return liveData;
14.    }
15.
16.    public void loadData() {
17.        repository.getTomData();
18.    }
19.}
```

3. M 层

```
1.  public class TomRepository extends BaseRepository<String> {
2.
3.      private RetrofitManager mRetrofitManager = new RetrofitManager();
4.
5.      public TomRepository(Context context) {
6.          super(context);
7.      }
8.
9.      public MutableLiveData<String> getTomData() {
10.         mRetrofitManager.createApi(MyApplication.getInstance().getApplicationContext(), TestApis.class)
11.                 .getTestData()
12.                 .map(new Function<List<NameBean>, String>() {
13.                     @Override
14.                     public String apply(List<NameBean> nameBeans) throws Exception {
15.                         String result = nameBeans.toString();
16.                         Thread.sleep(2000);
17.                         return result;
18.                     }
19.                 })
20.                 .compose(RxUtil.applySchedulers())
21.                 .subscribe(new BaseObserver<String>() {
22.
23.                     @Override
24.                     public void onError(ApiException exception) {
25.
26.                     }
27.
28.                     @Override
29.                     public void onSuccess(String result) {
30.                         liveData.setValue(result);
31.                     }
32.                 }
33.         );
34.     return liveData;
35.     }
36. }
```

第 8 章 动手写框架

8.1 TinyMVP

8.1.1 回顾 MVP

关于 MVP 的介绍，可以参考 7.2 节。在之前的 MVP 介绍中，我们通过代码了解了一个 MVP 框架的组成结构。但是在实际应用中，MVP 框架会遇到一些问题，例如如何处理 Activity 或 Fragment 生命周期的问题，还有就是 MVP 也面临着接口臃肿、交互流程复杂的问题。

为了解决上述问题，打造一个能在实际项目中应用的 MVP，我们决定手动打造一个 MVP 框架，称之为 TinyMVP。

我们重温一下 MVP 架构的特点。

- V 层指的是 Activity、Fragment、自定义的 View，或者是某一个细分了的功能 module。V 层的职责是专门用来处理 UI 更新。功能 module 也会带有 View，所以也能够处理 UI 更新。
- P 层用来处理业务逻辑。例如调用方法前的检测、调用方法前的数据整理、获取数据后的数据处理等。
- M 层用来获取数据。例如网络请求的数据获取、本地数据库的数据获取、通过计算获取数据等。

8.1.2 常规解决方案

按照 MVP 层级的划分，我们需要实例化每一个层级，也就是每一个层级需要有一个实例。以 Activity 为例，Activity 实例系统已经为我们创建好了 V 层实例，那我们就只需要创建 P 层实例和 M 层实例了。

根据 MVP 的层级关系，M 层只跟 P 层对接，那么可以在 M 层中创建 P 层实例；P 层只跟 M 层对接，那么可以在 P 层中创建 M 层实例。

各层之间通过各层的 interface 接口定义的函数进行相互调用。

以 V 层和 P 层为例：

```
1.  public class Activity extends AppCompatActivity implements ContractView{
2.  private Presenter mPresenter;
3.  @Override
4.      public void onCreate(Bundle savedInstanceState) {
5.          ......
6.          //V层中实例化P层，并持有P层的引用mPresenter
7.          mPresenter = new Presenter();
8.          ......
9.          //P层通过attachView传入V层实例，并持有V层的引用
10.         mPresenter.attachView(this);
11.         ......
12.         //调用P层的sendMsg方法
13.         mPresenter.sendMsg();
14.     }
15.     //updateMsg方法可以通过P层调用
16.     @Override
17.     public void updateMsg(Boolean bool) {
18.         ......
19.     }
20. }
```

V 层中创建了 P 层的实例，并且通过 P 层实现的接口 attachView 将自己注入 P 层，这样 P 层可以在获取数据后，调用 V 层的接口 updateMsg，将数据返还给 V 层。

这就是 MVP 实现的全过程。

8.1.3 MVP 优化：泛型

通过上面的方法，我们实现了一个简单的 MVP 架构。虽然可以用，但是这个架构并不是完美的，还存在可以优化的地方。

我们知道，MVP 对应每一个业务，例如登录有一个 MVP，用户信息处理有一个 MVP，一个项目可能存在几十个这样的 MVP，而且我们看到，P 层和 M 层都需要手动创建。那么我们想，P 层和 M 层是否可以自动生成实例，而不需要手动创建呢？

我们考虑采用泛型方案。

```
1.  public class Test<T> {
2.      ......
3.  }
```

T 是一个类型参数，我们可以根据已知的类型参数，再通过 newInstance 获取这个类型参数的实例。如果我们把 P 层和 M 层的类型参数作为泛型的类型参数带入，那么是不是就可以创建出 P 层和 M 层的实例了呢？

```
1.  ic class TestActivity<P, M> {
2.      ......
3.  }
```

P 层和 M 层的实例我们可以通过函数来自动创建，这样我们就实现了通过泛型 <P, M> 的声明，自动创建其对应的实例，无须手动创建实例。

进一步，我们可以考虑将每一个具体 Activity 都涉及的操作抽取出来，放入一个抽象类 BaseActivity 中，由 BaseActivity 处理创建 P 层和 M 层的实例的工作。

```
1. public abstract class BaseActivity<P, M> {
2.     ......
3. }
```

具体的业务 Activity 只要继承它即可：

```
1. public class TestActivity extends BaseActivity<P, M> {
2.     ......
3. }
```

8.1.4　MVP 优化：减少接口

MVP 架构的每个层之间通过接口交互，这样就会导致接口过多，代码的复杂度也会随之提升，并且给阅读和调试带来了不便。

为了解决这样的不便问题，我们考虑减少接口的数量。总体来看，接口是显示层和数据层之间的桥梁，P 层和 M 层总体上都是为 V 层提供数据的。因此我们决定做以下条件的优化。

- 为了减少接口的泛滥，只在 V 层和 P 层之间定义接口。
- P 层和 M 层之间只存在 P 层对 M 层的单向调用。
- M 层专门用来获取数据，包括异步操作和耗时操作。
- M 层返回 Observable 类型给 P 层。

举例来看 P 层对 M 层的调用：

```
1. public class DisposablePresenter extends DisposableContract.Presenter {
2.     @Override
3.     void sendMsg() {
4.         addSubscribe(
5.             getModel().executeMSg()
6.                 .compose(RxUtil.applySchedulers())
7.                 .subscribe(bool -> getView().updateMsg(bool))
8.         );
9.     }
10. }
```

M 层的处理：

```
1. public class DisposableModel implements DisposableContract.Model {
2.
3.     @Override
4.     public Observable<Boolean> executeMSg() {
5.         return Observable.create(emitter -> {
6.             try {
```

```
7.                    Thread.sleep(2000);  // 模拟此处为耗时操作
8.                } catch (Exception e) {
9.                    e.printStackTrace();
10.                   emitter.onError(new RuntimeException());
11.               }
12.               emitter.onNext(true);
13.           }
14.       );
15.   }
16. }
```

8.1.5 MVP 优化：生命周期

通过泛型的优化，我们看到了一个使用更加便捷的 MVP。但是不是就可以放心使用了呢？答案是不可以。

我们知道 MVP 的特点是各层分而治之，各层之间通过接口连接。有个明显的问题是，以 Activity 这个 V 层为例，Activity 是存在生命周期的，也就是说 Activity 可能已经被系统回收掉了，但是 P 层仍然持有 V 层的引用，这样就导致了内存泄漏。

如何解决这个内存泄漏的问题呢？我们通过以下 4 种解决方案来一一解决。

1. 弱引用

内存泄漏是因为 P 层对 V 层的强引用导致的，那么我们就可以通过 P 层对 V 层的弱引用来解决。

```
1.  private Reference<V> mRefView;
2.
3.      @Override
4.      public void attachView(V view) {
5.          mRefView = new WeakReference<>(view);
6.      }
7.
8.      @Override
9.      public void detachView() {
10.         if (mRefView != null) {
11.             mRefView.clear();
12.             mRefView = null;
13.         }
14.     }
```

可以看到，在将 V 层通过 attachView 注入 P 层时，使用 WeakReference 实现 P 层对 V 层的弱引用，并且在页面销毁的时候通过 detachView 主动解除弱引用。

但是这里有一个问题，就是如果 V 层被系统回收了，P 层也解除了对 V 层的引用，也不存在内存泄漏问题。但是 P 层处理完后又开始调用 V 层，那么这个时候就会遇到 V 层为 null 的情况，如果没有处理这个 null，App 就会崩溃。这也是我们不愿意见到的。

那是否在每一个使用到 V 层的地方都加一个 null 判断呢？理论上是这样的，但是这样会增加很多的代码，而且代码看起来也不美观。

我们的解决方案是，在调用 V 层的地方抛出一个异常，然后在自定义的 CrashHandler 里面不对这个专门的异常进行处理，这样 App 就不会有感知了。

```
1.   protected V getView() {
2.       if (!isViewAttached()) {
3.           throw new IllegalStateException("mvp's view is not attached, please check again!");
4.       }
5.       return mRefView.get();
6.   }
```

扔出 IllegalStateException 异常。

```
1.   public class CrashHandler implements Thread.UncaughtExceptionHandler {
2.   
3.       private Context mContext;
4.       private Thread.UncaughtExceptionHandler mDefaultHandler;
5.       private static CrashHandler INSTANCE = new CrashHandler();
6.   
7.       public static CrashHandler getInstance() {
8.           return INSTANCE;
9.       }
10.  
11.      public void init(Context context) {
12.          mContext = context.getApplicationContext();
13.          mDefaultHandler = Thread.getDefaultUncaughtExceptionHandler();// 获取系统默认的 UncaughtException 处理器
14.          Thread.setDefaultUncaughtExceptionHandler(this);// 设置该 CrashHandler 为程序的默认处理器
15.      }
16.  
17.      @Override
18.      public void uncaughtException(Thread t, Throwable e) {
19.          if (mDefaultHandler != null) {
20.              if (Constant.EXCEPTION_MVP_VIEW_NOT_ATTACHED.equals(e.getMessage())) {// for MVP when presenter calls view but view has already destroyed
21.                  return;
22.              }
23.              mDefaultHandler.uncaughtException(t, e);// 退出程序
24.          }
25.      }
26.  }
```

在自定义的 CrashHandler 中，遇到这个异常直接返回。

2. RxJava 的 Disposable

越来越多的项目使用 RxJava 作为异步处理库。既然涉及异步，那么就有可能存在异步的任务还在处理，被观察者（Activity、Fragment）已经被回收了，异步任务对被观察者的引用还存在的情况，这时内存泄漏就产生了。

接下来我们通过 3 种解决方案来解决使用 RxJava 的过程中遇到的内存泄漏问题，先看 Disposable。

每一个 RxJava 调用返回 disposable，然后通过 CompositeDisposable 对 disposable 进行管理。我们通过 CompositeDisposable 添加 disposable 类并切断所有的订阅事件，解除上下游之间的引用关系，并且切断上下游之间的数据传递。

在 BasePresenter 里面，我们可以添加如下功能：

```
1.    private CompositeDisposable mCompositeDisposable;
2.
3.    public void addSubscribe(Disposable disposable){
4.        if(mCompositeDisposable == null){
5.            mCompositeDisposable = new CompositeDisposable();
6.        }
7.        mCompositeDisposable.add(disposable);
8.    }
9.
10.   private void unSubscribe() {
11.       if(mCompositeDisposable != null){
12.           mCompositeDisposable.dispose();//dispose防止下游（订阅者）收到观察者发送的消息
13.       }
14.   }
```

在业务的 Presenter 里面使用 RxJava 的时候，外层加上 addSubscribe(……)；在 detachView 函数中，加上 unSubscribe() 函数，这样在页面销毁的时候会切断上下游之间的数据传递：

```
1.   @Override
2.   public void detachView() {
3.       if (mRefView != null) {
4.           mRefView.clear();
5.           mRefView = null;
6.       }
7.       unSubscribe();
8.   }
```

使用 disposable 的方式处理内存泄漏有一个不是特别方便的地方就是，虽然 unSubscribe() 会自动执行，但是每次使用 RxJava 的时候，都必须加上 addSubscribe()，使得代码看起来不美观，也不符合 RxJava 链式调用的特点。

下面我们要提供的两种解决方案继承了 RxJava 链式调用的特点。

3. MVP 优化：RxLifecycle

首先引用 rxlifecycle：

```
api 'com.trello.rxlifecycle2:rxlifecycle-components:2.1.0'
```

Activity 和 Fragment 需要做一些调整，如下。
- 原本的 Activity 需要继承 RxAppCompatActivity 或 RxActivity 或 RxFragmentActivity 类。
- 原本的 Fragment 需要继承 RxFragment 或 RxDialogFragment、RxPreferenceFragment、RxAppCompatDialogFragment 类。

使用的时候通过 compose 操作符连接：

```
1. getModel().executeMSg()
2.              .compose(RxUtil.applySchedulers())
3.              .compose(getView().bindToLife())
4.              .subscribe(bool -> getView().updateMsg(bool));
```

以 RxAppCompatActivity 为例，这里的 bindToLife( ) 调用了 RxAppCompatActivity 提供的 bindToLifecycle() 方法。RxLifecycle 虽然保留了 RxJava 链式调用的特点，但是需要对 Activity 或 Fragment 的基类进行替换，所以这样仍然会有一些代码改造的工作需要做。

4. MVP 优化：AutoDispose

可以看到，上面两种方案都有不足的地方。那么有没有一种方案能直接在 RxJava 的链式调用中添加一个操作符就将问题解决呢？答案是有的，这就是 AutoDispose。

首先引用 autodispose：

```
api 'com.uber.autodispose:autodispose-android-archcomponents:1.0.0-RC2'
```

使用也很简单：

```
1. getModel().executeMSg()
2.              .compose(RxUtil.applySchedulers())
3.              .as(AutoDispose.<Boolean>autoDisposable(AndroidLifecycleScopeProvider.from((LifecycleOwner) getView(), Lifecycle.Event.ON_DESTROY)))
4.              .subscribe(bool -> getView().updateMsg(bool));
```

我们只需要增加如下代码即可：

```
.as(AutoDispose.autoDisposable(AndroidLifecycleScopeProvider.from((LifecycleOwner) getView(), Lifecycle.Event.ON_DESTROY)))
```

这样的语句就可以解决内存泄漏的问题。Lifecycle.Event.ON_DESTROY 表示在 Activity 处理 onDestroy 时切断上下游关系。

我们可以看到 LifecycleOwner 这个接口，AutoDispose 只要求 Activity 或者 Fragment 实现这个接口即可，而 SupportActivity 和 Fragment 均已实现。

8.2 TinyMVVM

8.2.1 回顾 MVVM

关于 MVVM 的介绍，可以参考 7.3 节。和 MVP 相比，MVVM 有相似的地方，也有自己的特点。

1. 相似点

- MVVM 的 VM 层对应于 MVP 的 P 层。
- MVVM 的 M 层对应于 MVP 的 M 层。
- 两者的 V 层一样，对应着 Fragment 和 Activity 等的 View 界面。

2. 区别

● MVVM 使用 LiveData，LiveData 是一个具有生命周期感知功能的数据持有者类。也就是说使用 LiveData 时，可以不用担心 Activity 和 Fragment 的生命周期可能会带来内存泄漏问题，因为 LiveData 会在 Activity 和 Fragment 的生命周期结束时立即取消订阅。

● MVP 为了解决内存泄漏问题，需要手动实现，例如采用弱引用，采用 RxJava 的 Disposable、RxLifecycle，或采用 AutoDispose 方案。

8.2.2　MVVM 第一种实现

同 8.1 节介绍的 TinyMVP 一样，TinyMVVM 的 ViewModel 和 Repository 也是通过泛型来自动生成实例的：

```
1.  public class Type1Activity extends BaseMVVMActivity<Type1ViewModel> {
2.  ......
3.  }
4.
5.  public class Type1ViewModel extends BaseViewModel<Type1Repository> {
6.  ......
7.  }
```

接下来我们先用第一种方案实现。这种方案的特点如下。

● ViewModel 只负责业务接口。

● Repository 负责 LiveData 变量的生成以及数据处理。

通过代码可以看到，这里的 Type1ViewModel 提供调用 V 层的接口 loadData1 和 loadData2；并且通过 getLiveData1( ) 和 getLiveData2( ) 提供给 V 层的 LiveData 变量。

```
1.  public class Type1ViewModel extends BaseViewModel<Type1Repository> {
2.
3.      public Type1ViewModel(@NonNull Application application) {
4.          super(application);
5.      }
6.
7.      public LiveData<Boolean> getLiveData1() {
8.          return repository.getLiveData1();
9.      }
10.
11.     public LiveData<String> getLiveData2() {
12.         return repository.getLiveData2();
13.     }
14.
15.     public void loadData1() {
16.         repository.getData1();
17.     }
18.
19.     public void loadData2() {
20.         repository.getData2();
```

```
21.     }
22. }
```

Type1Repository 负责提供 LiveData 变量如 mLiveData1、mLiveData2，和获取数据的方法如 getData1( )、getData2( )。

```
1.  public class Type1Repository extends BaseRepository {
2.
3.      protected MutableLiveData<Boolean> mLiveData1;
4.      protected MutableLiveData<String> mLiveData2;
5.
6.      public LiveData<Boolean> getLiveData1() {
7.          if (mLiveData1 == null) {
8.              mLiveData1 = new MutableLiveData<>();
9.          }
10.         return mLiveData1;
11.     }
12.
13.     public LiveData<String> getLiveData2() {
14.         if (mLiveData2 == null) {
15.             mLiveData2 = new MutableLiveData<>();
16.         }
17.         return mLiveData2;
18.     }
19.
20.     //获取数据的方法
21.     public void getData1() {
22.
23.         Observable.create((ObservableOnSubscribe<Boolean>) emitter -> {
24.             try {
25.                 Thread.sleep(2000); // 假设此处是耗时操作
26.             } catch (Exception e) {
27.                 e.printStackTrace();
28.                 emitter.onError(new RuntimeException());
29.             }
30.             emitter.onNext(true);
31.         }
32.         )
33.                 .subscribeOn(Schedulers.io())
34.                 .observeOn(AndroidSchedulers.mainThread())
35.                 .subscribe(new Observer<Boolean>() {
36.                     @Override
37.                     public void onSubscribe(Disposable d) {
38.                     }
39.
40.                     @Override
41.                     public void onNext(Boolean orderValues) {
42.                         mLiveData1.setValue(orderValues);
43.                     }
44.
45.                     @Override
```

```
46.            public void onError(Throwable e) {
47.            }
48.
49.            @Override
50.            public void onComplete() {
51.            }
52.        });
53.    }
54.
55.    public void getData2() {
56.    ......
57.    }
58. }
```

8.2.3　MVVM 第二种实现

ViewModel 负责提供业务变量接口以及 LiveData 变量，Repository 负责获取数据。Repository 和 ViewModel 之间如果涉及异步调用的问题，Repository 的方法采用 RxJava 的 Observable 的返回值类型，返回给 ViewModel 的调用方处理。

通过代码可以看到，Type2ViewModel 生成了 mLiveData1 和 mLiveData2 变量，这些变量可以通过 getLiveData1() 和 getLiveData2() 提供给 V 层调用，并且提供了 getLiveData1() 和 getLiveData2() 方法。

```
1.  public class Type2ViewModel extends BaseViewModel<Type2Repository> {
2.
3.      protected MutableLiveData<Boolean> mLiveData1;
4.      protected MutableLiveData<String> mLiveData2;
5.
6.      public Type2ViewModel(@NonNull Application application) {
7.          super(application);
8.      }
9.
10.     public LiveData<Boolean> getLiveData1() {
11.         if (mLiveData1 == null) {
12.             mLiveData1 = new MutableLiveData<>();
13.         }
14.         return mLiveData1;
15.     }
16.
17.     public LiveData<String> getLiveData2() {
18.         if (mLiveData2 == null) {
19.             mLiveData2 = new MutableLiveData<>();
20.         }
21.         return mLiveData2;
22.     }
23.
24.     public void loadData1() {
25.         repository.getData1().subscribe(new Observer<Boolean>() {
```

```
26.        @Override
27.        public void onSubscribe(Disposable d) {
28.        }
29.
30.        @Override
31.        public void onNext(Boolean orderValues) {
32.            mLiveData1.setValue(orderValues);
33.        }
34.
35.        @Override
36.        public void onError(Throwable e) {
37.        }
38.
39.        @Override
40.        public void onComplete() {
41.        }
42.    });
43.    }
44.
45.    public void loadData2() {
46.        ......
47.    }
48. }
```

而 Type2Repository 的 getData1() 和 getData2() 由于异步处理数据，返回了 Observable 类型。

```
1. public class Type2Repository extends BaseRepository {
2.
3.     public Observable<Boolean> getData1() {
4.
5.         return Observable.create((ObservableOnSubscribe<Boolean>) emitter -> {
6.             try {
7.                 Thread.sleep(2000); // 假设此处是耗时操作
8.             } catch (Exception e) {
9.                 e.printStackTrace();
10.                emitter.onError(new RuntimeException());
11.            }
12.            emitter.onNext(true);
13.        }
14.        )
15.               .subscribeOn(Schedulers.io())
16.               .observeOn(AndroidSchedulers.mainThread());
17.    }
18.
19.    public Observable<String> getData2() {
20.        ......
21.    }
22. }
```

8.2.4　MVVM 第三种实现

上述两种实现都涉及了 LiveData 类型的创建和使用，要么在 ViewModel 中创建，要么在 Repository 中创建。如果 LiveData 类型在 Repository 中创建，那么还得通过 ViewModel 层让 V 层得到。

那么我们是否可以考虑将 LiveData 的创建和使用统一进行管理呢？就像异步分发的 EventBus 那样。通过建立类似于 EventBus 这样的异步分发管理机制，我们可以在任意地方创建 LiveData，并且可以在任意地方获取到 LiveData。

我们考虑使用单例和一个 HashMap 来实现，提供 register 和 post 功能：

```
1.  public class TinyLiveBus {
2.
3.      private ConcurrentHashMap<String, MutableLiveData<Object>> liveDatas = new ConcurrentHashMap<>();
4.
5.      private static volatile TinyLiveBus sTinyBus;
6.      //单例
7.      public static TinyLiveBus getInstance() {
8.          if (sTinyBus == null) {
9.              return sTinyBus = new TinyLiveBus();
10.         }
11.         return sTinyBus;
12.     }
13.     //注册所有LiveData
14.     public <T> MutableLiveData<T> register(String key, Class<T> clazz) {
15.         if (!liveDatas.containsKey(key)) {
16.             liveDatas.put(key, new MutableLiveData<>());
17.         }
18.         return (MutableLiveData<T>) liveDatas.get(key);
19.     }
20.     //通知已注册的LiveData更新数据
21.     public <T> void post(String key, T value) {
22.         if (liveDatas.containsKey(key)) {
23.             MutableLiveData liveData = liveDatas.get(key);
24.             liveData.postValue(value);
25.         }
26.     }
27. }
```

这里的 postValue 表示在子线程和主线程里都可以使用，而 setValue 表示只能在主线程中使用。在 Activity 中，我们通过 TinyLiveBus.getInstance().register 方法创建 LiveData：

```
1.  public class Type3Activity extends BaseMVVMActivity<Type3ViewModel> {
2.
3.      @Override
4.      protected int getContentView() {
5.          return R.layout.activity_type;
6.      }
```

```
7.
8.      @Override
9.      protected void init() {
10.         Button btn = findViewById(R.id.button);
11.         //注册LiveData,key为one
12.         TinyLiveBus.getInstance()
13.                 .register("one", Boolean.class)
14.                 .observe(this, (Observer<Boolean>) bool -> btn.setText(bool ? "success" : "fail"));
15.         Button btn2 = findViewById(R.id.button2);
16.         //注册另一个LiveData,key为two
17.         TinyLiveBus.getInstance()
18.                 .register("two", String.class)
19.                 .observe(this, (Observer<String>) string -> btn2.setText(string));
20.     }
21.
22.     public void clickMe(View view) {
23.         mViewModel.loadData1();
24.     }
25.
26.     public void clickOther(View view) {
27.         mViewModel.loadData2();
28.     }
29. }
```

在 Repository 中，我们通过 TinyLiveBus.getInstance().post() 通知 LiveData 有更新：

```
1. public class Type3Repository extends BaseRepository {
2.
3.     public void getData1() {
4.
5.         Observable.create(((ObservableOnSubscribe<Boolean>) emitter -> {
6.             try {
7.                 Thread.sleep(2000); // 假设此处是耗时操作
8.             } catch (Exception e) {
9.                 e.printStackTrace();
10.                emitter.onError(new RuntimeException());
11.            }
12.            emitter.onNext(true);
13.        })
14.        )
15.                .subscribeOn(Schedulers.io())
16.                .observeOn(AndroidSchedulers.mainThread())
17.                .subscribe(new Observer<Boolean>() {
18.                    @Override
19.                    public void onSubscribe(Disposable d) {
20.                    }
21.
22.                    @Override
23.                    public void onNext(Boolean orderValues) {
24.                        //数据有更新，通过post通知
```

```
25.                    TinyLiveBus.getInstance().post("one", orderValues);
26.                }
27.
28.                @Override
29.                public void onError(Throwable e) {
30.                }
31.
32.                @Override
33.                public void onComplete() {
34.                }
35.            });
36.    }
37.
38.    public void getData2() {
39.        ......
40.    }
41. }
```

8.3 TinyModule

8.3.1 关于 Module

以 MVP 架构为例,在 MVP 中,我们一般都会根据业务功能来划分不同的业务模块。

例如一个直播 App,我们会划分为注册登录、用户信息、设置、客服、直播、IM 消息、营收等模块。每一个模块我们都会建立对应的 MVP 文件。

在 MVP 架构的 App 中会看到很多业务模块的 package,而且每个 package 下面对应的都是 MVP 的 3 层架构模式的文件。

但是有一些业务模块本身功能也比较多,例如这个直播模块,如图 8.1 所示。这个直播模块根据功能可以细分为视频直播、IM 消息、用户、玩法、礼物、排名等功能模块。

这些功能模块有以下特点。

- 跟直播这个业务模块相关。
- 每个功能相对来说又比较独立。
- 功能模块之间会有互通。

我们划分出这些功能模块还有个重要的原因是,防止直播模块代码堆积导致臃肿,也便于划分代码的管理和开发人员的责任。

图 8.1　直播模块 UI

8.3.2 TinyModule 的实现

我们一步一步来分析怎么实现这种多个 Module 的方案。

因为划分了功能模块，所以首先考虑将这些功能模块统一管理，如添加、移除、互通等，我们定义一个 BaseModule：

```
1.  public abstract class BaseModule {
2.      //用HashMap存放所有的module
3.      private static final Map<Class, BaseModule> modules = new HashMap<>();
4.
5.      protected View view;
6.      //引入module所在界面的View，也可以换成Activity或Fragment
7.      protected BaseModule(View rootView) {
8.          this.view = rootView;
9.          modules.put(getClass(), this);
10.     }
11.     //初始化所有module
12.     protected static void initModulesView() {
13.         for (BaseModule roomModule : modules.values()) {
14.             roomModule.initView();
15.         }
16.     }
17.     //释放所有module
18.     protected static void releaseModules() {
19.         for (BaseModule roomModule : modules.values()) {
20.             roomModule.release();
21.         }
22.         modules.clear();
23.     }
24.     //通过泛型获取某一个module实例
25.     protected <T extends BaseModule> T getModule(Class<T> tClass) {
26.         BaseModule module = modules.get(tClass);
27.         if (module != null) {
28.             return (T)module;
29.         } else {
30.             throw new IllegalStateException("no " + tClass.getName() + " instance");
31.         }
32.     }
33.     //抽象方法，由子类实现，子类初始化操作
34.     protected abstract void initView();
35.     //抽象方法，由子类实现，子类释放操作，防止内存泄漏
36.     protected abstract void release();
37.     //通用方法，根据控件id返回对应控件实例
38.     protected View findViewById(int resId) {
39.         return view.findViewById(resId);
40.     }
41. }
```

这是一个抽象类，所有的功能模块必须继承它，我们定义 Module1 模块实现类，其他的 Module 以此类推。

```
1. public class Module1 extends BaseModule{
2. 
3.     private TextView mTextView;
4. 
5.     public Module1(View rootView) {
6.         super(rootView);
7.     }
8. 
9.     public void hideView() {
10.         mTextView.setVisibility(View.GONE);
11.     }
12. 
13.     public String getContent() {
14.         return "this is from module1";
15.     }
16.     //一般初始化跟当前module相关的控件、数据
17.     @Override
18.     protected void initView() {
19.         mTextView = (TextView) findViewById(R.id.tv_module1);
20.         mTextView.setText("Module1 loaded!");
21.     }
22. 
23.     @Override
24.     protected void release() {
25.         System.out.println("Module1 released!");
26.     }
27. }
```

在业务模块 Activity 中使用这些 Module：

```
1. public class MainActivity extends AppCompatActivity implements IModuleCallback{
2. 
3.     private Module1 mModule1;
4.     private Module2 mModule2;
5.     private Module3 mModule3;// with MVP
6. 
7.     @Override
8.     protected void onCreate(Bundle savedInstanceState) {
9.         super.onCreate(savedInstanceState);
10.         setContentView(R.layout.activity_main);
11. 
12.         View search_root = findViewById(R.id.module_root);
13.         //首先实例化所有的module
14.         mModule1 = new Module1(search_root);
15.         mModule2 = new Module2(search_root, this);
16.         mModule3 = new Module3(search_root);
17.         //然后初始化所有module
18.         BaseModule.initModulesView();
```

```
19.     }
20.
21.     @Override
22.     public void onDestroy() {
23.         //记得释放
24.         BaseModule.releaseModules();
25.         super.onDestroy();
26.     }
27.
28.     public void click1(View view) {
29.         mModule1.hideView();
30.     }
31.
32.     public void click2(View view) {
33.         mModule2.modify("123");
34.     }
35.
36.     public void click3(View view) {
37.         mModule3.toastSomething();
38.     }
39.
40.     @Override
41.     public void doModify(String content) {
42.         Toast.makeText(this, "Modify Content is: " + content, Toast.LENGTH_SHORT).show();
43.     }
44. }
```

需要注意的是，在 onDestroy 方法中需要将这些 module 释放掉，否则会引起内存泄漏。

8.3.3 拓展：Module 的 MVP 化

上面划分出来的每一个 module 里面还可以使用 MVP 的架构进一步划分，如图 8.2 所示。

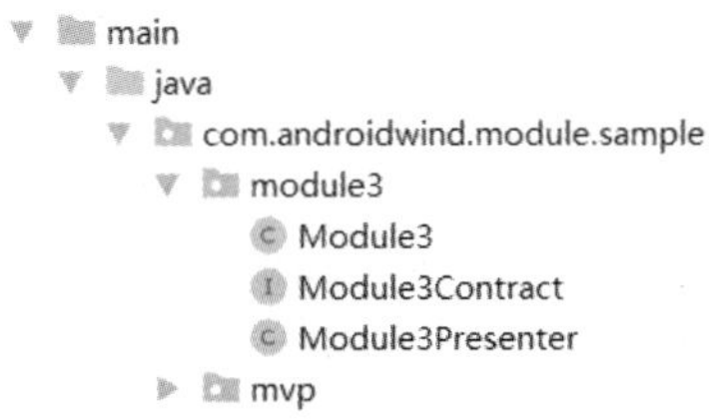

```
▼ ■ main
  ▼ ■ java
    ▼ ■ com.androidwind.module.sample
      ▼ ■ module3
          © Module3
          ① Module3Contract
          © Module3Presenter
        ▶ ■ mvp
```

图 8.2　Module 的 MVP 化

这里划分出来的 module3 就使用了 MVP 架构。

第 9 章 常用模块

9.1 功能模块

9.1.1 网络请求

1. Retrofit

Retrofit 是一个网络加载框架，底层是使用 OkHttp 封装实现的，可以理解为 OkHttp 的加强版。网络请求的工作是靠 OkHttp 完成的，而 Retrofit 仅负责网络请求接口的封装。

Retrofit 的一个特点是包含了特别多的注解，方便简化代码。并且还支持很多的开源库（如：Retrofit + RxJava）。

目前应用得最广泛的网络请求组合是 RxJava + OkHttp + Retrofit。

2. OkHttp

OkHttp 是对 HTTP 协议的高度封装，支持 get 请求和 post 请求，支持基于 HTTP 的文件上传和下载，支持加载图片，支持下载文件透明的 GZIP 压缩，支持响应缓存以避免重复的网络请求，支持使用连接池来解决响应延迟的问题。

OkHttp 已经在 Android 中替代了 HttpUrlConnection 和 Apache HttpClient（Android API 23，即 SDK 6.0 中已经替换）。

3. Volley

Volley 和 Retrofit 一样，也是一个网络请求框架，通过它来访问普通的网络数据，如 JSON 格式的数据，也可以下载图片。

Volley 适合通信数据量不大、但请求频繁的网络操作，不适合通信数据量较大的网络操作，如文件下载等。

9.1.2 图片加载

1. Glide

Glide 是 Google 员工的开源项目，在 Google I/O 上被推荐使用，是一个高效、开源、Android 设备上的媒体管理框架。它遵循 BSD、MIT 以及 Apache2.0 协议发布。

Glide 具有获取、解码和展示视频剧照、图片、动画等功能，它还有灵活的 API，这些 API 使得开发者能够将 Glide 应用在几乎全部的网络协议栈里。创建 Glide 的主要目的有两个，一个是实现平滑的图片列表滚动效果，另一个是支持远程图片的获取、大小调整和展示。

Glide 和 Picasso 有 90% 的相似度，但是在细节方面会有差别。另外，Glide 采用的是链式编程方法。Glide 与 Picasso 的差别主要体现在下载图片的方式、图片的缓存机制、加载到内存的机制。

2. Fresco

Facebook 出品，支持图像渐进式呈现（先加载小图再加载大图），并且采用 3 级缓存机制（两级内存，一级文件）。但是体积会增大不少，而且侵入性强，需要使用 SimpleDraweeView 来替代 ImageView 控件加载显示图片。

3. Picasso

使用简单，扩展性强，支持各种来源的图片，包括网络、Resources、assets、files、content providers 等。内部集成了 OkHttp 的网络框架（都是同一家公司的产品）。

Picasso 的特点如下。

- 在 Adapter 中取消了不在视图范围内的 ImageView 的资源加载，因为可能会产生图片错位。
- 使用复杂的图片转换技术降低内存的使用。
- 自带内存和硬盘的二级缓存机制。

3 种框架应该怎么选择呢？我们可以做个对比，如下。

- Glide 拥有 Picasso 所有的功能，处理速度比 Picasso 快，适合处理大型图片流，如 Gif 和 Video。
- Picasso 体积小，处理速度没 Glide 快，但是处理出来的图片质量比 Glide 高。
- Fresco 用法较复杂，在处理较多的图片时有优势。

总的来说，在一般的开发过程中首选 Glide。

9.1.3 数据库

1. GreenDao 3.x

GreenDao 号称 Android 平台最快的 ORM 框架，特点是内存占用小、API 易于操控，以及依赖库体积小。

2. OrmLite

相比 GreenDao，OrmLite 是轻量级，而且学习成本更低。OrmLite 基于反射和注解，效率较低，占用内存较大。

3. Room

Room 是 2017 年 Google I/O 推出的 Android Architecture Component 的一部分，它是基于 SQLite 的持久性数据库，它在 SQLite 上提供了一个抽象层，使得大家可以更简洁、更优雅地访问数据库，并且能够利用 SQLite 的全部强大功能。

Room 的底层使用的还是 SQLite 数据库，而且 Room 还支持与同为 Android Architecture Component 的 LiveData 集成在一起。

Google 强烈建议使用 Room 来替代 SQLite。

9.1.4 异步分发

1. EventBus

EventBus 采用发布/订阅的模式实现模块间解耦的事件总线库。简化代码，消除模块间的依赖，加速开发。

2. RxBus

RxBus 是利用 RxJava 实现的事件总线库。

3. RxJava

RxJava 是 JVM 的响应式扩展，使用可观测的序列来组成异步的、基于观察者模式实现的库。

4. RxAndroid

RxAndroid 是专供 Android 平台使用的 RxJava，针对平台添加了部分类。

9.1.5 IOC

1. ButterKnife

ButterKnife 是一个专注于 Android 系统的 View 注入框架，通过 Annotation 方式替代 findViewById 等对 View 的操作。并且在编译时生成 Java 文件，避免了反射带来的性能问题。

2. Dagger2

Dagger2 也通过依赖注入来解决对象之间依赖的问题，缺点是入户门槛较高。

9.1.6 数据解析

1. Fastjson

Fastjson 是阿里巴巴开发的处理 JSON 数据序列化与反序列化的库。

2. Gson

Gson 是 Google 开发的处理 JSON 数据序列化与反序列化的库。

9.1.7 权限

RxPermissions

RxPermissions 采用 RxJava 链式调用的形式请求权限。

9.2 UI 模块

9.2.1 Adapter

BaseRecyclerViewAdapterHelper

这是一个强大并且灵活的 RecyclerViewAdapter 框架，继承了大部分 Adapter 需求常用的解决方案，为开发者节省了大量的时间。

9.2.2 Refresh

1. SwipeRefreshLayout

SwipeRefreshLayout 是 Google 官方提供的下拉刷新解决控件，具有使用简单、灵活等特点。

2. SmartRefreshLayout

SmartRefreshLayout 是一个非常不错的 Android 智能下拉刷新框架，支持所有 View 和多层嵌套的视图结构，吸取了各种刷新布局的优点，提高了性能，具有极高的扩展性，集成了几十种华丽的 Header 和 Footer。

9.2.3 Tab

1. SlidingTabLayout

SlidingTabLayout 是一个 Android TabLayout 库，目前有 3 个 TabLayout：SlidingTabLayout、CommonTabLayout、SegmentTabLayout。

2. SmartTabLayout

SmartTabLayout 简化和实现了 Android 的 TabHost 效果，并且滑动时 Indicator 可平滑过渡。

3. TabLayout

TabLayout 是 Google 官方提供的 tab 控件，在 Support Design 包中。配合 ViewPager 和 Fragment 使用，TabLayout 能很快帮助开发者打造一个滑动的 tab 页。

9.2.4 Banner

youth5201314/Banner

youth5201314/Banner 是一个 Android 广告图片轮播控件，支持无限循环和多种主题，可以灵活设置轮播样式、动画、轮播和切换时间、位置、图片加载框架等。

9.2.5 ImageView

1. PhotoView

PhotoView 提供一个带缩放功能的 ImageView。

2. CircleImageView

CircleImageView 提供了一个圆形的 ImageView，并且带有圆形边框。

第 10 章 动手写模块

本章会分 12 个小节来介绍 Android 各个开发模块的手动实现全过程，包括功能模块和 UI 模块。每个小节都会介绍一个模块的实现。

每个小节会按照所实现的模块的独立性以及模块之间的依赖和组合关系，从简单到复杂依次实现。

大部分模块按照需求提出、技术分析、代码实现、总结这 4 个过程进行实现。

1. 需求提出

代码展示现有功能模块的解决方案是什么样的，例如系统自身给我们提供的 API。我们经过分析后从中提取出可以优化和改进的点，这些点就构成了我们手动实现模块的需求。

2. 技术分析

针对上述的需求点我们一一展开分析，并且提供可行的技术方案，实现需求向技术的转换。技术方案的设计离不开前面介绍的设计模式原则、设计模式、设计框架等内容。

3. 代码实现

技术方案确定好以后，剩下的工作就是将技术方案通过代码展示出来。我们会展示重点代码部分，方便读者理解技术方案的实现过程。

4. 总结

将所用到的技术点做了一个归结，同时对手动实现的模块提出了一些可继续完善的功能，可作为作业交给读者去继续实现。

从需求中找到技术方案，通过代码实现技术方案，通过归纳对代码实现进行梳理总结，并且通过归纳发现不足和可以完善的功能，从而"反哺"需求。这样我们就实现了开发过程中的闭环，如图 10.1 所示。

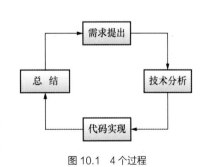

图 10.1 4 个过程

10.1 日志模块：TinyLog

先来回顾下 Android 系统自带的日志工具。

android.util.log 是 Android SDK 提供的日志工具类，按照等级由低到高提供了 5 种方法，如下。

- Log.v()：任何信息都会输出。
- Log.d()：输出 debug 信息，同样会输出 i、w、e 级别信息。
- Log.i()：输出提示性信息，同样会输出 w、e 级别信息。
- Log.w()：输出警告信息，提示我们需要优化代码，同样会输出 e 级别信息。
- Log.e()：输出错误信息，此时我们就需要修复代码了。

上面不同级别的日志信息可以通过 logcat 来选择级别。

10.1.1 日志模块需求

需求往往伴随着的是现有功能的不足，需要对现有的功能进行优化。

我们来看一下 Android 自身提供的输出日志的方法，这些方法是 public 的静态方法，因此我们可以直接调用。

以 Level v 为例，系统提供了两个方法：

```
1.  /**
2.   * Send a {@link #VERBOSE} log message.
3.   * @param tag Used to identify the source of a log message.  It usually identifies
4.   *        the class or activity where the log call occurs.
5.   * @param msg The message you would like logged.
6.   */
7.  public static int v(String tag, String msg) {
8.      return println_native(LOG_ID_MAIN, VERBOSE, tag, msg);
9.  }
10.
11. /**
12.  * Send a {@link #VERBOSE} log message and log the exception.
13.  * @param tag Used to identify the source of a log message.  It usually identifies
14.  *        the class or activity where the log call occurs.
15.  * @param msg The message you would like logged.
16.  * @param tr An exception to log
17.  */
18. public static int v(String tag, String msg, Throwable tr) {
19.     return printlns(LOG_ID_MAIN, VERBOSE, tag, msg, tr);
20. }
```

那么问题来了，这些接口是否够用，是否好用呢？

如果只是一般性地输出日志，那么这些接口是可以满足需求的，如下。

- 方法提供了 Log Tag、Log Message 的配置。

- 方法还可以输出抛出的异常。

但是在实际项目中我们对于日志输出的需求往往会有更多的要求，如下。

- 方法的参数少点，我关心的是 message。
- 方法的参数多点，我想给日志添加一些额外的信息。
- 日志要能保存在 SD 卡上。
- Logcat 输出的日志要能在单击后直接跳转到代码处。
- 只输出某些级别以上的日志。
- 加密输出的日志。
- 日志模块有接口回调给调用方使用。
- 其他更多的需求……

10.1.2 日志模块技术分析

首先，我们根据上面提供的需求点，把需求进一步做一些抽象与归纳，目的是接下来有针对性地输出技术方案。

- 方法调用的方式最好跟以前系统提供的直接调用方式保持一致。
- 方法种类增多，以满足不同入口参数数量的需求。
- 配置参数增多，如 Log 是否开启、Log 是否写入 SD 卡、Log 写入 SD 卡后每个文件的大小、Log 写入 SD 卡的路径、Log 输出的等级、Log 是否加密等。
- 增加一些功能，如文件读写、加密解密等。

接下来，根据上述对需求的抽象，我们将这些抽象出来的需求转化为技术方案。

1. 跟以前系统提供的直接调用方式保持一致

可以看到系统提供的日志方法是通过静态方法直接调用的：

```
1. public static int v(...) {…}
```

那我们提供的方法也得是一些静态方法，这里不涉及类的状态维护和类的扩展，仅仅是一些方法的集合而已，所以不需要使用单例模式。

2. 方法种类增多

方法种类增多，最简单的方法就是提供更多的方法，也就是提供不同参数数量的方法。另外需要注意的是，为了扩展参数数量，方法最后的参数使用可变参数"Object……"。

3. 配置参数增多

配置参数增多，我们可以考虑使用 Builder 设计模式，链式调用、简洁美观。

另外我们专门用一个配置类来管理这些参数，因为涉及信息状态的维护，而且配置类在整个 App 中只需要一个实例即可，所以这里我们可以选择使用单例模式来进行实例化。

4. 增加一些功能

这些功能可以放到一个 Util 类中进行专门处理，Util 类中的方法也都是静态类的，可以直接调用。

10.1.3 日志模块代码实现

我们提供了一个 TinyLog 类，有以下两个作用。
- 对外提供各种可以直接调用的方法，外部可以直接通过调用 TinyLog 方法来输出日志。
- 提供日志参数的配置功能。

```
1.  public class TinyLog {
2.
3.      ......
4.
5.      //日志配置类
6.      private static TinyLogConfig sMTinyLogConfig;
7.      //单例模式实例化日志配置类
8.      public static synchronized TinyLogConfig config() {
9.          if (sMTinyLogConfig == null) {
10.             sMTinyLogConfig = new TinyLogConfig();
11.         }
12.         return sMTinyLogConfig;
13.     }
14.     //调用方法前进行检测
15.     private static void preCheck() {
16.         ......
17.     }
18.     //v级别的日志，只有一个参数content
19.     public static void v(String content) {
20.         preCheck();
21.         if (sMTinyLogConfig.isWritable) {
22.             logFile(LOG_V, null, content, null);
23.         }
24.         logConsole(LOG_V, null, content, null);
25.     }
26.     //v级别日志，有3个参数，最后一个可不输入
27.     public static void v(String tag, String content, Object... objects) {
28.         preCheck();
29.         if (sMTinyLogConfig.isWritable) {
30.             logFile(LOG_V, tag, content, null, objects);
31.         }
32.         logConsole(LOG_V, tag, content, null, objects);
33.     }
34.
35.     //......此处省略其他级别日志调用的方法
36.
37.     //生成tag
38.     private static String generateTag(String tag) {
39.         ......
40.     }
41.     //生成content
42.     private static String generateContent(String content, Object... objects)    {
43.         ......
```

```
44.     }
45.     //组装content的方法
46.     private static Object wrapContent(Object... objects) {
47.         ......
48.     }
49.     //输出到logcat
50.     private static void logConsole(int logSupport, String tag, String content, Throwable tr, Object... args) {
51.         if (logSupport < sMTinyLogConfig.logLevel) {
52.             return;
53.         }
54.         String logTag, logContent;
55.         logTag = generateTag(tag);
56.         logContent = generateContent(content, args);
57.         if (sMTinyLogConfig.mKey != null && !"".equals(sMTinyLogConfig.mKey)) {
58.             try {
59.                 logContent = TinyLogUtil.encrypt(sMTinyLogConfig.mKey, logContent);
60.             } catch (Exception e) {
61.                 e.printStackTrace();
62.             }
63.         }
64.         if (sMTinyLogConfig.mLogCallBack != null) {
65.             sMTinyLogConfig.mLogCallBack.getLogString(logTag, logContent);
66.         }
67.         switch (logSupport) {
68.             case LOG_V:
69.                 Log.v(logTag, logContent, tr);
70.                 break;
71.             case LOG_D:
72.                 Log.d(logTag, logContent, tr);
73.                 break;
74.             case LOG_I:
75.                 Log.i(logTag, logContent, tr);
76.                 break;
77.             case LOG_W:
78.                 Log.w(logTag, logContent, tr);
79.                 break;
80.             case LOG_E:
81.                 Log.e(logTag, logContent, tr);
82.                 break;
83.             default:
84.                 Log.wtf(logTag, logContent, tr);
85.                 break;
86.         }
87.     }
88.     //保存到SD卡
89.     private static void logFile(int logSupport, String tag, String content, Throwable tr, Object... args) {
90.         ......
91.     }
92. }
```

接下来我们看一下上面提到的日志配置类是怎么实现的，我们新建一个叫 TinyLogConfig 的类：

```java
1.  public class TinyLogConfig implements ITinyLogConfig {
2.  
3.      //是否开启日志功能
4.      boolean isEnable;
5.      //是否写入SD卡
6.      boolean isWritable;
7.      //写入SD卡的路径
8.      private String mLogPath;
9.      //保存在SD卡上单个日志文件最大的大小
10.     private int mFileSize = 1;
11.     //日志模块回调接口
12.     LogCallBack mLogCallBack;
13.     //日志加解密key
14.     String mKey;
15.     //日志输出级别
16.     int logLevel = TinyLog.LOG_V;
17.     private PrintWriter mPrintWriter;
18.     private File mCurrentFile;
19.     boolean writeCheck;
20.     //线程池
21.     private static ExecutorService executor;
22.     
23.     //这是一种比较简单的Builder模式，参考6.5.2小节，统一返回ITinyLogConfig接口
24.     @Override
25.     public ITinyLogConfig setEnable(boolean enable) {
26.         this.isEnable = enable;
27.         return this;
28.     }
29.     //统一返回ITinyLogConfig接口
30.     @Override
31.     public ITinyLogConfig setWritable(boolean writable) {
32.         this.isWritable = writable;
33.         return this;
34.     }
35.     
36.     //......此处省略其他set方法
37.     
38.     //日志模块初始化方法
39.     @Override
40.     public void apply() {
41.         if (!isWritable)
42.             return;
43.         if (mLogPath == null) {
44.             mLogPath = TinyLogUtil.getLogDir();
45.         }
46.         File dir = new File(mLogPath);
47.         if (!dir.exists()) {
48.             dir.mkdirs();
49.         }
```

```
50.
51.        createFile();
52.
53.        //文件操作应该使用单线程池
54.        executor = Executors.newSingleThreadExecutor();
55.
56.        writeCheck = true;
57.    }
58.    //保存在SD卡
59.    public void saveToFile(final String message) {
60.        ......
61.    }
62.    //创建SD卡日志文件
63.    private void createFile() {
64.        ......
65.    }
66.    //检查单个日志文件的大小
67.    private void checkFile() {
68.        ......
69.    }
70.    //日志模块回调接口
71.    public interface LogCallBack {
72.        void getLogString(String tag, String content);
73.    }
74. }
```

可以看到，TinyLogConfig 采用了简洁的 Builder 模式，提供了 set 方法以供配置。TinyLog 和 TinyLogConfig 是日志模块两个最主要的类，配置完成后，看一下怎么使用日志模块。因为日志模块有一些配置参数，所以我们需要在使用之前进行初始化。

日志配置初始化可以在 App 的 application 类中执行：

```
1. TinyLog.config().setEnable(BuildConfig.DEBUG).setWritable(true).setLogPath(getLogDir()).setFileSize(1).setLogLevel(TinyLog.LOG_I);
```

这里我们配置的日志模块的功能如下。

在 Debug 模式下才能输出日志、能够写入 SD 卡、配置 SD 卡日志输出路径、配置每个日志文件最大为 1MB、配置 I 级及以下级别的日志可以输出。

在 App 中使用日志模块的方式：

```
1. TinyLog.v("this is tinylog");
2. TinyLog.d("TAG", "this is tinylog");
3. TinyLog.i("TAG", "this is tinylog", "arg1");
4. TinyLog.w("TAG", "this is tinylog", "arg1", "arg2");
5. try {
6.     String s = null;
7.     s.toString();
8. } catch (NullPointerException e) {
9.     TinyLog.e("TAG", e, "printStackTrace");
10. }
```

输出结果如图 10.2 所示。

```
2019-10-23 11:01:15.701 819-819/com.androidwind.log.sample I/TAG: (MainActivity.java:70) this is tinylog
    arg[0] = arg1
2019-10-23 11:01:15.713 819-1339/com.androidwind.log.sample V/TinyLogConfig: 2019_10_23_10_55_24_996.txt, file size: 9678 byte
2019-10-23 11:01:15.713 819-1339/com.androidwind.log.sample V/TinyLogConfig: pool-1-thread-1 : 40046
2019-10-23 11:01:15.734 819-819/com.androidwind.log.sample W/TAG: (MainActivity.java:71) this is tinylog
    arg[0] = arg1
    arg[1] = arg2
2019-10-23 11:01:15.758 819-1339/com.androidwind.log.sample V/TinyLogConfig: 2019_10_23_10_55_24_996.txt, file size: 9808 byte
2019-10-23 11:01:15.758 819-1339/com.androidwind.log.sample V/TinyLogConfig: pool-1-thread-1 : 40046
2019-10-23 11:01:15.800 819-819/com.androidwind.log.sample E/MainActivity.printLog: (MainActivity.java:76) TAG
    arg[0] = printStackTrace
    java.lang.NullPointerException: Attempt to invoke virtual method 'java.lang.String java.lang.String.toString()' on a null object reference
        at com.androidwind.log.sample.MainActivity.printLog(MainActivity.java:74)
        at com.androidwind.log.sample.MainActivity.onClick(MainActivity.java:90)
        at android.view.View.performClick(View.java:7333)
        at android.widget.TextView.performClick(TextView.java:14160)
        at android.view.View.performClickInternal(View.java:7299)
        at android.view.View.access$3200(View.java:846)
        at android.view.View$PerformClick.run(View.java:27773)
        at android.os.Handler.handleCallback(Handler.java:873)
        at android.os.Handler.dispatchMessage(Handler.java:99)
        at android.os.Looper.loop(Looper.java:214)
        at android.app.ActivityThread.main(ActivityThread.java:6990) <1 internal call>
        at com.android.internal.os.RuntimeInit$MethodAndArgsCaller.run(RuntimeInit.java:493)
        at com.android.internal.os.ZygoteInit.main(ZygoteInit.java:1445)
```

图 10.2　Log 输出

可以看到，V 和 D 级别的日志没有输出，因为我们配置了 I 级及以下级别的日志才能输出，按照 V＞D＞I＞W＞E 的顺序，只输出 I、W、E 级别的日志。单击 () 中带有行数的日志，可以直接跳转到对应的代码处。

10.1.4　总结

通过 10.1.1 到 10.1.3 小节的介绍，我们了解了怎么开发一个简单的日志模块。

10.1.1 小节针对当前系统提供的方法的不足之处，提出了更多的需求；10.1.2 小节将这些需求进行了整理归纳与抽象，并且提出了解决需求的技术方案；10.1.3 小节通过实例代码实现了一个日志模块；后续其他节的模块开发也是按照这样的思路进行的。

1. 本节技术点

- 静态类和单例模式的选择（单例模式注意 synchronized）。
- 简单的 Builder 模式的实现。
- 线程池 Executors 的应用。

2. 待办事宜

抛砖引玉，我们的日志模块实现了一部分功能，那么是否还有更多的功能可以开发呢？如下。

- 输出为 JSON 或 XML 格式。
- 输出指定日志到指定的文件中。
- 多进程的支持。

读者可以试着在现有代码的基础上实现上述功能。

10.2 权限模块：TinyPermission

在上一节 10.1 中我们手写了一个日志模块，不知道读者是否注意到了，其中有一个功能是将日志输出到 SD 卡上。这里就存在一个问题，日志保存在 SD 卡上涉及读写存储介质，这个需要 App 向系统申请读写权限，如果系统拒绝，那么这个读写功能就不能实现。

我们简要回顾一下 Android 权限的相关概念：Android 是一个权限分隔的操作系统，其中每个应用都有其独特的系统标识（Linux 用户 ID 和组 ID）。系统各部分的标识也不同。Linux 据此将不同的应用以及应用与系统分隔开来。

系统权限分为两类：正常权限和危险权限。如果你的应用在其清单中列出正常权限（即不会对用户隐私安全或设备正常操作造成很大影响的权限），系统会自动授予这些权限。如果你的应用在其清单中列出危险权限（即可能影响用户隐私或设备正常操作的权限），系统会要求用户明确授予这些权限。

危险权限目前有 9 组，只要每组中有一个权限申请成功了，那么整组权限都可以使用。从 Android 6.0 开始，也就是 API Level 高于 23，Android 系统增加了权限检查功能。

权限检测生效的条件如下。

- targetSdkVersion 和 compileSdkVersion 高于 23（注：两者版本号要保持一致）。
- 运行的 Android 系统高于 6.0。

两条必须同时满足。

如果 App 的 targetSdkVersion 和 compileSdkVersion 高于 23，而且又运行在高于 6.0 的 Android 系统上，但是 App 中没有加入权限检测的代码，这样 App 请求的权限默认都会关闭，如读写、存储权限，那么 App 极有可能在运行的时候因为没有获取到权限而崩溃。而用户没有得到提示，并不知道是什么原因引起的，也会给用户带来不好的体验。

10.2.1 权限模块需求

Android 已经给我们提供了申请权限的方法，我们现在来看一下怎么使用系统提供的权限申请功能，直接上代码：

```
1.  public void requestPermissionBySelf(View view) {
2.      int checkSelfPermission;
3.      String requestPermission = Manifest.permission.READ_EXTERNAL_STORAGE;
4.      try{
5.          checkSelfPermission = ActivityCompat.checkSelfPermission(MainActivity.this, requestPermission);
6.      } catch (RuntimeException e) {
7.          Log.e("MainActivity", "RuntimeException:" + e.getMessage());
8.          Toast.makeText(this, "获取权限失败！", Toast.LENGTH_SHORT).show();
9.          return;
10.     }
```

```
11.    if (checkSelfPermission != PackageManager.PERMISSION_GRANTED) {
12.        if (ActivityCompat.shouldShowRequestPermissionRationale(this, requestPermission)) {
13.            shouldShowRationale(this, 1, requestPermission);
14.        } else {
15.            //可申请多种权限
16.            ActivityCompat.requestPermissions(MainActivity.this, new String[]{Manifest.permission.READ_EXTERNAL_STORAGE}, 1);
17.        }
18.    } else {
19.        Toast.makeText(this, "已获得权限!", Toast.LENGTH_SHORT).show();
20.    }
21. }
22.
23. private static void shouldShowRationale(final Activity activity, final int requestCode, final String requestPermission) {
24.     Toast.makeText(activity, "文案：向用户解释申请这个权限的必要性，要求用户开启这个权限。", Toast.LENGTH_SHORT).show();
25. }
26.
27. @Override
28. public void onRequestPermissionsResult(final int requestCode, @NonNull String[] permissions, @NonNull int[] grantResults) {
29.     ......
30. }
```

第一步，在申请权限之前，首先需要检测一下 App 是否已经拥有了此权限，使用 ActivityCompat.checkSelfPermission 方法检测。

第二步，判断检测结果，如果已有权限，可以提示已有或者不处理；如果没有权限，那么先要判断是否用户已经永久拒绝了此权限，通过 ActivityCompat.shouldShowRequestPermissionRationale 方法判断，如果已经永久拒绝了，那么最好提示用户此权限的重要性，需要用户给予此权限；如果用户没有永久拒绝此权限，那么可以通过 ActivityCompat.requestPermissions 方法弹出权限申请框，然后用户选择允许或者拒绝。

此外系统还提供了回调方法 onRequestPermissionsResult，用来检测用户允许或拒绝了什么样的权限。需要注意的是，使用回调方法的时候需要当前类实现 ActivityCompat.OnRequestPermissionsResultCallback 方法。

相信读者看了上述的使用过程，一定会觉得有些烦琐，一个权限申请要这么多步骤，还要分很多场景。

我们还是先来梳理下现有权限系统使用的流程。

- App 需要 AppCompat 库的支持。
- 判断是否拥有权限：ActivityCompat.checkSelfPermission。
- 没有权限，是否用户永久拒绝：ActivityCompat.shouldShowRequestPermissionRationale。
- 没有权限，用户没有永久拒绝，申请权限：ActivityCompat. requestPermissions。
- 申请权限拒绝或者允许的回调：onRequestPermissionsResult。

那么我们的需求整理如下。

- 能否不需要 AppCompat 库的支持，因为不能要求所有的 App 都引入此库。

- 申请过程过于复杂，能否在使用的时候只需要提出需要申请哪些权限，然后系统告诉我这些权限是否授予成功。
- 如果没有成功，能否自动引导用户去手动开启权限。

10.2.2 权限模块技术分析

接下来，我们逐一将上述产品需求翻译成技术方案。

1. App 需要 AppCompat 库的支持

如果需要 AppCompat 库的支持，需要引入依赖：com.android.support:appcompat-v7。前面也提到过，不是所有的项目都使用到这个库，而且为了引入这个功能去改变依赖也会造成工作量的增大（从对 Activity 的依赖变为对 AppCompatActivity 的依赖）。

接下来我们思考，Activity 或 Fragment 中是否有对权限申请的支持呢？我们找到 Fragment，发现其中已经存在对权限申请支持的代码：

```
1.  public final void requestPermissions(@NonNull String[] permissions, int requestCode) {
2.      if (mHost == null) {
3.          throw new IllegalStateException("Fragment " + this + " not attached to Activity");
4.      }
5.      mHost.onRequestPermissionsFromFragment(this, permissions,requestCode);
6.  }
```

Activity 中也有对权限申请的支持：

```
1.  public final void requestPermissions(@NonNull String[] permissions, int requestCode) {
2.      if (requestCode < 0) {
3.          throw new IllegalArgumentException("requestCode should be >= 0");
4.      }
5.      if (mHasCurrentPermissionsRequest) {
6.          Log.w(TAG, "Can request only one set of permissions at a time");
7.          // Dispatch the callback with empty arrays which means a cancellation.
8.          onRequestPermissionsResult(requestCode, new String[0], new int[0]);
9.          return;
10.     }
11.     Intent intent = getPackageManager().buildRequestPermissionsIntent(permissions);
12.     startActivityForResult(REQUEST_PERMISSIONS_WHO_PREFIX, intent, requestCode, null);
13.     mHasCurrentPermissionsRequest = true;
14. }
```

这样存在一个问题，如果要在 Activity 和 Fragment 中分别调用其中的申请权限方法，那我们能不能从同一个入口申请权限呢？而且既然 Fragment 有申请权限的功能，那我们能不能让 Fragment 专门用来给 Activity 和其他 Fragment 申请权限呢？

我们可以设计这样的一个代理 Fragment，叫作 FakeFragment，它的作用就是用来申请权限，并且提供申请入口。

2. 申请过程过于复杂

可以看到，系统自带的权限申请涉及 3 个函数，外加一个回调。我们打算简化这个过程，对用户的入口只需要知道申请的权限的种类，另外加上一个回调，返回申请成功与否即可。

申请不同权限的种类，我们可以采用简化的 Builder 模式来调用。然后自定义一个回调，作为申请权限方法的一个参数，这样就不需要当前类实现 ActivityCompat.OnRequestPermissionsResultCallback 这样的接口。

3. 自动引导用户去手动开启权限

如果用户永久拒绝了此权限，我们会直接跳转到 App 应用程序信息页面，让用户手动开启权限。此处需要做好各种厂商机型的适配。

10.2.3 权限模块代码实现

我们提供一个 TinyPermission 类，外界直接通过该类实现权限申请。

```java
1.  public class TinyPermission {
2.      private Activity mActivity;
3.      private List<String> mPermissions;
4.  
5.      public TinyPermission(Activity activity) {
6.          mActivity = activity;
7.      }
8.  
9.      public static TinyPermission start(Activity activity) {
10.         return new TinyPermission(activity);
11.     }
12.     //简介Builder模式，将权限加入List中保存
13.     public TinyPermission permission(String... permissions) {//支持多种权限
14.         if (mPermissions == null) {
15.             mPermissions = new ArrayList<>(permissions.length);
16.         }
17.         mPermissions.addAll(Arrays.asList(permissions));
18.         return this;
19.     }
20.     //请求权限,参数是一个接口,用来返回权限申请成功与否
21.     public void request(OnPermission callback) {
22.         FakeFragment.newInstance((new ArrayList<>(mPermissions))).checkPermission(mActivity, callback);
23.     }
24.     //跳转到不同厂家的设置页面
25.     public static void gotoPermissionSettings(Context context) {
26.         PermissionSettingPage.start(context, false);
27.     }
28. }
```

接下来我们来看看 FakeFragment 的实现，这是一个关键类，用来处理权限申请：

```java
1.  public class FakeFragment extends Fragment {
2.  
3.      private static final String PERMISSIONS = "permissions";
```

```
4.     private OnPermission callback;
5.
6.     public static FakeFragment newInstance(ArrayList<String> permissions) {
7.         FakeFragment fragment = new FakeFragment();
8.         Bundle bundle = new Bundle();
9.         bundle.putStringArrayList(PERMISSIONS, permissions);
10.        fragment.setArguments(bundle);
11.        return fragment;
12.    }
13.
14.    @Override
15.    public void onActivityCreated(Bundle savedInstanceState) {
16.        super.onActivityCreated(savedInstanceState);
17.        ArrayList<String> permissions = getArguments().getStringArrayList(PERMISSIONS);
18.        requestPermissions(permissions.toArray(new String[permissions.size() - 1]), (int)Math.random()*100);   //requestCode 可用随机数
19.    }
20.    //申请权限入口
21.    public void checkPermission(Activity activity, OnPermission callback) {
22.        this.callback = callback;
23.         activity.getFragmentManager().beginTransaction().add(this, activity.getClass().getName()).commit();//出发 requestPermissions 操作
24.    }
25.
26.    //权限申请回调
27.    @Override
28.    public void onRequestPermissionsResult(int requestCode, String[] permissions, int[] grantResults) {
29.        ......
30.    }
31. }
```

最后还有一个类是提供跳转到不同厂商手机 App 设置页面的，用于手动开启权限，这里以 HuaWei 手机为例：

```
1. private static Intent huawei(Context context) {
2.     Intent intent = new Intent();
3.     intent.setComponent(new ComponentName("com.huawei.systemmanager", "com.huawei.permissionmanager.ui.MainActivity"));
4.     if (hasIntent(context, intent)) {
5.         return intent;
6.     }
7.     intent.setComponent(new ComponentName("com.huawei.systemmanager", "com.huawei.systemmanager.addviewmonitor.AddViewMonitorActivity"));
8.     if (hasIntent(context, intent)) {
9.         return intent;
10.    }
11.    intent.setComponent(new ComponentName("com.huawei.systemmanager", "com.huawei.notificationmanager.ui.NotificationManagmentActivity"));
12.    return intent;
13. }
```

在 App 中使用权限模块的方式：

```
1.    TinyPermission.start(this)//实例化TinyPermission
2.                .permission(Permission.READ_EXTERNAL_STORAGE, Permission.WRITE_EXTERNAL_STORAGE)//申请读写权限
3.                .permission(Permission.RECORD_AUDIO)//申请录音权限
4.                .request(new OnPermission() {
5.
6.                    @Override
7.                    public void hasPermission(List<String> granted, boolean isAll) {
8.                        if (isAll) {
9.                            Toast.makeText(MainActivity.this, "所有权限授予成功", Toast.LENGTH_SHORT).show();
10.                       } else {
11.                           Toast.makeText(MainActivity.this, "部分权限授予成功,部分权限未正常授予", Toast.LENGTH_SHORT).show();
12.                       }
13.                   }
14.
15.                   @Override
16.                   public void noPermission(List<String> denied, boolean permanent) {
17.                       if (permanent) {
18.                           Toast.makeText(MainActivity.this, "被永久拒绝授权,请手动到设置页面授予权限", Toast.LENGTH_SHORT).show();
19.                           TinyPermission.gotoPermissionSettings(MainActivity.this);
20.                       } else {
21.                           Toast.makeText(MainActivity.this, "获取权限失败", Toast.LENGTH_SHORT).show();
22.                       }
23.                   }
24.               });
```

显示效果如图 10.3 所示。

图 10.3　申请权限弹框

10.2.4　总结

1. 本节技术点

- 简单 Builder 模式的实现。

- 设计一个代理 Fragment 来专门处理权限申请。

2. 待办事宜

目前申请权限弹框都是各个手机厂商的 Android 系统提供的，不同手机厂商的申请权限弹框的样式可能不一样，我们可以考虑设计一套统一样式的 UI 弹框，这样可以在各种类型的手机上面保持一致的弹框样式，使用户体验更好。

10.3 任务模块：TinyTask

我们这里所说的任务，广义上可以理解为同步任务和异步任务，狭义上可以理解为异步任务。

例如在 UI 主线程中依次完成的功能可以理解为同步任务。同步任务的特点就是排队、依次执行，如果上一个任务未完成，那么下一个任务就不会启动。

考虑到某些耗时的任务可能会阻塞 UI 主线程，我们可以将任务放到子线程中完成，不影响主线程其他任务的完成，这样的任务可以理解为异步任务。异步任务的特点就是有自己的任务队列（往往是线程池），不影响主线程任务的执行，处理完成后通过回调返回给主线程处理。

任务模块为什么要放在前面实现呢？因为后面很多模块（如图片、网络、异步分发等）的内部实现会直接用到任务模块，所以在这里我们先了解下任务模块是怎么实现的。

10.3.1 任务模块需求

在实际的 Android 开发中，接触到的任务大部分是异步任务，所以我们要实现的任务模块主要处理异步任务。

Android 系统本身也为我们提供了处理异步任务的方法，总结起来就是这三个类：Thread、Runnable、Handler。这三者的含义和具体用法这里不再赘述，相信读者都已经很熟悉了。

现在来看一下怎么利用这三个类实现一个异步任务。

首先定义一个 Runnable，Runnable 本身是一个接口，用在线程中：

```
1.  private Runnable mRunnable = new Runnable() {
2.      @Override
3.      public void run() {
4.          synchronized (this) {
5.              try {
6.                  Thread.sleep(1000);//模拟耗时操作
7.              } catch (InterruptedException e) {
8.                  e.printStackTrace();
9.              }
10.             Message message = mHandler.obtainMessage();
11.             message.what = 0;
12.             message.obj = result;
13.             //向Handler绑定的消息队列中发送消息
14.             mHandler.sendMessage(message);
15.         }
```

```
16.         }
17.     };
```

需要注意的是，此 Runnable 有耗时操作，因此不能用在主线程中。

再定义一个 Handler，此处的 Handler 与主线程的消息队列绑定，通过 Handler 可以向主线程的消息队列塞入消息，也可以从主线程的消息队列中获取消息：

```
1. private Handler mHandler = new Handler(Looper.getMainLooper()) {
2.     @Override
3.     public void handleMessage(Message msg) {
4.         super.handleMessage(msg);
5.         if (msg.what == 0) {
6.             Toast.makeText(getContext(), "Toast: " + msg.obj, Toast.LENGTH_SHORT).show();
7.         }
8.     }
9. };
```

最后启动一个线程：

```
1. new Thread(mRunnable).start();
```

这样我们可以通过与主线程的消息队列绑定的 Handler 拿到 Message，并且在主线程中处理 Message 所带过来的数据。

这里有两点需要注意，如下。

• 内存泄漏：如果 Handler 和 Runnable 通过匿名内部类的方式创建，则会因为显示持有外部的 Activity 而导致内存泄漏。

• View 为空：异步任务处理完毕返回主线程时，由于主线程所在的 Activity 或 Fragment 被回收，此时操作 UI 可能导致崩溃。

我们在 8.1.5 小节中提到过 Android 生命周期的问题，其实所有异步操作都会遇到这样的问题。

首先需要解决内存泄漏的问题，例如使用弱引用。解决了内存泄漏的问题后，就要考虑调用可能已经被释放的 View 的问题，例如这时需要对 View 进行判空处理。

可以看到，这 3 个类的组合才完成了一次异步任务。如果每次处理异步任务时都要通过这样的代码实现，不但代码量大，跳转过程复杂，而且线程的利用率也不高。

那么我们的需求也整理出来了，如下。

• 3 个类的操作太复杂，能不能简化一点，最好一句话就能完成。

• 当前任务种类比较单一，能否增加一些任务种类，例如是否有返回，是否延迟发送，是否能取消，任务是否有优先级，是否能发送到指定线程处理等。

• 多个任务怎么统一管理？

10.3.2　任务模块技术分析

我们现在来逐个分析一下 10.3.1 小节中提到的需求。

1. 3 个类的操作太复杂

实际上对用户来说，并不需要关心异步任务是由哪几个类完成的，而且处理异步任务的类多了会增加用户的使用操作难度。

对用户来讲，更需要关心的是任务在后台处理的逻辑、后台处理完成后返回前台处理的逻辑，以及任务是否处理成功。

所以我们这边在发起异步任务的时候，会设计一个回调接口给用户操作。这个回调接口也是用户处理业务逻辑的入口。

2. 当前处理的任务种类比较单一

提到任务种类，我们可以考虑设计多种不同的任务类以满足需求。

首先考虑不需要回调的任务，我们直接使用 Runnable 接口即可，因为接口已经提供了一个 run 方法。

其次考虑有回调的任务，我们设计一个 Task 抽象类，实际上也是实现 Runnable 接口，只不过在 Runnable 接口的 run 方法中，我们设计了一些抽象方法，例如 doInBackground 处理后台业务逻辑，将后台处理的结果通过 onSuccess 返回给前台，如果处理失败则通过 onFail 返回给前台。这实际上就是 6.8 节中提到的模板模式。

另外提到任务的优先级，我们考虑到这是所有任务类的共有特征，所以我们设计一个 SimpleTask 基类，它拥有任务类的共性，例如优先级属性。其他任务类都继承于它。

3. 多个任务怎么统一管理

每个任务由不同的线程处理，创建和销毁线程都会产生很大的消耗。如果我们不对这些线程进行统一管理，那么会给 App 的性能带来很大的影响，例如同时开启的线程过多导致内存占用过大。因此我们考虑使用线程池来解决这些问题。

线程池通过对线程的重用来减少创建新的线程的消耗，从而提升了线程执行的速度；线程池通过控制线程的并发数量，合理地利用 CPU 资源，避免了线程过多导致争抢 CPU 资源，造成线程阻塞的问题；另外线程池还可以通过配置线程队列、线程工厂等实现对线程的不同管理。

10.3.3 任务模块代码实现

我们先从任务类开始，首先创建一个基类 SimpleTask：

```
1.  public abstract class SimpleTask implements Runnable {
2.      long SEQ; //任务唯一 id，通过 getAndIncrement 自加 1
3.
4.      public String taskName;
5.
6.      public Priority priority; //任务优先级，枚举类: HIGH, NORMAL, LOW
7.
8.      public SimpleTask() {
9.          priority = Priority.NORMAL;
10.     }
11.
```

```
12.    public SimpleTask(Priority priority) {
13.        this.priority = priority == null ? Priority.NORMAL : priority;
14.    }
15. }
```

接下来我们创建一个常规的任务类 Task：

```
1.  public abstract class Task<T> extends SimpleTask {
2.      public Task() {
3.          super();
4.      }
5.
6.      public Task(Priority priority) {
7.          super(priority);
8.      }
9.      //子线程处理后台实现
10.     public abstract T doInBackground();
11.     //主线程处理成功
12.     public abstract void onSuccess(T t);
13.     //主线程处理失败
14.     public abstract void onFail(Throwable throwable);
15.
16.     @Override
17.     public void run() {
18.         if (BuildConfig.DEBUG) {
19.             Log.i("TinyTask", "[Task] compare: priority = " + priority + ", taskName = " + Thread.currentThread().getName());
20.         }
21.         try {
22.             final T t = doInBackground();
23.             TinyTaskExecutor.getMainThreadHandler().post(new Runnable() {
24.                 @Override
25.                 public void run() {
26.                     onSuccess(t);
27.                 }
28.             });
29.         } catch (final Throwable throwable) {
30.             TinyTaskExecutor.getMainThreadHandler().post(new Runnable() {
31.                 @Override
32.                 public void run() {
33.                     onFail(throwable);
34.                 }
35.             });
36.         }
37.     }
38. }
```

任务类实现后，接下来我们要开始创建自己的线程池了。虽然系统提供了 4 种已有的线程池可供选择，但是考虑到一些特殊需求，例如线程的先进先出或后进先出，还有线程优先级的实现，我们还需要自定义线程池：

```
1.  public class TaskThreadPoolExecutor extends ThreadPoolExecutor {
2.
3.      private static final int CORE_POOL_SIZE = Runtime.getRuntime().availableProcessors();
4.      private static final int MAXIMUM_POOL_SIZE = 128;
5.      private static final int KEEP_ALIVE = 60;
6.      private static final AtomicLong SEQ_SEED = new AtomicLong(0);
7.
8.      private static final ThreadFactory sThreadFactory = new ThreadFactory() {
9.          private final AtomicInteger mCount = new AtomicInteger(1);
10.
11.         @Override
12.         public Thread newThread(Runnable runnable) {
13.             return new Thread(runnable, "TaskThreadPoolExecutor#" + mCount.getAndIncrement());
14.         }
15.     };
16.
17.     /**
18.      * 先进先出
19.      */
20.     private static final Comparator<Runnable> FIFO = new Comparator<Runnable>() {
21.         @Override
22.         public int compare(Runnable lhs, Runnable rhs) {
23.             if (lhs instanceof SimpleTask && rhs instanceof SimpleTask) {
24.                 SimpleTask lpr = ((SimpleTask) lhs);
25.                 SimpleTask rpr = ((SimpleTask) rhs);
26.                 //线程优先级比较
27.                 int result = lpr.priority.ordinal() - rpr.priority.ordinal();
28.                 return result == 0 ? (int) (lpr.SEQ - rpr.SEQ) : result;
29.             } else {
30.                 return 0;
31.             }
32.         }
33.     };
34.
35.     /**
36.      * 后进先出
37.      */
38.     private static final Comparator<Runnable> LIFO = new Comparator<Runnable>() {
39.         @Override
40.         public int compare(Runnable lhs, Runnable rhs) {
41.             if (lhs instanceof SimpleTask && rhs instanceof SimpleTask) {
42.                 SimpleTask lpr = ((SimpleTask) lhs);
43.                 SimpleTask rpr = ((SimpleTask) rhs);
44.                 //线程优先级比较
45.                 int result = lpr.priority.ordinal() - rpr.priority.ordinal();
46.                 return result == 0 ? (int) (rpr.SEQ - lpr.SEQ) : result;
47.             } else {
48.                 return 0;
49.             }
50.         }
51.     };
```

```
52.
53.    public TaskThreadPoolExecutor(boolean fifo) {
54.        this(CORE_POOL_SIZE, fifo);
55.    }
56.
57.    public TaskThreadPoolExecutor(int poolSize, boolean fifo) {
58.        this(poolSize, MAXIMUM_POOL_SIZE, KEEP_ALIVE, TimeUnit.SECONDS, new PriorityBlockingQueue<Runnable>(MAXIMUM_POOL_SIZE, fifo ? FIFO : LIFO), sThreadFactory);
59.    }
60.
61.    public TaskThreadPoolExecutor(int corePoolSize, int maximumPoolSize, long keepAliveTime, TimeUnit unit, BlockingQueue<Runnable> workQueue, ThreadFactory threadFactory) {
62.        super(corePoolSize, maximumPoolSize, keepAliveTime, unit, workQueue, threadFactory);
63.    }
64.
65.    public boolean isBusy() {
66.        return getActiveCount() >= getCorePoolSize();
67.    }
68.
69.    @Override
70.    public void execute(Runnable runnable) {
71.        if (runnable instanceof SimpleTask) {
72.            //创建线程时,给线程id赋值,id自动加1,不会重复
73.            ((SimpleTask) runnable).SEQ = SEQ_SEED.getAndIncrement();
74.        }
75.        super.execute(runnable);
76.    }
77. }
```

最后我们调用类 TinyTaskExecutor。

TinyTaskExecutor 的作用如下。

- 创建线程池。
- 提供处理异步任务的方法。

因为任务池只需要一个,也只需要初始化一次,所以 TinyTaskExecutor 使用单例模式实现即可。

实际应用中对单例模式的应用做了一些变形处理,主要是为了避免每次调用方法时使用 .getInstance().fun,可以直接使用 .fun() 方式调用。

```
1.  public class TinyTaskExecutor {
2.
3.      private volatile static TinyTaskExecutor sTinyTaskExecutor;
4.
5.      private ExecutorService mExecutor;
6.      private volatile Handler mMainThreadHandler = new Handler(Looper.getMainLooper());
7.      private static HashMap<Runnable, Runnable> sDelayTasks = new HashMap<>();
8.
9.      public static TinyTaskExecutor getInstance() {
10.         if (sTinyTaskExecutor == null) {
11.             synchronized (TinyTaskExecutor.class) {
12.                 sTinyTaskExecutor = new TinyTaskExecutor();
13.             }
```

```
14.         }
15.         return sTinyTaskExecutor;
16.     }
17.
18.     public TinyTaskExecutor() {
19.         mExecutor = new TaskThreadPoolExecutor(true);
20.     }
21.
22.     private static ExecutorService getExecutor() {
23.         return getInstance().mExecutor;
24.     }
25.
26.     public static Handler getMainThreadHandler() {
27.         return getInstance().mMainThreadHandler;
28.     }
29.     //任务参数
30.     public static void execute(Runnable runnable) {
31.         execute(runnable, 0);
32.     }
33.     //任务参数+延迟参数
34.     public static void execute(final Runnable runnable, long delayMillisecond) {
35.         if (runnable == null) {
36.             return;
37.         }
38.         if (delayMillisecond < 0) {
39.             return;
40.         }
41.
42.         if (!getExecutor().isShutdown()) {
43.             if (delayMillisecond > 0) {
44.                 Runnable delayRunnable = new Runnable() {
45.                     @Override
46.                     public void run() {
47.                         synchronized (sDelayTasks) {
48.                             sDelayTasks.remove(runnable);
49.                         }
50.                         realExecute(runnable);
51.                     }
52.                 };
53.
54.                 synchronized (sDelayTasks) {
55.                     sDelayTasks.put(runnable, delayRunnable);
56.                 }
57.
58.                 getMainThreadHandler().postDelayed(delayRunnable, delayMillisecond);
59.             } else {
60.                 realExecute(runnable);
61.             }
62.         }
63.     }
64.
```

```java
65.    private static void realExecute(Runnable runnable) {
66.        getExecutor().execute(runnable);
67.    }
68.
69.    //移除任务
70.    public static void removeTask(final Runnable runnable) {
71.        if (runnable == null) {
72.            return;
73.        }
74.
75.        Runnable delayRunnable;
76.        synchronized (sDelayTasks) {
77.            delayRunnable = sDelayTasks.remove(runnable);
78.        }
79.
80.        if (delayRunnable != null) {
81.            getMainThreadHandler().removeCallbacks(delayRunnable);
82.        }
83.
84.    }
85.
86.    //将任务交给主线程消息队列
87.    public static void postToMainThread(final Runnable task) {
88.        postToMainThread(task, 0);
89.    }
90.
91.    //将任务交给主线程消息队列,还可以设置延迟时间
92.    public static void postToMainThread(final Runnable task, long delayMillis) {
93.        if (task == null) {
94.            return;
95.        }
96.
97.        getMainThreadHandler().postDelayed(task, delayMillis);
98.    }
99.
100.        //从主线程消息队列移除任务
101.        public static void removeMainThreadRunnable(Runnable task) {
102.            if (task == null) {
103.                return;
104.            }
105.
106.            getMainThreadHandler().removeCallbacks(task);
107.        }
108.
109.        //判断当前线程是否是主线程
110.        public static boolean isMainThread() {
111.            return Thread.currentThread() == getInstance().mMainThreadHandler.getLooper().getThread();
112.        }
113.    }
```

在 App 中使用任务模块的方式：

1. 使用 Runnable

```
1.  TinyTaskExecutor.execute(new Runnable() {
2.      @Override
3.      public void run() {
4.          System.out.println("[new] thread id in tinytask: " + Thread.currentThread().getId() +
5.               ", is main thread:" + TinyTaskExecutor.isMainThread());
6.          try {
7.              Thread.sleep(5000);
8.          } catch (InterruptedException e) {
9.              e.printStackTrace();
10.         }
11.         System.out.println("[new] no callback after 5 sec");
12.     }
13. });
```

2. 使用 Task

```
1.  TinyTaskExecutor.execute(new Task<String>() { //default priority is Priority.NORMAL
2.      @Override
3.      public String doInBackground() {
4.          System.out.println("[new] thread id in tinytask: " + Thread.currentThread().getId());
5.          try {
6.              Thread.sleep(5000);
7.          } catch (InterruptedException e) {
8.              e.printStackTrace();
9.          }
10.         System.out.println("[new] with callback after 5 sec");
11.         return "task with sleep 5 sec";
12.     }
13. 
14.     @Override
15.     public void onSuccess(String s) {
16.         Toast.makeText(getActivity(), s, Toast.LENGTH_SHORT).show();
17.     }
18. 
19.     @Override
20.     public void onFail(Throwable throwable) {
21. 
22.     }
23. });
```

3. 其他方法

```
1.  TinyTaskExecutor.execute(delayTask, 5000);
2.  TinyTaskExecutor.removeTask(delayTask);
3.  TinyTaskExecutor.postToMainThread(delayRunnable, 2000);
4.  TinyTaskExecutor.removeMainThreadRunnable(delayRunnable);
```

图 10.4 列举了一些实际应用场景。

图 10.4　Task 应用场景

10.3.4　总结

1. 本节技术点

- 父类和子类的设计。
- 自定义线程池。
- 模板模式的应用。

模板模式在实际应用中使用得还是相当广泛的，例如我们常见的 Base 开头的类，基本上都使用了模板模式。

2. 待办事宜

- 超时取消任务。
- 定时执行任务。

10.4　异步分发模块：TinyBus

说到异步分发，不得不提到 EventBus。EventBus 是由 GreenRobot 公司出品的，与 GreenDao 出自同一家公司。它是一种发布/订阅模式的事件总线框架。它通过观察者模式，将事件的发送方和订阅方隔离，从而完成了模块之间关系的解耦。

下面来看一下官方提供的 EventBus 原理图，如图 10.5 所示。

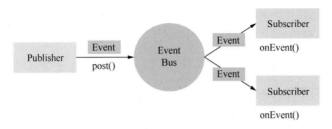

图 10.5　EventBus 原理图

10.4.1　异步分发模块需求

本节我们准备实现一个类似 EventBus 功能的框架。因为 EventBus 功能已经足够强大，为了了解 EventBus 的实现原理，我们动手写一个简单的 EventBus。

结合上面提到的 EventBus 原理图，我们总结出如下功能需求。

- 提供一个发送方 Publisher，将消息事件发送给订阅方。
- 提供一个订阅方 Subscriber，处理发送方发过来的消息事件。
- 消息事件 Event 作为 Publisher 和 Subscriber 直接沟通的桥梁。
- 订阅方可以选择订阅方所在的线程。

10.4.2　异步分发模块技术分析

前面提到了 EventBus 采用了观察者模式，关于观察者模式，可以回顾 6.4 节的介绍。因此，在设计模式选型方面我们也选取观察者模式，这也符合 Publisher 和 Subscriber 的需求。

我们参考 EventBus 原理图，然后从技术角度一步一步地进行分析。我们将整个流程的参与者分为 Subscriber、Publisher、Event 3 部分。流程也很简单，Subscriber 注册 Event、处理 Event、取消 Event，Publisher 发布 Event，Event 在两者之间传递。

作为 Subscriber 的类，在 Android 开发中常见的是 Activity 或 Fragment，因为通常 Subscriber 接收到 Event 后需要更新 UI。其他的类也可以作为 Subscriber。

需要注意的是，如果 Activity 或 Fragment 是 Subscriber，那么在生命周期结束时我们应该主动将其移除，否则会引起内存泄漏。Publisher 发送 Event 的时候，需要找到已注册的 Subscriber 类。

接下来我们通过参与者和流程来具体分析如何实现异步分发模块。

1. Subscriber 如何注册 Event

既然有 Subscriber，那就涉及 Subscriber 的管理，如添加、查找、删除。这里我们使用 HashMap 来统一管理。

我们先来看看 HashMap 的 Key 和 Value 的构成。因为 Subscriber 处理消息的对象是 Event，并不是某个具体类，所以 Key 用来代表 Event 这个类；Value 存储的是这个 Subscriber 相关的信息，目的是通过 Key 能找到对应的 Subscriber。而且可能很多 Subscriber 中都有对这个

Event 进行处理，也就是一个 Key 对应多个 Subscriber，因此对于 Value 我们使用 ArrayList 存储相关的 Subscriber 信息。

2. Publisher 如何发送 Event

Publisher 的目的是将 Event 发送到能够处理的 Subscriber，因此需要在 HashMap 中遍历，从 Value 中找到 Subscriber 的信息。

3. Subscriber 如何处理 Event

Publisher 如果能找到 Subscriber 处理 Event 的方法，那么 Subscriber 就能顺理成章地处理 Event。所以我们在注册 Subscriber 的时候，需要提供更多的信息，以便 Publisher 能找到 Subscriber 处理 Event 的方法。

这里我们可以使用反射的方法，通过提供的方法名和 Subscriber 实例，自动调用 Subscriber 实例中处理 Event 的方法。

4. Subscriber 如何扩展

我们可以给方法提供一个 Annotation 注释，如 @Subscriber。注释有以下好处呢。

- 注释可以设置一些配置信息，如设置处理 Event 的线程类型等。这些信息要在 Subscriber 注册 Event 的时候，在 TinyValue 中配置好。
- 为了区别于其他方法，在处理 Event 的方法上面添加 @Subscriber 注释。

10.4.3 异步分发模块代码实现

通过上述技术方案的分析，我们接下来用具体代码来实现异步分发模块。

首先我们提供一个 TinyBus 类，这个类提供外部直接调用的方法，如 Event 注册、发布、删除。

```
1.  public class TinyBus implements ITinyBus {
2.
3.      private static volatile TinyBus sTinyBus;
4.      //单例
5.      public static TinyBus getInstance() {
6.          if (sTinyBus == null) {
7.              synchronized(TinyBus.class){
8.                  if (sTinyBus == null) {
9.                      sTinyBus = new TinyBus();
10.                 }
11.             }
12.         }
13.         return sTinyBus;
14.     }
15.     //注册Event
16.     @Override
17.     public void register(Object object) {
18.         if (object == null) return;
19.         Class cls = object.getClass();//获取类信息
```

```java
20.        Method[] methods = cls.getDeclaredMethods();//获取类实例的public方法
21.        for (Method method : methods) {
22.            if (method.isAnnotationPresent(Subscriber.class) &&//判断方法是否是Subscriber注释
23.                method.getParameterTypes() != null//获取方法的传入参数类型
24.                && method.getParameterTypes().length == 1){//只有一个参数
25.                //TinyValue，提供Subscriber的信息
26.                TinyValue tinyValue = new TinyValue();
27.                tinyValue.setMethodName(method.getName());
28.                tinyValue.setObject(object);
29.                Subscriber subscriber = method.getAnnotation(Subscriber.class);
30.                System.out.println("subscriber = " + subscriber.threadMode());
31.                tinyValue.setThreadMode(subscriber.threadMode());
32.                 TinyBusManager.getInstance().add(method.getParameterTypes()[0], tinyValue);
33.            }
34.        }
35.    }
36.    //发布Event
37.    @Override
38.    public void post(final Object object) {
39.        if (object == null) return;
40.        final List<TinyValue> list = TinyBusManager.getInstance().get(object.getClass());
41.        Iterator<TinyValue> iterator = list.iterator();
42.        while (iterator.hasNext()) {
43.            final TinyValue tinyValue = iterator.next();
44.            if (tinyValue != null && tinyValue.getObject() != null) {
45.                if (tinyValue.getThreadMode() == ThreadMode.MAIN) {
46.                    //交给任务模块处理
47.                    TinyTaskExecutor.postToMainThread(new Runnable() {
48.                        @Override
49.                        public void run() {
50.                            invoke(tinyValue, object);
51.                        }
52.                    });
53.                } else if (tinyValue.getThreadMode() == ThreadMode.BACKGROUND) {
54.                    TinyTaskExecutor.execute(new Runnable() {
55.                        @Override
56.                        public void run() {
57.                            System.out.println("[post]Current thread id is: " + Thread.currentThread().getId());
58.                            invoke(tinyValue, object);
59.                        }
60.                    });
61.                }
62.            }
63.        }
64.    }
65.    //删除Event
66.    @Override
67.    public void release(Object object) {
```

```
68.         TinyBusManager.getInstance().remove(object.getClass());
69.     }
70.     //通过反射找到处理Event的方法
71.     private void invoke(TinyValue tinyValue, Object object) {
72.         Method method = null;
73.         try {
74.             method = tinyValue.getObject().getClass().getMethod(tinyValue.getMethodName(),
new Class[] {object.getClass()});
75.         } catch (NoSuchMethodException e) {
76.             e.printStackTrace();
77.         }
78.         try {
79.             method.invoke(tinyValue.getObject(), object);
80.         } catch (IllegalAccessException e) {
81.             e.printStackTrace();
82.         } catch (InvocationTargetException e) {
83.             e.printStackTrace();
84.         }
85.     }
86. }
```

前面提到的 HashMap 的 Key 和 Value 的管理，我们专门新建了一个 TinyBusManager 类用来处理：

```
1.  public class TinyBusManager {
2.
3.      private static volatile TinyBusManager mTinyBusManager;
4.      //HashMap，用来保存Event消息和对应的Subscriber相关信息
5.      private ConcurrentHashMap<Class<?>, List<TinyValue>> hashMap = new ConcurrentHashMap<>();
6.      //单例
7.      public static TinyBusManager getInstance() {
8.          if (mTinyBusManager == null) {
9.              synchronized (TinyBusManager.class) {
10.                 if (mTinyBusManager == null) {
11.                     mTinyBusManager = new TinyBusManager();
12.                 }
13.             }
14.         }
15.         return mTinyBusManager;
16.     }
17.     //添加
18.     public void add(Class<?> cls, TinyValue tinyValue) {
19.         List<TinyValue> list = get(cls);
20.         if (list == null) {
21.             list = new ArrayList<>();
22.             list.add(tinyValue);
23.             hashMap.put(cls, list);
24.         } else {
25.             boolean isExisted = false;
26.             for (TinyValue value : list) {
27.                 if (value.getObject() != null && value.getObject().equals(tinyValue.
```

```
getObject())) {
28.                    isExisted = true;
29.                    break;
30.                }
31.            }
32.            if (!isExisted) {
33.                list.add(tinyValue);
34.            }
35.        }
36.    }
37.    //查找
38.    public List<TinyValue> get(Class<?> cls) {
39.        return hashMap.get(cls);
40.    }
41.    //删除
42.    public void remove(Class<?> cls) {
43.        for (Map.Entry<Class<?>, List<TinyValue>> entry : hashMap.entrySet()) {
44.            if (entry.getValue()!=null) {
45.                List<TinyValue> list = entry.getValue();
46.                Iterator<TinyValue> iterator = list.iterator();
47.                while (iterator.hasNext()) {
48.                    TinyValue tinyValue = iterator.next();
49.                     if (tinyValue.getObject() != null && tinyValue.getObject().getClass().equals(cls)) {
50.                        iterator.remove();
51.                    }
52.                }
53.            }
54.        }
55.    }
56.
57. }
```

最后我们来看看 HashMap 的 Value 里面需要保存的信息，Value 是一个 ArrayList，里面保存的是与 Subscriber 相关的对象，我们将这个类命名为 TinyValue。前面也提到过，TinyValue 需要提供足够多的信息，以便 Publisher 能够找到处理 Event 的方法。

```
1. public class TinyValue {
2.     //方法名，用来通过反射找到方法并调用
3.     private String methodName;
4.     //Subscriber实例对象的引用，用来通过反射找到方法名并调用方法
5.     private Object object;
6.     //注释中配置的处理Event的线程类型（主线程或后台线程）
7.     private ThreadMode threadMode;
8.     //省略getter和setter
9.     ......
10. }
```

上面 3 个类就是实现异步分发模块的核心类。

下面我们来看看在 App 中如何使用异步分发模块的方式，以 MainActivity 为例：

1. 注册 Event

```
1.  @Override
2.     protected void onCreate(Bundle savedInstanceState) {
3.         ......
4.         TinyBus.getInstance().register(this);
5.     }
```

2. 删除 Event

```
1.  @Override
2.     protected void onDestroy() {
3.         ......
4.         TinyBus.getInstance().release(this);
5.     }
```

3. 处理 Event

```
1.  // ThreadMode.BACKGROUND 表示是由子线程调用 onEvent 方法
2.  @Subscriber(threadMode = ThreadMode.BACKGROUND)
3.  public void onEvent(TestBackgroundEvent event) {
4.      System.out.println("[onEvent]Current thread id is: " + Thread.currentThread().getId());
5.      if (isMainThread()) {//UI 更新需要切换到主线程
6.          ((TextView) findViewById(R.id.tv_hello)).setText("update in main thread");
7.      } else {//如果是后台线程,需要切换回主线程更新 UI
8.          TinyTaskExecutor.postToMainThread(new Runnable() {
9.              @Override
10.             public void run() {
11.                 ((TextView) findViewById(R.id.tv_hello)).setText("update from background thread");
12.             }
13.         });
14.     }
15. }
```

如果 Subscriber 不设置 threadMode 的话,我们设置默认值为 ThreadMode.MAIN,也就是在主线程中调用处理 Event 的方法 onEvent。

4. 发布 Event

```
1.  TinyBus.getInstance().post(new TestBackgroundEvent());
```

10.4.4 总结

1. 本节技术点

- 观察者设计模式。

- 任务模块的应用（这里使用 TinyTask）。
- 反射的应用。

这里再回顾一下反射的作用。Java 反射机制是在运行状态中，对于任意一个类，都能够知道这个类的所有属性和方法；对于任意一个对象，都能够调用它的任意一个方法和属性；这种动态获取信息以及动态调用对象的方法的功能称为 Java 语言的反射机制。

在 TinyBus 中，我们在通过 post 发布消息的时候，在 HashMap 的 Value 中保存了指向 Subscriber 实例对象的引用，还保存了 Subscriber 类中处理 Event 的方法名，有了实例对象和方法名后，我们通过反射就可以直接调用这个方法。

2. 待办事宜

- 设置 Event 的优先级。
- 粘性事件（发送 Event 后再订阅这个 Event 也能收到该 Event）。

10.5 网络模块：TinyHttp

网络模块是 App 功能模块中重要的组成部分，网络模块的功能就是发出网络请求，获取后台服务器的响应数据，并且进一步地处理数据，从而更新 UI 界面。

目前开源网络框架使用得比较多的有 Retrofit、OkHttp、Volley 等。

网络模块涉及的功能点较多，接下来我们逐一分析，实现一个自己的 HTTP 框架。

10.5.1 网络模块需求

Android 自带了处理网络请求的库，一个是 Java 自带的 HttpURLConnection，另一个是 Apache 开源组织提供的 HttpClient 项目。HttpClient 可以看作是 HttpURLConnection 的增强版，但是从 Android 6.0（即 Android API Level 23）起，Android 删除了 HttpClient 类库，并且推荐使用 HttpURLConnection。

我们先来看一下 HttpURLConnection 的用法，以 get 请求为例：

```
1.  new Thread(new Runnable() {
2.      @Override
3.      public void run() {
4.          try {
5.              String url = "xxx";
6.              //API接口
7.              URL url = new URL(url);
8.              //获取HttpURLConnection实例
9.              HttpURLConnection connection = (HttpURLConnection) url.openConnection();
10.             //配置请求方式
11.             connection.setRequestMethod("GET");
12.             //开始连接
13.             connection.connect();
14.             //得到响应码
15.             int responseCode = connection.getResponseCode();
```

```
16.            If (responseCode == HttpURLConnection.HTTP_OK) {//响应正常
17.                //获取响应流
18.                InputStream inputStream = connection.getInputStream();
19.                //将响应流转换成字符串
20.                String result = inputStreamToString(inputStream);//将响应流转换为字符串
21.                System.out.println(result);
22.            }
23.
24.        } catch (Exception e) {
25.            e.printStackTrace();
26.        }
27.    }
28. }).start();
```

从上述代码可以看到，通过 HttpURLConnection 实现一个网络请求的步骤如下。

- 启动一个线程。
- 处理网络请求参数，如 get 请求中 URL 所带的参数、HttpURLConnection 的参数配置等，然后发起请求。
- 处理网络请求响应数据，转换为目标数据格式。

但从上述实现的过程来看，我们不难发现其使用的不便与缺陷，如下。

- 处理请求的线程没有统一管理，而且数据都是在新开的子线程中获取的，如果返回的数据需要更新 UI 的话，还要切换到主线程操作。
- 处理请求和响应的代码冗余。如果每发起一个网络请求都这么写，那么会造成大量的代码冗余。
- 网络请求种类单一，只能将响应流转换为字符串格式。

那么我们的需求如下。

- 我们只关心好不好用，例如一句话就能搞定一个请求，代码如何实现的我们并不需要关心。
- 网络请求类型很多，我们不仅可以获得字符串，还可以通过网络请求获取图片、下载文件等。
- 网络请求是否可以设置优先级。
- 能否做一些功能扩展，如设置缓存类型，我们可以将请求的图片选择保存在内存中还是 SD 卡上；还有就是设置保存路径，将图片或者文件保存到指定路径。

10.5.2 网络模块技术分析

1. 一句话就能完成一个请求

其实这也是所有模块都要实现的目标。对使用方来说，只需要提供所需的参数，然后能够得到返回的数据即可。因此我们在提供数据的时候仍然采用简洁的 Builder 模式，再配置一个用于回调的参数。

另外，因为每一个网络请求都需要一个后台线程进行处理，所以我们需要提供一个管理线程的模块。这里我们直接使用 10.3 节介绍的 TinyTask 任务模块。如果读者对任务模块还有不清楚的地方，可以再回顾一下。

2. 网络请求类型很多

网络请求得到的数据有字符串、图片或文件，但是后台终归返回的都是 InputStream 输入字节流。因此我们只需要考虑如何处理 InputStream，并将其转换为对应的目标格式即可。

我们可以考虑在请求的 CallBack 回调中确定是哪种类型的回调，然后在收到 InputStream 的时候，根据 CallBack 的类型去处理，这样通过 CallBack 返回的数据就是我们想要的格式。

3. 网络请求是否可以设置优先级

因为每一个网络请求都对应一个后台线程，那么网络请求的优先级也就是线程的优先级。我们使用 TinyTask 作为任务管理模块，而 TinyTask 本身也提供了对线程优先级的支持。因此网络请求的优先级就对应着 TinyTask 中的优先级。

4. 能否做一些功能扩展

这些功能可以通过 Builder 模式设置参数，然后在对应的 CallBack 中处理。所以我们的 CallBack 类不应该是一个接口，而是一个抽象类，需要完成一些对应的功能。例如处理图片的 CallBack 需要选择将图片保存在内存中还是 SD 卡上，处理文件的 CallBack 也需要选择文件保存的位置。

10.5.3 网络模块代码实现

这次我们换一种介绍代码实现的方式。

我们直接从 App 中的使用方式开始，一步一步地说明这个使用方式是如何实现的。

以 get 请求方式为例：

```
1.  TinyHttp.get()
2.      .url("URL")
3.      .priority(Priority.HIGH)
4.      .param("name", "the name")
5.      .param("id", "the id")
6.      .callback(new StringHttpCallBack() {
7.          @Override
8.          public void onMainSuccess(String response) {
9.              TestBean bean = toObject(response, TestBean.class);
10.             tvConsole.setText(bean.toString());
11.         }
12.
13.         @Override
14.         public void onMainFail(String errorMessage) {
15.
16.         }
17.     })
18.     .execute();
```

跟其他模块一样，TinyHttp 提供所有对外使用的接口：

```
1.  public class TinyHttp {
2.
```

```
3.    public static String HTTP_REQUEST_TYPE_GET = "GET";
4.    public static String HTTP_REQUEST_TYPE_POST = "POST";
5.
6.    public static HttpRequestBuilder get() {
7.        return new HttpRequestBuilder(HTTP_REQUEST_TYPE_GET);
8.    }
9.
10.   public static HttpRequestBuilder post() {
11.       return new HttpRequestBuilder(HTTP_REQUEST_TYPE_POST);
12.   }
13.
14. }
```

我们通过 get() 和 post() 提供了 GET 方式和 POST 方式请求的入口,如果需要其他方式,如 PUT 或 DELETE,可以在这里添加扩展。

HTTP 请求的特点就是参数比较多,例如 GET 方式在 URL 中的参数,POST 方式在 Body 中的参数。所以我们单独准备了一个类 HttpRequestBuilder,用来接收 HTTP 的请求参数。

```
1.  public class HttpRequestBuilder {
2.
3.      public HttpRequestBuilder(String tag) {
4.          this.tag = tag;
5.      }
6.      //Http请求方式,GET、POST等
7.      public String tag;
8.      //Http请求网址
9.      public String url;
10.     //Http请求优先级
11.     public Priority priority = Priority.NORMAL;
12.     //Http请求回调类型
13.     public HttpCallBack httpCallBack;
14.     //URL所需参数,用来拼接到URL后
15.     public HashMap<String, String> paramMap = new HashMap<>();
16.     //body所需参数,用于post请求中
17.     public HashMap<String, String> bodyMap = new HashMap<>();
18.     // HttpURLConnection所需参数
19.     public HashMap<String, String> headMap = new HashMap<>();
20.
21.     public HttpRequestBuilder url(String url) {
22.         if (TextUtils.isEmpty(url)) {
23.             throw new RuntimeException("http request url should not be empty!");
24.         }
25.         this.url = url;
26.         return this;
27.     }
28.
29.     public HttpRequestBuilder priority(Priority priority) {
30.         this.priority = priority;
31.         return this;
32.     }
33.
```

```
34.    public HttpRequestBuilder callback(HttpCallBack httpCallBack) {
35.        this.httpCallBack = httpCallBack;
36.        return this;
37.    }
38.
39.    public HttpRequestBuilder param(String key, String value) {
40.        if (!TextUtils.isEmpty(key) && !TextUtils.isEmpty(value)) {
41.            paramMap.put(key, value);
42.        }
43.        return this;
44.    }
45.
46.    public HttpRequestBuilder body(String key, String value) {
47.        if (!TextUtils.isEmpty(key) && !TextUtils.isEmpty(value)) {
48.            bodyMap.put(key, value);
49.        }
50.        return this;
51.    }
52.
53.    public HttpRequestBuilder head(String key, String value) {
54.        if (!TextUtils.isEmpty(key) && !TextUtils.isEmpty(value)) {
55.            headMap.put(key, value);
56.        }
57.        return this;
58.    }
59.
60.    //发起请求
61.    public void execute() {
62.        new HttpRequest(this).execute();
63.    }
64.
65. }
```

准备好所有请求的参数后，HttpRequestBuilder 提供了一个 execute() 方法，这个方法用来真正开始发起网络请求。

我们把处理网络请求的类命名为 HttpRequest，它包括了网络请求前的检测、HttpRequestBuilder 提供的参数的解析和封装、发起网络请求、网络请求响应处理等。

```
1.  public class HttpRequest {
2.
3.      private HttpRequestBuilder builder;
4.
5.      public HttpRequest(HttpRequestBuilder httpRequestBuilder) {
6.          this.builder = httpRequestBuilder;
7.      }
8.      //发起网络请求
9.      public void execute() {
10.         //发起网络请求前的检测
11.         preCheck();
12.         //网络请求交给TinyTask任务模块统一处理
13.         TinyTaskExecutor.execute(new SimpleTask(builder.priority) {
```

```
14.            @Override
15.            public void run() {
16.                HttpURLConnection conn = null;
17.                try {
18.                    conn = getHttpURLConnection();
19.                    conn.setRequestProperty("Content-Type", getBodyType());
20.                    conn.addRequestProperty("Connection", "Keep-Alive");
21.                    //配置header
22.                    if (builder.headMap != null && builder.headMap.size() > 0) {
23.                        getHeader(conn, builder.headMap);
24.                    }
25.                    conn.connect();
26.                    //如果是post请求，配置body
27.                    if (TinyHttp.HTTP_REQUEST_TYPE_POST.equals(builder.tag)) {
28.                        String body = getBody(builder.bodyMap);
29.                        if (!TextUtils.isEmpty(body)) {
30.                            BufferedWriter writer = new BufferedWriter(new OutputStreamWriter(conn.getOutputStream(), "UTF-8"));
31.                            writer.write(body);
32.                            writer.close();
33.                        }
34.                    }
35.                    if (builder.httpCallBack != null) {
36.                        //将网络请求响应交给CallBack处理
37.                        builder.httpCallBack.onHttpSuccess(getResponse(conn));
38.                    }
39.                } catch (Exception e) {
40.                    if (builder.httpCallBack != null) {
41.                        //网络请求异常处理
42.                        builder.httpCallBack.onHttpFail(getResponseWithException(conn, e));
43.                    }
44.                }
45.            }
46.        });
47.    }
48.
49.    //发起请求前的检测
50.    private void preCheck() {
51.        if (TextUtils.isEmpty(builder.url)) {
52.            throw new RuntimeException("http request url should not be empty!");
53.        }
54.    }
55.    //初始化HttpURLConnection
56.    private HttpURLConnection getHttpURLConnection() throws IOException {
57.        ......
58.    }
59.
60.    //将HttpRequestBuilder中的paramMap拼接至URL中
61.    private String getUrl() {
62.        ......
63.    }
```

```
64.
65.    //获取HttpRequestBuilder中headMap,并设置到HttpURLConnection中
66.    private void getHeader(HttpURLConnection conn, Map<String, String> headerMap) {
67.        ......
68.    }
69.
70.    //获取HttpRequestBuilder中bodyMap
71.    private String getBody(Map<String, String> params) {//throws UnsupportedEncodingException {
72.        ......
73.    }
74.
75.    //获取响应,交给对应的CallBack处理
76.    private HttpResponse getResponse(HttpURLConnection conn) {
77.        ......
78.    }
79.    //获取响应异常
80.    private HttpResponse getResponseWithException(HttpURLConnection conn, Exception e) {
81.        ......
82.    }
```

接下来我们来看看如何设计 CallBack。

前面我们提到了通过不同种类的 CallBack 处理不同类型的请求,如字符串、图片或者文件。在 HttpRequest 中,需要将网络请求响应通过 CallBack 回调,我们先设置一个接口:

```
1. public interface HttpCallBack {
2.
3.     void onHttpSuccess(HttpResponse httpResponse);
4.
5.     void onHttpFail(HttpResponse httpResponse);
6. }
```

而处理具体业务的 CallBack 应当设置成一个抽象类,那这些抽象类也需要共同的基类,我们把该基类命名为 BaseHttpCallBack:

```
1. public abstract class BaseHttpCallBack<T> implements HttpCallBack {
2.
3.     public abstract T onBackground(HttpResponse httpResponse);
4.
5.     public abstract void onMainSuccess(T t);
6.
7.     public abstract void onMainFail(String errorMessage);
8.
9.     @Override
10.    public void onHttpSuccess(HttpResponse httpResponse) {
11.        //延迟至子类实现
12.        final T t = onBackground(httpResponse);
13.        TinyTaskExecutor.postToMainThread(new Runnable() {
14.            @Override
15.            public void run() {
16.                //子类返回值作为传入参数
```

```
17.              onMainSuccess(t);
18.          }
19.      });
20.  }
21.
22.  @Override
23.  public void onHttpFail(HttpResponse httpResponse) {
24.      final String errorMessage = httpResponse.exception.getMessage();
25.      TinyTaskExecutor.postToMainThread(new Runnable() {
26.          @Override
27.          public void run() {
28.              onMainFail(errorMessage);
29.          }
30.      });
31.  }
32. }
```

可以看到，BaseHttpCallBack 基类实现了部分功能，例如将 onHttpSuccess 和 onHttpFail 切换到主线程操作；然后还提供了抽象方法 onBackground，用来交给它的子类继续在子线程中处理。

我们以处理网络响应为字符串的 StringHttpCallBack 为例：

```
1.  public abstract class StringHttpCallBack extends BaseHttpCallBack<String> {
2.      @Override
3.      public String onBackground(HttpResponse httpResponse) {
4.          try {
5.              StringBuilder respRawDataBuild = new StringBuilder();
6.              BufferedReader reader;
7.              try {
8.                  reader = new BufferedReader(new InputStreamReader(httpResponse.inputStream));
9.              } catch (Exception ex) {
10.                 reader = new BufferedReader(new InputStreamReader(httpResponse.errorStream));
11.             }
12.             String tmpStr;
13.             while ((tmpStr = reader.readLine()) != null) {
14.                 respRawDataBuild.append(tmpStr);
15.             }
16.             return respRawDataBuild.toString();
17.         } catch (IOException e) {
18.             return null;
19.         }
20.     }
21. }
```

可以看到，在子类 StringHttpCallBack 的 onBackground 方法中实现了将网络请求响应输入流（InputStream）转换为字符串格式（String）。StringHttpCallBack 依然是一个抽象类，会将父类 BaseHttpCallBack 中的 onMainSuccess 和 onMainFail 方法延迟到调用方实现。

同样，处理图片或者文件类型的 CallBack 也是对 InputStream 进行处理。我们来看一下 BitmapHttpCallBack 的处理逻辑：

```
1. @Override
2. public Bitmap onBackground(HttpResponse httpResponse) {
3.     if (cacheMode == CacheMode.DISK) {  //保存在SD卡上
4.         return cacheWithFile(httpResponse.inputStream, httpResponse.url);
5.     } else {  //保存在内存中
6.         return cacheWithMemory(httpResponse.inputStream);
7.     }
8. }
```

cacheMode 属性是在 CallBack 类中定义的，所以我们需要在实例化 CallBack 对象之后再进行配置，例如访问一张图片的 URL：

```
1. TinyHttp.get()
2.     .url("图片URL")
3.     .callback(new BitmapHttpCallBack() {
4.         @Override
5.         public void onMainSuccess(Bitmap bitmap) {
6.             ivConsole.setImageBitmap(bitmap);
7.         }
8.
9.         @Override
10.        public void onMainFail(String errorMessage) {
11.
12.        }
13.    }).outputDir(HttpUtil.getLogDir(getApplicationContext())).cache(CacheMode.DISK)).execute();
```

另外有些小技巧，例如在 CallBack 抽象类中如果有需要传递给调用方的，我们可以继续用抽象方法来实现，例如实现文件下载的 FileHttpCallBack，我们打算将下载进度通知给调用方，我们在 FileHttpCallBack 中定义一个抽象方法：

```
public abstract void onMainProgress(float progress, long total);
```

然后调用方在使用 FileHttpCallBack 接口的时候就能获取传递过来的下载进度。

最后我们来看一下图 10.6 所示的 TinyHttp 时序图。

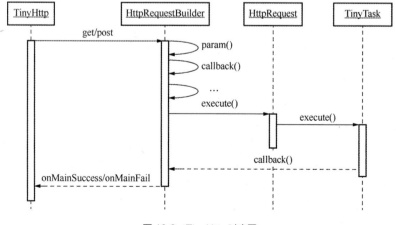

图 10.6　TinyHttp 时序图

10.5.4 总结

1. 本节技术点
- 简洁的 Builder 模式。
- 模板模式。
- 任务模块的应用。

2. 待办事宜
- 自动判断线程类型，例如从子线程发起的网络请求，CallBack 返回的线程也是子线程。
- 文件上传功能。
- 图片的额外处理，如压缩、裁剪等。

10.6 图片模块：TinyImage

图片处理在 Android 开发过程中应用得非常广泛，而且第三方的框架也层出不穷，如 Glide、Fresco、Picasso 等。这些框架在缓存处理、生命周期、图片功能处理等方面都做了大量的优化，提供了各自的解决方案。

由于图片处理的内部功能较多，而且细节较为复杂，所以本节我们不对其实现过程进行过多的描述，主要是提供一种封装图片调用的方式，以及改造现有 Glide 的调用方式，还有就是进行图片框架的切换。

10.6.1 一种封装图片调用的方式

在 9.1.2 小节中，我们介绍了 Glide、Fresco、Picasso 框架应如何选择。我们以开源框架 Glide 为例，来看看 Glide 是如何应用的：

```
1.  Glide.with(this)
2.      .load(url)
3.      .asGif()
4.      .placeholder(R.drawable.loading)
5.      .error(R.drawable.error)
6.      .diskCacheStrategy(DiskCacheStrategy.NONE)
7.      .into(imageView);
```

相信通过上面几节的实战，我们用 Builder 模式实现一个类似 Glide 的调用应该没有问题了。这里就不继续分析怎么实现类似 Glide 的调用了，我们来分析一下这种调用的利弊，以便对此进行改进。

Glide 最大的特点就是链式调用；但是缺点也很明显，每次调用都要按照这种配置模式来写，难免会显得臃肿，而且有些配置还有顺序的要求，例如在 Glide3 中的语法是先 load() 再 asBitmap() 的，而在 Glide4 中语法是先 asBitmap() 再 load() 的。

我们想到的解决方案是，用户只需要调用我们的方法，按照我们的方法提供参数即可，至于里面怎么用 Glide 实现的我们不用关心。

这里我们用一个工具类 GlideUtils 来实现，其中提供了一系列的 static 方法，例如：

```
1.  //设置加载中以及加载失败的图片并且指定大小
2.  public static void loadImageViewLoadingSize(String path, int width, int height, ImageView mImageView, int lodingImage, int errorImageView) {
3.      if (AppUtil.isContextValid(mImageView.getContext())) {
4.          Glide.with(mImageView.getContext()).load(path).override(width, height).placeholder(lodingImage).error(errorImageView).into(mImageView);
5.      }
6.  }
```

对用户来说只需要调用静态方法 loadImageViewLoadingSize，提供对应参数即可。

但这种方法有个问题是，如果图片有变动，那就需要在 GlideUtils 里面新增或者修改一个方法，这样不符合开闭原则。

我们考虑到，图片的显示是依赖于众多的图片配置信息的，如 URL、宽高、占位符、错误图片、是否是 Gif 等，所以我们只需要有一个图片信息的配置类，在使用的时候只需要增加或者修改图片的配置属性，就可以达到图片展示的目的。

我们把这些图片属性放入一个名叫 TinyOptions 的类中：

```
1.  public class TinyOptions {
2.      private int resId;
3.      private String url;
4.      private ImageView imageView;
5.      private int placeholder;
6.      private int errorImage;
7.      private int width;
8.      private int height;
9.      private TinyImageCallback callback;
10.     //省略getter和setter
11.     ......
12. }
```

TinyOptions 可以使用 Builder 模式来构建，我们这里为了演示方便就直接使用了 new 方式。

```
1.  TinyOptions options = new TinyOptions();
2.  options.setUrl("图片地址");
3.  options.setImageView(iv);
4.  options.setPlaceholder(R.mipmap.default_avatar);
5.  options.setHeight(100);
6.  options.setWidth(100);
```

然后我们创建一个单例类 TinyManager，提供对外调用接口：

```
1.  public class TinyManager {
2.      //省略单例实现
3.      ......
4.
5.      public void display(Context context, final TinyOptions options) {
6.          if (context != null && options != null) {
```

```
7.          //placeholder
8.          if (options.getPlaceholder() > 0 && options.getImageView() != null) {
9.              options.getImageView().setImageResource(options.getPlaceholder());
10.         }
11.         //URL
12.         if (!StringUtil.isEmpty(options.getUrl())) {
13.             TinyHttp.get()
14.                 .url(options.getUrl())
15.                 .callback(new BitmapHttpCallBack() {
16.                     @Override
17.                     public void OnMainSuccess(final Bitmap bitmap) {
18.                         TinyTaskExecutor.execute(new Task<Bitmap>() {
19.                             @Override
20.                             public Bitmap doInBackground() {
21.                                 return handleBitmap(bitmap, options);
22.                             }
23.
24.                             @Override
25.                             public void onSuccess(Bitmap bitmap) {
26.                                 options.getImageView().setImageBitmap(bitmap);
27.                             }
28.
29.                             @Override
30.                             public void onFail(Throwable throwable) {
31.
32.                             }
33.                         });
34.                     }
35.
36.                     @Override
37.                     public void OnMainFail(String errorMessage) {
38.
39.                     }
40.                 }).outputDir(HttpUtil.getLogDir(context))).execute();
41.         } else {
42.             ......
43.         }
44.     }
45. }
46. }
```

可以看到我们提供了一个 display 方法，并且判断如果网络请求加载的是图片的话，还引入了 10.5 节的 TinyHttp 模块。

最终的使用方式就是：

```
1. TinyManager.getInstance().display(this, options);
```

可以看到，只需要配置好 options，再通过单例调用即可。

10.6.2　Glide 调用的改造

我们可以将 Glide 也按照上面的方式进行改造。Glide 和上面提供的封装主要的不同就是在 display 实现的时候，Glide 调用自己的接口实现，而我们是用自己的方式实现。

同样，首先创建一个 GlideOptions：

```
1.  public class GlideOptions extends BaseImageOptions {
2.      private int resId;
3.      private String url;
4.      private ImageView imageView;
5.      private int placeholder;
6.      private int errorImage;
7.      private DiskCacheStrategy diskCacheStrategy;
8.      private int width;
9.      private int height;
10.     private boolean isGif;
11.     // Builder模式
12.     public static final class Builder {
13.         ......
14.         private Builder() {
15.         }
16.         ......
17.     }
18.
19. }
```

接下来实现一个单例的 GlideManager：

```
1.  public class GlideManager {
2.      //省略单例实现
3.      ......
4.
5.      public void display(Context context, GlideOptions options) {
6.          if (context != null && options != null) {
7.              RequestManager requestManager = Glide.with(context);
8.              DrawableTypeRequest request = getDrawableTypeRequest(options, requestManager);
9.
10.             // 设定图片长宽
11.             if (options.getWidth() != 0 && options.getHeight() != 0) {
12.                 request.override(options.getWidth(), options.getHeight());
13.             }
14.             // 磁盘存储
15.             if (options.getCacheStrategy() != null) {
16.                 request.diskCacheStrategy(options.getCacheStrategy());
17.             }
18.             // gif动画
19.             if (options.isGif()) {
20.                 request.asGif();
21.             }
```

```
22.         // imageView控件
23.         if (options.getImageView() != null) {
24.             request.into(options.getImageView());
25.         }
26.     }
27. }
28.
29.     private DrawableTypeRequest getDrawableTypeRequest(GlideOptions options, RequestManager requestManager) {
30.         DrawableTypeRequest request = null;
31.         if (!TextUtils.isEmpty(options.getUrl())) { // 网络加载
32.             request = requestManager.load(options.getUrl());
33.             Log.e("TAG", "getUrl : " + options.getUrl());
34.         } else if (options.getResId() > 0) { // 本地加载
35.             request = requestManager.load(options.getResId());
36.             Log.e("TAG", "getResId : " + options.getResId());
37.         }
38.         return request;
39.     }
40. }
```

最终的使用方式就是：

```
1. GlideOptions options = GlideOptions.builder().url(gif).imageView(iv).gif(true).build();
2. GlideManager.getInstance().display(this, options);
```

这样就简单地封装了一个使用 Glide 提供图片解决方案的框架。

10.6.3　图片框架的切换

上面两个小节，我们实现了两套图片解决方案的框架，一个是没有使用第三方开源框架，用我们自己的代码实现的；另一个是利用 Glide 实现的。但是如果有一天项目中使用了其他的图片加载库，如 Picasso，或者公司中间件部门自己封装的图片加载库，那我们是不是又要重新写一套 Options 和 Manager，然后将当前调用图片的代码全部更换呢？

我们想到，不同框架之间能不能互相切换呢？

在 6.7 节我们提到了策略模式，利用策略模式可以实现框架之间的切换。并且 6.7 节提供了日志模块切换的实例，这里我们就手动实现一下图片框架的切换。

既然是策略模式，那我们首先按照策略模式定义一个通用的策略接口：

```
1. public interface BaseStrategy<T> {
2.
3.     void displayImage(Context context, T options);
4. }
```

接下来我们定义一个单例类 ImageLoader，主要的作用如下。

- 初始化策略接口。
- 对外提供调用方法。

```java
1.  public class ImageLoader {
2.      private static volatile ImageLoader sInstance = null;
3.
4.      private BaseStrategy strategy;
5.      //提供策略接口
6.      public void setStrategy(BaseStrategy strategy) {
7.          this.strategy = strategy;
8.      }
9.
10.     private ImageLoader() {
11.
12.     }
13.
14.     public static ImageLoader getInstance() {
15.         if (sInstance == null) {
16.             synchronized (ImageLoader.class) {
17.                 if (sInstance == null) {
18.                     sInstance = new ImageLoader();
19.                 }
20.             }
21.         }
22.         return sInstance;
23.     }
24.     //提供调用方法
25.     public void loadImage(Context context, BaseImageOptions options) {
26.         if (context != null && options != null && strategy != null) {
27.             //面向策略接口编程
28.             strategy.displayImage(context, options);
29.         }
30.     }
31. }
```

可以看到，最终实现图片功能的都是用实现了 BaseStrategy 接口中的 displayImage 方法的类来完成的。

另外为了达到通配的目的，对外提供调用方法 loadImage 的参数 options 我们也需要抽取一个基类 BaseImageOptions，BaseImageOptions 提供图片公用的属性，各自框架的 Options 继承它后，再在里面实现自己的属性。

```java
1.  public class BaseImageOptions { //图片基本属性
2.      protected int resId;
3.      protected String url;
4.      protected ImageView imageView;
5.      protected int placeholder;
6.      protected int errorImage;
7.  }
```

因此各个框架都需要实现 BaseStrategy 接口，如 TinyStrategy：

```java
1.  public class TinyStrategy implements BaseStrategy<TinyOptions> {
2.      @Override
3.      public void displayImage(Context context, TinyOptions options) {
```

```
4.         //真正实现图片功能的调用
5.         TinyManager.getInstance().display(context, options);
6.     }
7.
8. }
```

GlideStrategy：

```
1. public class GlideStrategy implements BaseStrategy<GlideOptions> {
2.     @Override
3.     public void displayImage(Context context, GlideOptions options) {
4.         //真正实现图片功能的调用
5.         GlideManager.getInstance().display(context, options);
6.     }
7.
8. }
```

最终的使用方式就是使用 Glide：

```
1. ImageLoader.getInstance().setStrategy(new GlideStrategy());
2. GlideOptions options = GlideOptions.builder().url(url).imageView(iv).build();
3. ImageLoader.getInstance().loadImage(MainActivity.this, options);
```

如果想使用我们自己实现的框架，可以将 Strategy 配置为 TinyStrategy()：

```
1. ImageLoader.getInstance().setStrategy(new TinyStrategy());
```

总体实现图片架构也很简单，如图 10.7 所示。

图 10.7　图片架构

ImageLoader 就是我们切换的图片框架，ImageOptions 就是图片配置信息类；最终实现是交给具体的 Image 框架来完成的。

效果图如图 10.8 所示。

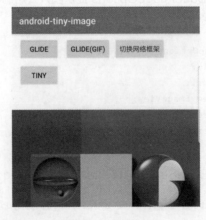

图 10.8　效果图

10.6.4 总结

1. 本节技术点

- 策略模式。
- 网络模块的应用。

2. 待办事宜

- 实现更多的图片处理功能,提供更多的图片处理方法。

10.7 数据库模块:TinySql

数据库的种类有很多,例如我们常听到的 Oracle、MySQL、SQLSever。而 Android SDK 本身提供的是用 SQLite 作为数据库的框架。

SQLite 是一个轻型的遵守 ACID 的关系型数据库管理系统。它的设计目标是嵌入式,占用资源少,能够支持 Windows、Linux、Unix 等主流操作系统,同时能够跟很多程序语言相结合,如 Java、C#、PHP 等。

SQLite 虽然有很多优点,但是在 Android 中使用起来并不是特别方便。

目前开源的数据库框架也有很多,例如 9.1.3 小节提到的 GreenDao、OrmLite、Room。这些框架目前在 Android 开发的项目中应用得比较广泛,它们也都是对 SQLite 框架的扩展和优化。

本节的目标是提供一种对 SQLite 的使用进行优化的思路,打造一款易于使用的数据库操作框架。

10.7.1 数据库模块需求

我们先来看一下 Android 提供的 SQLite 的用法。SQLiteDatabase 提供对数据库的操作,如增删改查、执行 SQL、打开或关闭数据库、创建数据库、创建表、数据库升级等,并且提供了 SQLiteOpenHelper 类对 SQLiteDatabase 进行封装。SQLiteOpenHelper 是一个抽象类,使用时需要继承这个类。

我们定义一个 MySQLiteOpenHelper 类,通过这个类我们创建了叫作"Book"的表:

```
1. public class MySQLiteOpenHelper extends SQLiteOpenHelper {
2.     private static final String CREATE_BOOK = "create table if not exists Book (id integer primary key autoincrement,name text,author text,pages integer,price real, stocks integer)";
3.
4.     ......
5.
6. }
```

以操作一本书的数据库为例:

```
1. if(db == null) {
2.     //打开或创建一个数据库
3.     db = mySQLiteOpenHelper.getWritableDatabase();
4. }
```

插入数据：

```
1. ContentValues values = new ContentValues();
2. values.put("name", "Android Program");   //书名
3. values.put("author", "Jim");   //作者
4. values.put("pages", 300);   //页数
5. values.put("price", 60.5);   //单价
6. values.put("stocks", 1000);   //库存
7. //调用SQLiteDatabase的insert(String table, String nullColumnHack, ContentValues values)方法
8. db.insert("Book",null,values);
9. values.clear();
```

删除数据：

```
1. //调用SQLiteDatabase的delete(String table, String whereClause, String[] whereArgs)方法
2. db.delete("Book","pages > ?",new String[]{"1000"});
```

更新数据：

```
1. values.put("price",50.5);
2. //调用SQLiteDatabase的update(String table,ContentValues values,String whereClause, String[] whereArgs)方法
3. db.update("Book",values,"name = ?",new String[]{"Android Program"});
```

查询数据：

```
1.  //查询表中所有数据
2.  Cursor cursor = db.query("Book",null,null,null,null,null,null);
3.  if(cursor.moveToFirst()) {
4.      //遍历Cursor对象，读取并输出数据
5.      do {
6.          String name = cursor.getString(cursor.getColumnIndex("name"));
7.          String author = cursor.getString(cursor.getColumnIndex("author"));
8.          int pages = cursor.getInt(cursor.getColumnIndex("pages"));
9.          double price = cursor.getDouble(cursor.getColumnIndex("price"));
10.          int stocks = cursor.getInt(cursor.getColumnIndex("stocks"));
11.         Log.d(TAG,"book's name is " + name);
12.         Log.d(TAG,"book's author is " + author);
13.         Log.d(TAG,"book's pages is " + pages);
14.         Log.d(TAG,"book's price is " + price);
15.          Log.d(TAG,"book's stocks is " + stocks);
16.     } while (cursor.moveToNext());
17. }
18. cursor.close();
```

上面就是我们对 SQLite 数据库进行的增、删、改、查操作。

从上述操作中不难看出一些使用不便的地方，如下。

- 虽然实现了 MySQLiteOpenHelper，但是最终还是要调用 SQLiteDatabase 中的方法进行数据库操作，而且 SQLiteDatabase 中的方法参数较多，甚至某些参数还要编写一些 SQL 语句。
- 组装参数过程较为烦琐，以新增为例，需要实例化 ContentValues，然后在它的实例中添加参数。如果每次操作数据库的表都要写这么一堆代码的话，会带来大量的代码冗余。
- 在查询时需要使用 Cursor 游标，这也涉及代码重复使用的问题，而且还需要注意 Cursor 可能引起的内存泄漏。

至此，我们的需求也随之整理出来了，如下。

- 能否不关心 SQLiteDatabase 的方法？它用起来确实有点复杂。
- 组装参数代码有些冗余，能否不关心这些组装过程？
- 操作其他表怎么办，能否不重复上述代码？

10.7.2 数据库模块技术分析

1. 能否不关心 SQLiteDatabase 的方法

我们知道，SQLiteDatabase 本身也提供了增删改查的操作，只是使用起来不那么方便而已。我们考虑设计一套便于操作的增删改查方法，尽量简化一些复杂的操作。

我们把对数据库操作的类称为 DAO（Data Access Object），我们可以新建一个叫作 BaseDao 的类，实际上它就是一个比 SQLiteOpenHelper 更好用的类。

同样，BaseDao 也会有增删改查以及创建数据库和表的方法。例如用于插入数据记录的 insert 方法，在设计 insert 方法时，它只提供了一个参数，而这个参数是一个实体类，这个实体类包含了我们对数据库操作所需要的参数，避免将参数分散开来使用，导致出现多个不同参数数量的 insert 方法。这个实体类对应的是一个数据库表，实体类中的属性对应的就是这个表中的字段。

所以我们也可以把 TinySql 称为面向对象的数据库框架，因为增删改查的操作都是基于实体类对象来进行的。

2. 组装参数过程较为烦琐

我们看到，数据库参数的组装就是对表的字段进行的组装，对应的就是实体类中的属性。

因此我们可以创建一个方法专门去读取实体类中的属性，然后将这些属性组装成数据库需要的格式，这样就不需要每次操作的时候重新写一堆重复的代码，因为这些操作是通用的，不同的只是实体类。

3. 操作其他表怎么办

BaseDao 提供的是通用的操作，并不针对某一个表，所以 BaseDao 是一个泛型类，其中泛型对应的就是我们每个表中的实体类。

在实际使用过程中，每个表应该有一个 Dao 类继承 BaseDao，如 UserDao，在这个 UserDao 中，我们会提供一些封装了跟 User 业务相关的方法。

当然，每一个表对应一个 Dao，这就涉及 Dao 类的创建。我们想一下，有这么多 Dao 类需要新建，可以采用什么解决方案呢？

我们可以采用工厂模式来生成这些实例。在 6.3.2 小节中我们介绍了使用泛型的工厂方法来解决对象的生成问题。我们只需要提供类型类，如 UserDao.class，工厂就能帮我们生成 UserDao 的实例。

10.7.3 数据库模块代码实现

结合上述技术分析，我们现在开始逐一实现。

创建 BaseDao 类，以 insert 方法为例：

```
1.  public class BaseDao<T> {
2.      ......
3.      @Override
4.      public long insert(T entity) {
5.          Map<String, Object> map = getValues(entity);
6.          ContentValues values = getContentValues(map);
7.          long result = sqLiteDatabase.insert(tableName, null, values);
8.          return result;
9.      }
10.
11. }
```

BaseDao 操作的对象是每一个实体类，所以这里的实体类我们使用了泛型。

接下来我们来看一下怎么处理组装参数。

```
1.  private Map<String, Object> getValues(T entity) {
2.      HashMap<String, Object> map = new HashMap<>();
3.      Iterator<Field> fieldIterator = cacheMap.values().iterator();
4.      while (fieldIterator.hasNext()) {
5.          Field field = fieldIterator.next();
6.          field.setAccessible(true);
7.          try {
8.              Object object = field.get(entity);
9.              if (object == null) {
10.                 continue;
11.             }
12.             String value = object.toString();
13.             String key = null;
14.             if (field.getAnnotation(DataBaseField.class) != null) {
15.                 key = field.getAnnotation(DataBaseField.class).value();
16.             } else {
17.                 key = field.getName();
18.             }
19.             if (!TextUtils.isEmpty(key) && !TextUtils.isEmpty(value)) {
20.                 map.put(key, value);
21.             }
22.         } catch (IllegalAccessException e) {
23.             e.printStackTrace();
24.         }
25.     }
```

```
26.
27.    return map;
28. }
```

getValue 用来获取实体类参数中的数据库表字段，放入 HashMap 中保存。

```
1. private ContentValues getContentValues(Map<String, Object> map) {
2.     ContentValues contentValues = new ContentValues();
3.     Set keys = map.keySet();
4.     Iterator iterator = keys.iterator();
5.     while (iterator.hasNext()) {
6.         String key = (String) iterator.next();
7.         Object value = map.get(key);
8.         Class<?> type = value.getClass();
9.         if (type == String.class) {
10.            contentValues.put(key, (String) value);
11.        } else if (type == Double.class) {
12.            contentValues.put(key, (Double) value);
13.        } else if (type == Integer.class) {
14.            contentValues.put(key, (Integer) value);
15.        } else if (type == Long.class) {
16.            contentValues.put(key, (Long) value);
17.        } else if (type == byte[].class) {
18.            contentValues.put(key, (Byte) value);
19.        } else {
20.            continue;
21.        }
22.    }
23.    return contentValues;
24. }
```

getContentValues 用来将 HashMap 中保存的数据库表字段放入 ContentValues 中。随后将组装好的 ContentValues 放入 SQLiteDatabase 的 insert 方法中。这样我们在需要用到 ContentValues 的时候调用 getContentValues 帮我们封装即可，不需要手动创建和操作 ContentValues。

接下来我们来看一下实体类 Entity 是什么样子的，以 User 表为例：

```
1. @DataBaseTable("tb_user")
2. public class User {
3.     @DataBaseField("_id")
4.     private String id;
5.     private String name;
6.     private String password;
7.
8.     public User() {
9.     }
10.
11.    public User(String id, String name, String password) {
12.        this.id = id;
13.        this.name = name;
14.        this.password = password;
```

```
15.     }
16.
17.     //......省略getter和setter
18.
19.     @Override
20.     public String toString() {
21.         return "User{" +
22.                 "id=" + id +
23.                 ", name='" + name + '\'' +
24.                 ", password='" + password + '\'' +
25.                 '}';
26.     }
27. }
```

我们使用了 @DataBaseTable 和 @DataBaseField 注释，用来设置表名和字段名。User 类的表名可以跟实体类名不一样，例如实体类名叫 User，表名叫 tb_user，通过注释 @DataBaseTable 的值来设置表名。

同样，属性名也可以跟表字段名不一致，例如表字段名叫 _id，属性名叫 id，我们通过注释 @DataBaseField 的值来设置表字段名。如果不用注释标注，则默认属性名和表字段名一致。

接下来我们来看一下 Dao 类是怎么创建的。

前面提到过每一个 Dao 类对应一个表，所以数据库中如果有多个表的话，就需要生成不同的 Dao 类。而且这么多 Dao 类又涉及保存、查找等管理。

我们创建一个 DaoFactory 类，作用如下。

- 通过工厂方法的泛型（参考 6.3.2 小节）实现来创建 Dao 对象。
- 初始化 Dao 对象数据，并在数据库中创建与之对应的表。
- 通过 HashMap 管理 Dao 对象。
- 创建数据库。

```
1.  public class DaoFactory {
2.
3.      private String databasePath;
4.      private SQLiteDatabase sqLiteDatabase;
5.
6.      private static volatile DaoFactory sInstance = null;
7.
8.      private DaoFactory() {
9.          databasePath = DBUtil.getDatabasePath("tinysql.db");
10.         sqLiteDatabase = SQLiteDatabase.openOrCreateDatabase(databasePath, null);
11.     }
12.     //单例
13.     public static DaoFactory getInstance() {
14.         if (sInstance == null) {
15.             synchronized (DaoFactory.class) {
16.                 if (sInstance == null) {
17.                     sInstance = new DaoFactory();
18.                 }
19.             }
20.         }
```

```
21.        return sInstance;
22.    }
23.    //通过HashMap管理Dao
24.    protected Map<String, BaseDao> map = Collections.synchronizedMap(new HashMap<String,
BaseDao>());
25.    //工厂方法的泛型实现
26.    public <T extends BaseDao<M>, M> T getBaseDao(Class<T> daoClass) {
27.        BaseDao baseDao = null;
28.        //判断HashMap中是否存在已经创建的Dao
29.        if (map.get(daoClass.getSimpleName()) != null) {
30.            return (T) map.get(daoClass.getSimpleName());
31.        }
32.        try {
33.            //实例化Dao对象
34.            baseDao = daoClass.newInstance();
35.            //初始化Dao对象
36.            baseDao.init(sqLiteDatabase);
37.            //保存创建的Dao对象
38.            map.put(daoClass.getSimpleName(), baseDao);
39.        } catch (InstantiationException e) {
40.            e.printStackTrace();
41.        } catch (IllegalAccessException e) {
42.            e.printStackTrace();
43.        }
44.
45.        return (T) baseDao;
46.
47.    }
48. }
```

以 UserDao 类为例:

```
1. public class UserDao extends BaseDao<User> {
2.
3.     //业务相关的数据库处理
4.     @Override
5.     public long insert(User entity) {
6.         if (entity!= null && "Jack".equals(entity.getName())) {
7.             entity.setName("Jim");
8.         }
9.         return super.insert(entity);
10.    }
11. }
```

这里我们重新定义了一个跟业务相关的 insert 方法,它实现了一个业务逻辑,就是将 User 实例中叫作 "Jack" 的名称改为 "Jim",然后再写入数据库。

最后我们来看看数据库模块在 App 中的使用方法:

```
1. public void insert(View view) {
2.     UserDao userDao = DaoFactory.getInstance().getBaseDao(UserDao.class);
3.     userDao.insert(new User("1", "Jack", "123456"));
```

```
4.      Toast.makeText(this, "插入成功", Toast.LENGTH_SHORT).show();
5.  }
6.
7.  public void update(View view) {
8.      UserDao userDao = DaoFactory.getInstance().getBaseDao(UserDao.class);
9.      User user = new User();
10.     user.setName("Tom");
11.     User where = new User();
12.     where.setId("1");
13.     userDao.update(user, where);
14.     Toast.makeText(this, "更新成功", Toast.LENGTH_SHORT).show();
15. }
16.
17. public void delete(View view) {
18.     UserDao userDao = DaoFactory.getInstance().getBaseDao(UserDao.class);
19.     User where = new User();
20.     where.setName("Tom");
21.     userDao.delete(where);
22.     Toast.makeText(this, "删除成功", Toast.LENGTH_SHORT).show();
23. }
24.
25. public void query(View view) {
26.     UserDao userDao = DaoFactory.getInstance().getBaseDao(UserDao.class);
27.     User where = new User();
28.     where.setPassword("123456");
29.     List<User> list = userDao.query(where);
30.     Log.d(TAG, "list.size =========" + list.size());
31.     for (int i = 0; i < list.size(); i++) {
32.         Log.d(TAG, list.get(i) + " =====i=====" + i);
33.     }
34.     Toast.makeText(this, "查询成功", Toast.LENGTH_SHORT).show();
35. }
```

10.7.4 总结

1. 本节技术点

- 代码复用技术实现。
- 泛型在代码复用中的应用。
- 工厂方法的泛型实现。

2. 待办事宜

- 考虑增加更多的注释,用于实体类字段,如版本号、主键自增长、不能为空、约束唯一标识等。
- 数据库升级的支持。
- 不同用户使用不同的数据库。

10.8 两种开源数据库的封装

我们在 10.7 节中实现了对 Android 系统自带的 SQLite 数据库的封装。有一些历史悠久的开源数据库，虽然也对 SQLite 数据库进行了大量的封装，但是在实际使用过程中还可以进一步优化。

本节主要对 GreenDao 和 OrmLite 两款较早版本的数据库进行封装，一方面是因为实际项目中还在使用这些版本的数据库，另一方面也可以学习一下封装的思路。

10.8.1 对 GreenDao 数据库的封装

我们这次针对的是 GreenDao3.0 以前的版本。

GreenDao3.0 以前的版本的操作确实有些复杂，需要在一个单独的 Java 工程里面生成表对应的实体类和操作这个实体类的 Dao 类，并且还提供了 DaoSession 类和 DaoMaster 类。然后将这些生成的文件复制到目标 App 项目中。

DaoSession 类实现了对所有 Dao 类的实例化和管理，所以我们可以先通过 DaoSession 获取操作对应表的 Dao 类，然后对表进行增删改查等操作。

我们自己实现一个单例的 DBManager，作用如下。

- 创建数据库。
- 提供 DaoSession。

按照 10.7 节提到的思路，我们需要一个跟自己业务相关的 Dao 类。以 UserDao 为例，这个 Dao 类是系统自动生成的，自然不会包含业务相关的逻辑，它跟 10.7 节介绍的 BaseDao 类有点相似，是由 GreenDao 框架提供一些数据库基本操作方法。

因此我们创建一个跟自己业务相关的 User 类，这里我们称之为 RealUserDao：

```
1.  public class RealUserDao {
2.      private static String TAG = "RealUserDao";
3.      private static RealUserDao INSTANCE;
4.
5.      private UserDao userDao;
6.      //获取UserDao实例
7.      public RealUserDao() {
8.          this.userDao = DBManager.getInstance().getDaoSession().getUserDao();
9.      }
10.
11.     public static RealUserDao getInstance() {
12.         if (INSTANCE == null) {
13.             synchronized (RealUserDao.class) {
14.                 if (INSTANCE == null) {
15.                     INSTANCE = new RealUserDao();
16.                 }
17.             }
18.         }
19.         return INSTANCE;
20.     }
21.
```

```
22.    public User addUser(User user) {
23.        try {
24.            userDao.insert(user);
25.        } catch (Exception e) {
26.            e.printStackTrace();
27.        }
28.        LogUtil.i(TAG, "new user is inserted, the id is " + user.getId());
29.        return user;
30.    }
31.
32.    public synchronized User queryUser(int id) {
33.        User user = userDao.queryBuilder().
34.                where(UserDao.Properties.Id.eq(id)).build().unique();
35.        return user;
36.    }
37.
38.    public synchronized List<User> queryAllUsers() {
39.        List<User> userList = userDao.queryBuilder().
40.                orderDesc(UserDao.Properties.Id).list();
41.        return userList;
42.    }
43.
44.    public synchronized void updateUser(User user) {
45.        if (user == null) {
46.            return;
47.        }
48.        userDao.update(user);
49.    }
50.
51.    public synchronized void deleteUser(String name) {
52.        User user = userDao.queryBuilder().where(UserDao.Properties.Name.eq(name)).build().unique();
53.        if (user == null) {
54.            return;
55.        }
56.        userDao.delete(user);
57.    }
58. }
```

可以看到，我们通过 DBManager 获取对应类的 Dao 实例，获取实例后在增删改查的方法中对 Dao 实例的方法进行封装，例如查询用户还需要用 queryBuilder 等链式调用，这里跟 10.7 节一样，我们可以考虑使用实体类作为增删改查方法的参数。

我们来看一下在 App 中的使用方式：

首先我们需要在 Application 中对数据库进行初始化：

```
1. DBManager.getInstance().init(getApplicationContext());
```

接着通过 Dao 类操作数据库：

```
1. RealUserDao.getInstance().addUser(new User(null, "Jim", 20));
2.
```

```
3.  RealUserDao.getInstance().deleteUser("Jim");
4.
5.  User user = RealUserDao.getInstance().queryUser(2);
6.  user.setName("Mike");
7.  RealUserDao.getInstance().updateUser(user);
8.
9.  RealUserDao.getInstance().queryAllUsers()
```

10.8.2 对 OrmLite 数据库的封装

OrmLite 是一个历史悠久的开源数据库框架，OrmLite 不像 GreenDao 那样需要建立一个 Java 工程来生成数据库文件。

OrmLite 的特点就是提供了很多注释，通过注释的方式将 Bean 映射到数据库中。通过规定的注释，我们即可完成数据库和表的创建，如 @DatabaseTable、@DatabaseField 等。

以 User 表为例：

```
1.  public class User implements Serializable {
2.
3.      public static final String TABLE_NAME_USERS = "users";
4.
5.      public static final String FIELD_NAME_ID     = "id";
6.      public static final String FIELD_NAME_NAME   = "name";
7.
8.      @DatabaseField(columnName = FIELD_NAME_ID, generatedId = true)
9.      private int mId;
10.
11.     @DatabaseField(columnName = FIELD_NAME_NAME)
12.     private String mName;
13.
14.     public User() {
15.         // Don't forget the empty constructor, needed by ORMLite.
16.     }
17.
18.     //省略getter和setter
19.     ......
20. }
```

这个 User 类是不是跟我们在 10.7 节中提到的 User 类很像？对的，因为 10.7 节中提到的 User 类也借鉴了 OrmLite 的这种注释解决方案。

OrmLite 提供了 OrmLiteSqliteOpenHelper 这个类，它继承了 SQLiteOpenHelper 这个抽象类。但是 OrmLiteSqliteOpenHelper 也是一个抽象类，所以在使用过程中我们还需要创建它的实例类。

OrmLiteSqliteOpenHelper 的关键作用是提供获取 Dao 实例的方法，有了 Dao 实例我们就可以对数据库进行操作。

这里我们创建一个 OrmLiteHelper 类来继承 OrmLiteSqliteOpenHelper，其中实现了数据库的创建、升级，以及数据库表的创建。

OrmLite 还提供了一种获取 OrmLiteHelper 实例的方法：OpenHelperManager.getHelper。

接下来我们实现一个类,将上述功能封装起来,目的是能够通过泛型,获取泛型对应的 Dao 实例,从而得到进一步操作数据库的机会。

```java
1.  public class BaseOrmLiteDao<T> {
2.
3.      //获取OrmLiteHelper的实例
4.      protected static OrmLiteHelper ormLiteHelper = OpenHelperManager.getHelper(MyApplication.getInstance(), OrmLiteHelper.class);
5.
6.      protected Dao<T, Integer> dao;
7.
8.      {
9.          //获取泛型对应Dao的实例
10.         try {
11.             dao = ormLiteHelper.getDao(getTClass());
12.         } catch (SQLException e) {
13.             e.printStackTrace();
14.         }
15.     }
16.     //获取泛型类的类型
17.     public Class<T> getTClass()
18.     {
19.         Class<T> tClass = (Class<T>)((ParameterizedType)getClass().getGenericSuperclass()).getActualTypeArguments()[0];
20.         return tClass;
21.     }
22. }
```

接下来,我们定义 BaseOrmLiteDao 的子类,传入数据库表对应的 Bean 类即可:

```java
1.  public class UserDao extends BaseOrmLiteDao<User> {
2.
3.      //省略单例代码
4.
5.      public void createUser(String name) {
6.          User user = new User();
7.          user.setName(name);
8.          try {
9.              dao.create(user);
10.         } catch (SQLException e) {
11.             e.printStackTrace();
12.         }
13.     }
14.
15.     public User getUserById(int userId) {
16.         try {
17.             QueryBuilder<User, Integer> qb = dao.queryBuilder();
18.             qb.where().eq(User.FIELD_NAME_ID, userId);
19.             return qb.queryForFirst();
20.         } catch (SQLException e) {
21.             e.printStackTrace();
```

```
22.        }
23.        return null;
24.    }
25.
26.    public List<User> getAllUser() {
27.        try {
28.            QueryBuilder<User, Integer> qb = dao.queryBuilder();
29.            return qb.query();
30.        } catch (SQLException e) {
31.            e.printStackTrace();
32.        }
33.        return null;
34.    }
35.
36.    public void update(User user) {
37.        try {
38.            dao.update(user);
39.        } catch (SQLException e) {
40.            e.printStackTrace();
41.        }
42.    }
43.
44.    public void delete() {
45.        try {
46.            dao.deleteBuilder().delete();
47.        } catch (SQLException e) {
48.            e.printStackTrace();
49.        }
50.    }
51. }
```

上述工作准备完毕后，我们再来看看在 App 中的使用方法：

```
1. UserDao.getInstance().createUser("Jim");
2.
3. UserDao.getInstance().delete();
4.
5. User user = UserDao.getInstance().getUserById(1);
6. user.setName("Mike");
7. UserDao.getInstance().update(user);
8.
9. UserDao.getInstance().getAllUser();
```

10.9　IOC 模块：TinyKnifer

听到 TinyKnifer 这个名字，我们是不是会联想到 ButterKnife 呢？没错，我们本节的目的就是手动创建一个类似 ButterKnife 的框架。

说到 ButterKnife，我们不得不提到 IOC 这个概念。什么是 IOC 呢？ IOC 的英文全称叫 Inversion of Control，中文全称叫作控制反转。IOC 不是一种技术，而是一种设计思路。在传统的 Java 设计中，我们直接在类的内部通过 new 创建目标对象，这属于程序主动依赖目标对象，这里我们称之为控制正转。而控制反转就是我们不在类的内部直接创建目标对象，而是将这项任务交给专门的 IOC 容器，我们可以通过 IOC 容器获取目标对象。

回顾前面介绍的设计模式六大原则，我们在 6.1.1 小节中提到了单一职责原则，其中说到了自身的类没有义务去初始化所依赖的目标类，否则不仅不符合单一职责原则，而且导致了类和类之间的强耦合。有了 IOC 容器之后，我们将创建和查找所依赖对象的控制权交给了 IOC 容器，由 IOC 容器注入所依赖的对象，从而实现了类和类之间的解耦，使得整个软件体系变得非常灵活。

ButterKnife 也是利用 IOC 设计思路来实现的：

```
1.  @BindView(R.id.tv_title)
2.  TextView title;
3.
4.  @OnClick(R.id.btn_submit)
5.  public void submit() {
6.      title.setText("done");
7.  }
```

例如通过 BindView 注释，避免了每次都要使用 findViewById 来找到控件的麻烦。通过 OnClick 注释，我们定义了响应点击的事件。至于它们之间是怎么关联起来的，这个就要交给 IOC 容器来处理了。

10.9.1　IOC 模块需求

ButterKnife 是一个很成熟、且应用范围广泛的框架。因为 ButterKnife 使用到了 IOC 设计思路，所以我们这里需要重点看看 IOC 是怎么实现的，通过手动实现一个 IOC 容器，从而进一步地了解 ButterKnife 的设计思路和实现方式。

目前实现 IOC 有两种方案使用得较多，如下。

- 注解 + 反射。
- 注解 + AnnotationProcessor + JavaPoet。

接下来我们就分别来看下这两种方案是如何实现的。

10.9.2　IOC 实现：注解 + 反射

"注解 + 反射"，简单来说就是 IOC 容器在运行时通过反射技术获取注解信息，并且将自身和目标对象关联起来。例如：

```
1.  @BindView(R.id.tv_title)
2.  TextView title;
```

通过反射技术，IOC 容器可以获取 @BindView 这个注释的值：R.id.tv_title，并且获取注释对应的成员变量 title，然后内部通过 findViewById（R.id.tv_title）将资源文件转换成 View 实例，并且将 title 指向这个 View 实例。

关键字如下。

- 运行时。

- 注解。
- 反射。

反射的缺点如下。

- 反射自身的技术原因对 App 的性能有影响。
- IOC 容器的生命周期必须是 RUNTIME，即运行时。

早期有很多通过"注解 + 反射"实现的 IOC 容器，前面提到的数据库框架 OrmLite 就是通过反射实现的。反射过程中会产生大量的临时对象，造成 GC 频繁，进而影响 UI 界面的刷新。

当然，现在的 JVM 也在不断地改进和优化，它可以对反射代码进行缓存，通过方法计数器实现 JIT 优化，从而让反射带来的影响越来越小。

总之，良好的编码习惯和代码规范才是提高 App 开发效率的关键，在开发效率远大于运行效率的年代，反射已经不再是制约 App 开发的主要因素，可以放心使用。

接下来我们就通过代码来一步一步地实现"注解 + 反射"的框架。

首先我们定义一个 ReflectUtils 类，其作用就是实现反射功能，反射功能的具体实现这里就不详细描述了，我们来看一下用法。

例如：

```
1.  ReflectUtils.reflect(object).field(field.getName(), view);
```

object 就是当前类的实例对象，一般是 Activity、Fragment 或者 View；field.getName() 是类的成员变量，也就是上面代码中的 title；view 就是上面代码中的 R.id.tv_title 资源对应的 View 实例对象。

通过调用上面的方法，我们对 title 进行了赋值，值就是 view。

还有就是 view 的获取，我们通过注释获取的是注释的值，如 R.id.tv_title，我们需要将它转换为 View 实例对象：

```
1.  public View findViewById(int resId){
2.      View view = null;
3.      if (mActivity != null) {
4.          view = mActivity.findViewById(resId);
5.      }
6.      if (mFragment != null) {
7.          view = mFragment.getActivity().findViewById(resId);
8.      }
9.      if (mView != null) {
10.         view = mView.findViewById(resId);
11.     }
12.     return view;
13. }
```

我们定义一个叫 findViewById 的方法，里面有对 Activity、Fragment、View 这 3 种类型的支持。

最后我们创建一个方法，将上面的功能结合起来：

```
1.  private static void injectViewById(Object object, Field field) {
2.      //获取注释的value
```

```
3.    ByView viewById = field.getAnnotation(ByView.class);
4.    if (viewById != null) {
5.        int viewId = viewById.value();
6.        //获取注释value对应的View实例
7.        View view = findViewById(viewId);
8.        try {
9.            //给成员变量赋值
10.            ReflectUtils.reflect(object).field(field.getName(), view);
11.        } catch (Exception e) {
12.            e.printStackTrace();
13.        }
14.    }
15. }
```

由于类的属性较多，我们通过循环方式遍历一遍：

```
1. public static void injector(Object object) {
2.     Class<?> clazz = object.getClass();
3.     Field[] fields = clazz.getDeclaredFields();
4.     if (fields != null) {
5.        for (Field field : fields) {
6.            injectViewById(object, field);
7.        }
8.     }
9. }
```

在 App 中实际应用的方式如下。

以 Activity 为例，在 onCreate 函数中进行初始化（注入）操作：

```
1. @Override
2. public void onCreate() {
3.     super.onCreate();
4.     injector(this);
5. }
```

10.9.3　IOC 实现：注解 +AnnotationProcessor+JavaPoet

"注解 + AnnotationProcessor + JavaPoet"，就是在编译期间通过 AnnotationProcessor 和 JavaPoet 处理代码中的注解，并且在编译期间生成新的 Java 源文件。生成的 Java 源文件参与编译并一起打包进 APK 中。

关键字如下。

- 编译期。
- AnnotationProcessor。
- JavaPoet。

注解处理器（AnnotationProcessor）是 javac 内置的一个用于编译时扫描和处理注解的工具。它的作用是在源代码编译阶段获取源文件内注解相关的内容。

获取了注解相关的内容后，我们就可以根据业务逻辑编写相应的 Java 代码，这里我们可以使用 JavaPoet。JavaPoet 就是用来生成 Java 代码的一个 Java Library。通过 JavaPoet，我们在编译期间就能够自动生成 Java 源文件，避免了手动编写重复代码的麻烦，提升了编码效率。

关于 JavaPoet，可以到官网查看详细介绍。

和前面介绍的反射方式相比，使用当前这种方式有明显的区别，如下。

- 前者是在运行期，后者是在编译期。
- 前者通过反射获取注解的内容，后者通过 AnnotationProcessor 获取注解的内容。
- 前者需要手动编码处理获取的注解内容；后者通过 JavaPoet 自动编码处理获取的注解内容，并生成对应的 Java 源文件。
- 后者不涉及反射，所以在运行效率上会有所提升。这也是 ButterKnife、Dagger2、EventBus（3.0 版本后）之类的 IOC 框架所普遍采用的解决方案。

TinyKnifer 也是采用这个方案实现的。接下来我们来看一下具体实现的步骤。

首先要有注解。我们自定义注解，这里我们新建一个名叫 annotation 的 Java 工程，里面实现了一个名叫 BindView 的注解，如图 10.9 所示。

图 10.9　自定义注解

这个注解就是以后在 App 项目中所用到的注解，我们把它定义到这个 annotation 工程里。

然后需要考虑对这些定义的注解进行处理。这里我们新建一个名叫 compiler 的 Java 工程，引入 AnnotationProcessor 和 JavaPoet，目的也很明确：处理注解，并且生成 Java 代码，导出 Java 源文件。

这里我们创建 3 个类，如下。

1. TinyViewBinderProcessor

IOC 容器的入口，用来处理所有文件的注解，以及生成 Java 源文件。

注意：这种类需要 extends AbstractProcessor，类名是什么无所谓。

另外，AbstractProcessor 的调试需要自己监控端口，在 Build 的时候触发调试跟踪。

2. AnnotatedClass

这是一个利用 JavaPoet 生成 Java 代码的模板类，除了生成 Java 代码，还可以创建 Java 源文件，如图 10.10 所示。

3. BindViewField

BindViewField 的作用就是获取注释的值，获取到的值最终提供给对应 AnnotatedClass 中

ArrayList<BindViewField> 类型的成员变量使用。AnnotatedClass 需要用它来生成对应的代码，如图 10.10 所示。

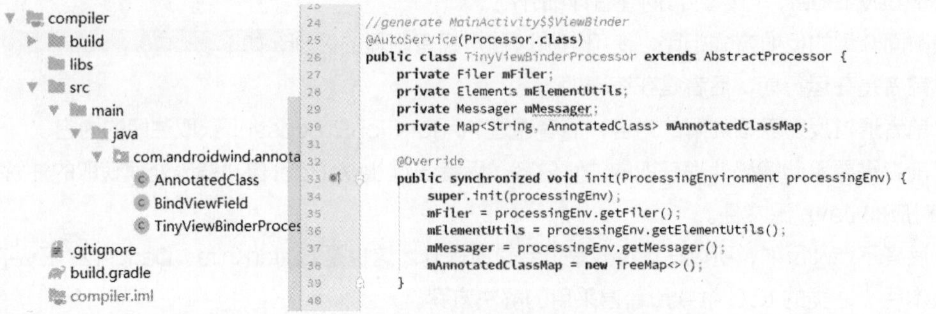

图 10.10　生成 Java 代码

在 build.gradke 中引入 AnnotationProcessor 和 JavaPoet：

```
1.  dependencies {
2.      implementation fileTree(dir: 'libs', include: ['*.jar'])
3.
4.      implementation 'com.google.auto.service:auto-service:1.0-rc2'
5.      implementation 'com.squareup:javapoet:1.10.0'
6.
7.      implementation project(':annotation')
8.  }
```

然后我们命名一个 TinyViewBinderProcessor 类，这个类是 IOC 容器的入口，特点是需要有一个注释：@AutoService（Processor.class）。

```
1.  @AutoService(Processor.class)
2.  public class TinyViewBinderProcessor extends AbstractProcessor {
3.      private Filer mFiler;
4.      private Elements mElementUtils;
5.      private Messager mMessager;
6.      private Map<String, AnnotatedClass> mAnnotatedClassMap;
7.
8.      @Override
9.      public synchronized void init(ProcessingEnvironment processingEnv) {
10.         super.init(processingEnv);
11.         mFiler = processingEnv.getFiler();
12.         mElementUtils = processingEnv.getElementUtils();
13.         mMessager = processingEnv.getMessager();
14.         mAnnotatedClassMap = new TreeMap<>();
15.     }
16.
17.     @Override
18.     public boolean process(Set<? extends TypeElement> annotations, RoundEnvironment roundEnv) {
19.         mAnnotatedClassMap.clear();
20.         try {
21.             //遍历所有Java文件的注解
```

```
22.            processBindView(roundEnv);
23.        } catch (IllegalArgumentException e) {
24.            e.printStackTrace();
25.            error(e.getMessage());
26.        }
27.        //遍历所有AnnotatedClass对象,并且生成Java源文件
28.        for (AnnotatedClass annotatedClass : mAnnotatedClassMap.values()) {
29.            try {
30.                annotatedClass.generateFile().writeTo(mFiler);
31.            } catch (IOException e) {
32.                error("Generate file failed, reason: %s", e.getMessage());
33.            }
34.        }
35.        return true;
36.    }
37.
38.    private void processBindView(RoundEnvironment roundEnv) throws IllegalArgumentException {
39.        //遍历所有用BindView标注的注解
40.        for (Element element : roundEnv.getElementsAnnotatedWith(BindView.class)) {
41.            AnnotatedClass annotatedClass = getAnnotatedClass(element);
42.            BindViewField bindViewField = new BindViewField(element);//获取注解的值
43.            annotatedClass.addField(bindViewField);
44.        }
45.    }
46.
47.    //AnnotatedClass是一个生成Java代码的模板类
48.    private AnnotatedClass getAnnotatedClass(Element element) {
49.        TypeElement typeElement = (TypeElement) element.getEnclosingElement();
50.        String fullName = typeElement.getQualifiedName().toString();
51.        AnnotatedClass annotatedClass = mAnnotatedClassMap.get(fullName);
52.        if (annotatedClass == null) {
53.            annotatedClass = new AnnotatedClass(typeElement, mElementUtils);
54.            mAnnotatedClassMap.put(fullName, annotatedClass);
55.        }
56.        return annotatedClass;
57.    }
58.
59.    private void error(String msg, Object... args) {
60.        mMessager.printMessage(Diagnostic.Kind.ERROR, String.format(msg, args));
61.    }
62.
63.    @Override
64.    public SourceVersion getSupportedSourceVersion() {
65.        return SourceVersion.latestSupported();
66.    }
67.
68.
69.    @Override
70.    public Set<String> getSupportedAnnotationTypes() {
71.        Set<String> types = new LinkedHashSet<>();
```

```
72.        types.add(BindView.class.getCanonicalName());
73.        return types;
74.    }
75. }
```

接下来创建 AnnotatedClass：

```
1.  class AnnotatedClass {
2.      private static class TypeUtil {
3.          static final ClassName BINDER = ClassName.get("com.androidwind.knifer.api", "ViewBinder");
4.          static final ClassName PROVIDER = ClassName.get("com.androidwind.knifer.api", "ViewFinder");
5.      }
6.
7.      private TypeElement mTypeElement;
8.      private ArrayList<BindViewField> mFields;
9.      private Elements mElements;
10.
11.     AnnotatedClass(TypeElement typeElement, Elements elements) {
12.         mTypeElement = typeElement;
13.         mElements = elements;
14.         mFields = new ArrayList<>();
15.     }
16.
17.     void addField(BindViewField field) {
18.         mFields.add(field);
19.     }
20.
21.     JavaFile generateFile() {
22.         //generateMethod
23.         MethodSpec.Builder bindViewMethod = MethodSpec.methodBuilder("bindView")
24.                 .addModifiers(Modifier.PUBLIC)
25.                 .addAnnotation(Override.class)
26.                 .addParameter(TypeName.get(mTypeElement.asType()), "host")
27.                 .addParameter(TypeName.OBJECT, "source")
28.                 .addParameter(TypeUtil.PROVIDER, "finder");
29.
30.         for (BindViewField field : mFields) {
31.             // find views
32.             bindViewMethod.addStatement("host.$N = ($T)(finder.findView(source, $L))", field.getFieldName(), ClassName.get(field.getFieldType()), field.getResId());
33.         }
34.
35.         MethodSpec.Builder unBindViewMethod = MethodSpec.methodBuilder("unBindView")
36.                 .addModifiers(Modifier.PUBLIC)
37.                 .addParameter(TypeName.get(mTypeElement.asType()), "host")
38.                 .addAnnotation(Override.class);
39.         for (BindViewField field : mFields) {
40.             unBindViewMethod.addStatement("host.$N = null", field.getFieldName());
41.         }
```

```
42.
43.        //生成的Java源文件类名以$$ViewBinder结尾
44.        TypeSpec injectClass = TypeSpec.classBuilder(mTypeElement.getSimpleName() + "$$ViewBinder")
45.                .addModifiers(Modifier.PUBLIC)
46.                .addSuperinterface(ParameterizedTypeName.get(TypeUtil.BINDER, TypeName.get(mTypeElement.asType())))
47.                .addMethod(bindViewMethod.build())
48.                .addMethod(unBindViewMethod.build())
49.                .build();
50.
51.        String packageName = mElements.getPackageOf(mTypeElement).getQualifiedName().toString();
52.
53.        return JavaFile.builder(packageName, injectClass).build();
54.    }
55. }
```

上面提到的 annotation 和 compiler 两个 Java 工程主要是用来处理 Java 代码的，我们还需要一个 Android 的 Library 工程，用来给 app 工程提供接口。

我们创建一个名叫 api 的工程，如图 10.11 所示。

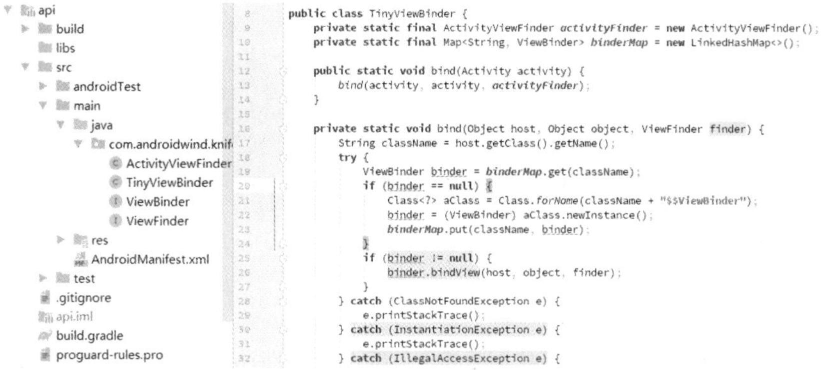

图 10.11　api 工程

这里我们介绍两个主要的类：

TinyViewBinder 类提供绑定、解绑功能，app 工程所能使用到的方法都是通过 TinyViewBinder 获取的。

```
1.  public class TinyViewBinder {
2.      private static final ActivityViewFinder activityFinder = new ActivityViewFinder();
3.      private static final Map<String, ViewBinder> binderMap = new LinkedHashMap<>();
4.
5.      public static void bind(Activity activity) {
6.          bind(activity, activity, activityFinder);
7.      }
8.      //绑定
9.      private static void bind(Object host, Object object, ViewFinder finder) {
10.         String className = host.getClass().getName();
11.         try {
```

```
12.         ViewBinder binder = binderMap.get(className);
13.         if (binder == null) {
14.             //找到Java工程为我们生成的类,并且实例化它,我们前面生成的Java源文件都是以$$ViewBinder后缀结尾的
15.             Class<?> aClass = Class.forName(className + "$$ViewBinder");
16.             binder = (ViewBinder) aClass.newInstance();
17.             //保存这些实例化的类
18.             binderMap.put(className, binder);
19.         }
20.         if (binder != null) {
21.             //关键:通过finder将XX$$ViewBinder类中存储的资源文件信息跟当前类中的成员变量绑定在一起
22.             binder.bindView(host, object, finder);
23.         }
24.     } catch (ClassNotFoundException e) {
25.         e.printStackTrace();
26.     } catch (InstantiationException e) {
27.         e.printStackTrace();
28.     } catch (IllegalAccessException e) {
29.         e.printStackTrace();
30.     }
31. }
32. //解绑
33. public static void unBind(Object host) {
34.     String className = host.getClass().getName();
35.     ViewBinder binder = binderMap.get(className);
36.     if (binder != null) {
37.         binder.unBindView(host);
38.     }
39.     binderMap.remove(className);
40. }
41. }
```

ActivityViewFinder 的作用是将我们自动生成的 XX$$ViewBinder 类中存储的资源文件信息跟当前类中的成员变量绑定在一起:

```
1. public class ActivityViewFinder implements ViewFinder {
2.     @Override
3.     public View findView(Object object, int id) {
4.         return ((Activity) object).findViewById(id);
5.     }
6. }
```

可以看到,通过传入资源文件 id 参数,然后调用 Android 中的 findViewById 方法,能将资源文件转换为 View 对象。

说到这里,别忘了我们之前生成的 $$ViewBinder 文件,如图 10.12 所示。可以看到在编译期自动生成的文件所保存的路径、类名和内容。

以生成的 MainActivity$$ViewBinder 文件为例,这个类的作用就是通过扫描注解,将使用 @BindView 注解标注的成员变量(如 mTextView、mButton)找到,并且找到注解的值(也就是资源文件 id,如 mTextView 对应的 2131165326),然后利用 api 工程中的 ActivityViewFinder 将两

者关联起来。这里需要用到 Android SDK 的 API，如 findViewById，这也是我们需要在 Android 的 Library 中存放 ActivityViewFinder 的原因。

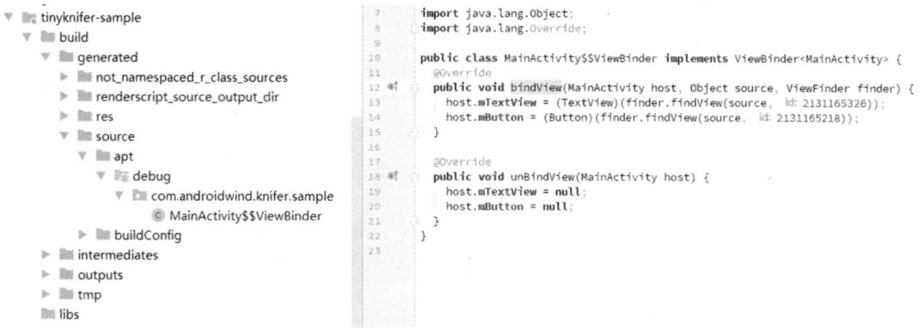

图 10.12　$$ViewBinder 文件

上述内容介绍完后，整个 TinyKnifer 的搭建过程就算是完成了，我们来看一下它在 App 中是如何应用的：

```
1.  public class MainActivity extends AppCompatActivity {
2.      //成员变量标注注解
3.      @BindView(R.id.tv_main)
4.      TextView mTextView;
5.      @BindView(R.id.btn_main)
6.      Button mButton;
7.      @Override
8.      protected void onCreate(Bundle savedInstanceState) {
9.          super.onCreate(savedInstanceState);
10.         setContentView(R.layout.activity_main);
11.         //绑定
12.         TinyViewBinder.bind(this);
13.         mTextView.setText("New Hello World!");
14.     }
15.
16.     @Override
17.     protected void onDestroy() {
18.         super.onDestroy();
19.         //解绑
20.         TinyViewBinder.unBind(this);
21.     }
22. }
```

可以看到，使用起来还是非常方便的，只需要在成员变量上标注好注解，并且做好绑定和解绑的操作即可。

10.10　Adapter 模块：TinyAdapter

通过 10.1 到 10.9 节的介绍，我们基本上把与 Android 开发相关的功能模块写了一遍，接下来的两节我们会给读者介绍两个 UI 相关模块的实现。

Adapter 也叫适配器，说到这里，我们先回顾一下 7.1 节中介绍的 MVC 架构。Android 本身就是遵循 MVC 设计模式的一种框架，Layout 对应 View，Activity 对应 Controller。Controller 获取到的数据需要绑定到 View 上才能展示出来。而这种绑定操作因为数据的复杂性不能直接进行，所以需要手动解决。

因此，Android 引入了 Adapter 这种机制。Adapter 就是一种对复杂的数据进行展示的转换载体。Android 提供了多种 Adapter，如 ArrayAdapter、SimpleAdapter 等，还提供了一个抽象类的基类 BaseAdapter 用于扩展。不同的 Adapter 提供不同的转换能力，最终通过 ListView 或 RecyclerView 展示出来。

例如 ArrayAdapter 只可以简单地显示一行文本；SimpleAdapter 比较适合处理 HashMap 格式构造的 List 数据源。

10.10.1 Adapter 模块需求

在 9.2.1 小节中我们介绍的 BaseRecyclerViewAdapterHelper 是目前比较好用的 Adapter 开源模块。本节我们手动编写 TinyAdapter 的目的：一方面是学习这些开源模块的设计思路，另一方面是提供一些优化的思路，这些思路实际上可以通用到其他模块上。

我们先通过代码来看一下 Android 提供的 Adapter 的用法，这里以 RecyclerView.Adapter 为例。我们新建一个名叫 OldAdapter 的类，只有一个布局文件：

```
1.  public class OldAdapter extends RecyclerView.Adapter<OldAdapter.ViewHolder> {
2.
3.      private Context context;
4.      private List<String> data;
5.
6.      public OldAdapter(Context context, List<String> data) {
7.          this.context = context;
8.          this.data = data;
9.
10.     }
11.
12.     @Override
13.     public ViewHolder onCreateViewHolder(@NonNull ViewGroup parent, int viewType) {
14.         View view = LayoutInflater.from(context).inflate(R.layout.item_recyclerview, parent, false);
15.         return new ViewHolder(view);
16.     }
17.
18.     @Override
19.     public void onBindViewHolder(@NonNull ViewHolder holder, final int position) {
20.         holder.name.setText(data.get(position));
21.
22.         holder.itemView.setOnClickListener(new View.OnClickListener() {
23.             @Override
24.             public void onClick(View v) {
25.                 Log.d("RecyclerViewAdapter", "position = " + position);
26.             }
```

```
27.            });
28.
29.        }
30.
31.        @Override
32.        public int getItemCount() {
33.            return data.size();
34.        }
35.
36.        public class ViewHolder extends RecyclerView.ViewHolder {
37.
38.            private TextView name;
39.
40.            public ViewHolder(View itemView) {
41.                super(itemView);
42.                name = itemView.findViewById(R.id.tv);
43.            }
44.        }
45. }
```

实现过程的关键也就是两个函数，如下。

1. onCreateViewHolder

将布局资源文件转换成 View 对象，然后通过 ViewHolder 管理 View 对象里面的这些控件，并且返回 ViewHolder 对象。

2. onBindViewHolder

我们通过函数名字也能理解到它的作用，就是将数据绑定到 ViewHolder 所管理的控件上。

它提供了 position 参数，通过 position 可以找到对应的 List 中的数据，然后将数据绑定到对应的控件上。

如果能够支持多个布局文件的话，需要增加一个 getItemViewType 方法，用来判断 item 的布局种类。例如这里我们让偶数行返回 TYPE_0，奇数行返回 TYPE_1：

```
1. @Override
2. public int getItemViewType(int position) {
3.     if (position % 2 == 0) {
4.         return TYPE_0;
5.     } else {
6.         return TYPE_1;
7.     }
8. }
```

同样，在 onCreateViewHolder 函数中我们就不能只选择单一布局文件了：

```
1. @Override
2. public ViewHolder onCreateViewHolder(@NonNull ViewGroup parent, int viewType) {
3.     View view = null;
4.     if (viewType == TYPE_0) {
5.         view = LayoutInflater.from(context).inflate(R.layout.item_0, parent, false);
```

```
6.      } else if (viewType == TYPE_1){
7.          view = LayoutInflater.from(context).inflate(R.layout.item_1, parent, false);
8.      }
9.      return new ViewHolder(view);
10. }
```

TYPE_0 类型，我们选择 R.layout.item_0 布局；TYPE_1 类型，我们选择 R.layout.item_1 布局。

最后我们来看一下 Adapter 在开发的时候是如何使用的，还是以单一布局为例：

```
1.  public class OldSingleFragment extends Fragment {
2.
3.      private RecyclerView rv;
4.
5.      @Nullable
6.      @Override
7.      public View onCreateView(@NonNull LayoutInflater inflater, @Nullable ViewGroup container, @Nullable Bundle savedInstanceState) {
8.          View view = LayoutInflater.from(getContext()).inflate(R.layout.fragment_adapter, container, false);
9.
10.         rv = view.findViewById(R.id.rv);
11.
12.         List<String> data = new ArrayList<>();
13.         data.add("aaron");
14.         data.add("bob");
15.         data.add("charles");
16.         data.add("dick");
17.         OldAdapter oldAdapter = new OldAdapter(getContext(), data);
18.         rv.setLayoutManager(new LinearLayoutManager(getContext()));
19.         rv.setAdapter(oldAdapter);
20.
21.         return view;
22.     }
23. }
```

以上就是系统自带的 Adapter 的使用方法，虽然大致看上去按照系统给我们提供的方法一步一步地来也没什么大问题，但是细细看来，还是能发现一些可以优化的地方。

我们现在来一一分析，如下。

- 每次都要创建一个 Adapter 类，但是 Adapter 类里面有很多代码逻辑是重复的。
- 同样，每一个 ViewHolder 都对应一个从布局文件转换而来的 View 对象，因此都要创建一个对应的 ViewHolder 类，然后 ViewHolder 里面实现的也就是 View 里面各个控件的管理。
- Adapter 类比较独立，内容封装较多，与外界交互的接口少。例如 Adapter 处理完后需要通知 Activity 更新的话，可能就需要对 Activity 提供额外的接口。

例如在 Adapter 中提供一个 setClickListener 方法，然后由 Activity 调用这个方法，传入回调，然后在 Adapter 中就可以通过这个回调与 Activity 沟通了。

通过上述分析过程，我们整理出了如下需求。

- 能否不用创建多个 Adapter。
- 能否不用创建多个 ViewHolder。
- Adapter 能否方便地和 Activity、Fragment 等调用方互通。

10.10.2　Adapter 模块技术分析

1. 能否不用创建多个 Adapter

如果不想在每一个业务用到 Adapter 的时候，都去创建一个对应的 Adapter 类，我们考虑创建一个 Adapter 基类，这个基类提供了完整的 Adapter 处理流程，并且提供抽象方法以供子类实现。因此这个基类我们定义为一个抽象类。

这里需要说明的是，我们并不需要创建子类去继承这个基类，否则这又会创建出多个 Adapter 类，违背了我们的初衷。

因此，对于这个抽象的 Adapter 基类，我们采用的技术方案是：使用匿名内部类的方式去实例化这个抽象类。下一小节中我们用代码来展示。

2. 能否不用创建多个 ViewHolder

ViewHolder 的作用就是管理布局里面的控件。归纳一下，也就是创建控件类型的成员变量，然后通过资源 id 找到这个控件实例，并绑定到控件类型的成员变量上。

因此没有必要创建多个 ViewHolder，只需要创建一个 ViewHolder 即可，然后通过这个 ViewHolder，传入资源 id 就能找到对应的控件，并且 ViewHolder 还能提供对控件进一步操作的方法，如赋值、设置点击监听等。

3. Adapter 能否方便地和 Activity、Fragment 等调用方互通

在第一个技术点中，我们提出了使用匿名内部类的方式去实例化抽象类，这种技术方案实际上就实现了 Adapter 和 Activity、Fragment 的直接沟通。因为匿名内部类的特点就是默认持有对外部类的引用，所以可以直接调用外部类 Activity、Fragment 的方法和成员变量。

10.10.3　Adapter 模块代码实现

首先我们实现 Adapter 基类，我们命名为 TinyAdapter：

```
1.  public abstract class TinyAdapter<T> extends RecyclerView.Adapter<TinyViewHolder> {
2.
3.      private Context mContext;
4.      private List<T> mList;
5.      private int mResId;
6.
7.      public TinyAdapter(Context context, List<T> list, int resId) {
8.          this.mContext = context;
9.          this.mList = list;
10.         this.mResId = resId;
11.     }
```

```
12.
13.     @Override
14.     public TinyViewHolder onCreateViewHolder(@NonNull ViewGroup parent, int viewType) {
15.         View view = LayoutInflater.from(mContext).inflate(mResId, parent, false);
16.         return new TinyViewHolder(view);
17.     }
18.
19.     @Override
20.     public void onBindViewHolder(@NonNull TinyViewHolder tinyViewHolder, int position) {
21.         onHandler(tinyViewHolder, mList.get(position));
22.     }
23.
24.     //交给匿名内部类实现
25.     public abstract void onHandler(TinyViewHolder tinyViewHolder, T t);
26.
27.     @Override
28.     public int getItemCount() {
29.         return mList.size();
30.     }
31.
32. }
```

TinyAdapter 是一个抽象类，采用了泛型方案。泛型对应的类型是 List 中保存的对象类型。

然后我们定义一个 onHandler 方法，交给匿名内部类去实现。onHandler 提供了 ViewHolder 和数据，交给实现方将数据展示到 UI 上。

接下来我们来看一下 ViewHolder，我们命名为 TinyViewHolder。前面也提到了 ViewHolder 不需要多个，因此我们这里就只有一个 TinyViewHolder 类。

```
1. public class TinyViewHolder extends RecyclerView.ViewHolder {
2.
3.     private View mView;
4.
5.     public TinyViewHolder(@NonNull View itemView) {
6.         super(itemView);
7.         mView = itemView;
8.     }
9.
10.    public void setText(int viewId, String text) {
11.        TextView tv = ViewUtil.get(mView, viewId);
12.        tv.setText(text);
13.    }
14. }
```

可以看到 TinyViewHolder 提供了两种类型的方法，如下。

- 使用 ViewUtil 类，可以通过资源 id 找到对应的控件。
- 提供控件操作方法，例如 setText 是用来给 TextView 控件设置文本的。

接下来我们来看一下在 Fragment 中的应用，以单一布局为例：

```
1. public class NewSingleFragment extends Fragment {
2.
```

```
3.     private RecyclerView rv;
4.
5.     @Nullable
6.     @Override
7.     public View onCreateView(@NonNull LayoutInflater inflater, @Nullable ViewGroup container, @Nullable Bundle savedInstanceState) {
8.         View view = LayoutInflater.from(getContext()).inflate(R.layout.fragment_adapter, container, false);
9.
10.        rv = view.findViewById(R.id.rv);
11.
12.        List<String> data = new ArrayList<>();
13.        data.add("aaron");
14.        data.add("bob");
15.        data.add("charles");
16.        data.add("dick");
17.        TinyAdapter oldAdapter = new TinyAdapter<String>(getContext(), data, R.layout.item_recyclerview) {
18.            //调用方只需要实现这个方法的业务逻辑即可
19.            @Override
20.            public void onHandler(TinyViewHolder tinyViewHolder, String result) {
21.                tinyViewHolder.setText(R.id.tv, result);
22.            }
23.        };
24.        rv.setLayoutManager(new LinearLayoutManager(getContext()));
25.        rv.setAdapter(oldAdapter);
26.
27.        return view;
28.    }
29. }
```

可以看到，使用的时候我们只需要确定好泛型类型、传入 List、传入布局，然后在 onHandler 方法中实现自己的业务逻辑即可，其他的都不需要关心。

接下来我们再来看看多布局场景是怎么优化的。

前面提到，我们添加多布局场景的时候，会新增一个 getItemViewType 方法，返回布局的种类，然后在 onCreateViewHolder 中根据不同的布局种类加载不同的布局资源。因此，在使用过程中需要我们处理的也就是这两个函数。

我们定义一个 IViewType 接口，里面有两个方法分别处理两个函数：

```
1. public interface IViewType<T> {
2.     //处理布局类型
3.     int getItemViewType(int position, T t);
4.     //根据布局类型加载资源文件
5.     int getItemView(int viewType);
6. }
```

也可以考虑不用接口而用抽象方法实现，这里因为这两个函数主要是用来处理多布局的，所以放到一个接口里面便于管理。

然后我们定义一个叫作 TinyViewTypeAdapter 的 Adapter，专门用来处理多布局场景：

```
1.  public abstract class TinyViewTypeAdapter<T> extends RecyclerView.Adapter
    <TinyViewHolder> {
2.
3.      private Context mContext;
4.      private List<T> mList;
5.      private IViewType mIViewType;
6.      //增加一个IViewType接口，交给调用方实现
7.      public TinyViewTypeAdapter(Context context, List<T> list, IViewType<T> iViewType) {
8.          this.mContext = context;
9.          this.mList = list;
10.         this.mIViewType = iViewType;
11.     }
12.
13.     @Override
14.     public int getItemViewType(int position) {
15.         //交给调用方实现的接口处理：定义布局类型
16.         return mIViewType.getItemViewType(position, mList.get(position));
17.     }
18.
19.     @Override
20.     public TinyViewHolder onCreateViewHolder(ViewGroup parent, int viewType) {
21.         //交给调用方实现的接口处理：根据布局类型加载布局资源文件
22.         View view = LayoutInflater.from(mContext).inflate(mIViewType.getItemView(viewType),
    parent, false);
23.         return new TinyViewHolder(view);
24.     }
25.
26.     @Override
27.     public void onBindViewHolder(@NonNull TinyViewHolder tinyViewHolder, int position) {
28.         onHandler(tinyViewHolder, mList.get(position));
29.     }
30.     //同TinyAdapter中的onHandler的作用一样
31.     public abstract void onHandler(TinyViewHolder tinyViewHolder, T t);
32.
33.     @Override
34.     public int getItemCount() {
35.         return mList.size();
36.     }
37.
38.     public interface IViewType<T> {
39.         int getItemViewType(int position, T t);
40.
41.         int getItemView(int viewType);
42.     }
43. }
```

最后我们来看一下它在Fragment中是如何使用的：

```
1.  public class NewMultipleFragment extends Fragment {
2.
3.      private RecyclerView rv;
```

```
4.
5.      @Nullable
6.      @Override
7.      public View onCreateView(@NonNull LayoutInflater inflater, @Nullable ViewGroup container, @Nullable Bundle savedInstanceState) {
8.          View view = LayoutInflater.from(getContext()).inflate(R.layout.fragment_adapter, container, false);
9.
10.         rv = view.findViewById(R.id.rv);
11.
12.         List<String> data = new ArrayList<>();
13.         data.add("aaron");
14.         data.add("bob");
15.         data.add("charles");
16.         data.add("dick");
17.         TinyViewTypeAdapter adapter = new TinyViewTypeAdapter<String>(getContext(), data, new TinyViewTypeAdapter.IViewType<String>() {
18.             @Override
19.             public int getItemViewType(int position, String s) {
20.                 if (position % 2 == 0) {
21.                     return 0;
22.                 } else {
23.                     return 1;
24.                 }
25.             }
26.
27.             @Override
28.             public int getItemView(int viewType) {
29.                 if (viewType == 0) {
30.                     return R.layout.item_0;
31.                 } else {
32.                     return R.layout.item_1;
33.                 }
34.             }
35.         }) {
36.             @Override
37.             public void onHandler(TinyViewHolder tinyViewHolder, String result) {
38.                 tinyViewHolder.setText(R.id.tv, result);
39.             }
40.         };
41.         rv.setLayoutManager(new LinearLayoutManager(getContext()));
42.         rv.setAdapter(adapter);
43.
44.         return view;
45.     }
46. }
```

可以看到，我们在使用的时候，在通过匿名内部类实例化 TinyViewTypeAdapter 的时候，一并将 3 个方法实现了。

10.10.4 总结

1. 本节技术点

- 学会抽象，将共同的功能抽出并放入基类中；如果有不同的功能，在基类中设置抽象方法或者提供接口，交给调用方实现。这实际上也就是模板设计模式。
- 匿名内部类的应用。

2. 待办事宜

- TinyViewHolder 的功能可以进一步扩展，增加对控件操作的支持，如处理图片、控件隐藏显示、设置点击监听等。

10.11 下拉刷新模块：TinyPullToRefresh

下拉刷新是目前 App 开发中应用得比较广泛的控件，例如 Google 官方在 Android5.0 之后就提供了 Material Design 风格的 SwipeRefreshLayout 作为下拉刷新控件。本节我们动手实现一个简单的下拉刷新控件。

10.11.1 下拉刷新模块需求

SwipeRefreshLayout 只提供了下拉刷新的功能，没有上滑加载的功能，这个可能与用户体验有关。因为如果使用了 SwipeRefreshLayout 的话，上滑加载一般都采用自动加载的模式，也就是上滑到一定位置时自动加载数据。下拉刷新代表重新加载数据，需要手动滑动到一定位置触发刷新操作，让用户知道这是重新加载数据的操作；而上滑加载更多是为了让用户有更好的阅读体验，尽量减少像下拉刷新一样的强操作，做到无感知的无缝连接。

我们先看下 SwipeRefreshLayout 的使用方法。

我们通过 setOnRefreshListener 监听下拉刷新的动作，然后通过 adapter 的 setData 更新数据：

```
1.  swipeRefreshLayout.setOnRefreshListener(new SwipeRefreshLayout.OnRefreshListener() {
2.      @Override
3.      public void onRefresh() {
4.          adapter.setData(getRandomString(6));
5.          swipeRefreshLayout.setRefreshing(false);
6.      }
7.  });
```

然后监听 RecyclerView 是否滑动到底部：

```
1.  recyclerView.addOnScrollListener(new onLoadMoreListener() {
2.      @Override
3.      protected void onLoading(int countItem, int lastItem) {
4.          showLoadingDialog();
5.          handler.postDelayed(new Runnable() {
```

```
6.            @Override
7.            public void run() {
8.                dismissLoadingDialog();
9.                adapter.setData(getRandomString(7));
10.           }
11.     }, 2000);
12. }
13. });
```

onLoadMoreListener 是我们自定义的抽象类，它是 RecyclerView.OnScrollListener 的子类，使用的时候需要实现 onLoading 方法，目的是通知我们已经到达了 RecyclerView 的底部，然后我们在 onLoading 里面加载下一页的数据并且刷新 adapter 数据。

下拉刷新效果如图 10.13 所示。

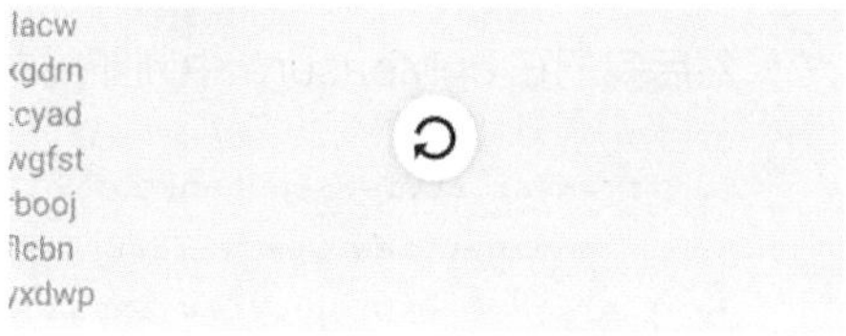

可以看到下拉刷新的时候，SwipeRefreshLayout 会从上而下出现一个刷新标识的圆圈，这个圆圈在不停地转动。

我们自定义下拉刷新模块的需求如下。

图 10.13 下拉刷新效果

- 和 SwipeRefreshLayout 刷新的圆圈区分开，我们在顶部加入一个刷新的头部，头部最好有动画效果，用来表示正在加载。
- 下拉刷新模块需要支持不同类型的 View 的刷新，如 ListView、RecyclerView，还有普通的 View。

10.11.2　下拉刷新模块技术分析

1. 在顶部加入一个刷新的头部

这个头部实际上和当前需要刷新的 View 是连在一起的，只不过没有刷新的时候头部是移出当前手机屏幕的，然后在下拉刷新的时候，随着手部的下拉动作慢慢从屏幕外移回屏幕内。所以在设计的时候，我们可以将下拉刷新控件看作是两个 View 的连接，一个是下拉刷新控件自带的头部，还有一个就是目标 View。因此下拉刷新控件使用 ViewGroup，内部自带一个 HeadView 的头部 View，在使用的时候，在 XML 布局里面，将目标 View 放入下拉刷新控件中使用即可。

2. 下拉刷新模块需要支持不同类型的 View 的刷新

对不同类型的 View 的处理主要是用来计算下拉距离的，我们可以在 onInterceptTouchEvent 中对这些不同类型的 View 进行处理。

10.11.3　下拉刷新模块代码实现

我们定义一个名叫 Pull2RefreshLayout 的下拉刷新控件，然后在其中间放入一个等待被刷新的 TextView 控件。

```
1. <com.androidwind.tinypull2refresh.Pull2RefreshLayout
2.     android:id="@+id/p2r"
```

```
3.     android:layout_width="match_parent"
4.     android:layout_height="500dp">
5.     <TextView
6.         android:layout_width="match_parent"
7.         android:layout_height="100dp"
8.         android:background="#22000000"
9.         android:text="Hello World!" />
10.
11. </com.androidwind.tinypull2refresh.Pull2RefreshLayout>
```

在 Pull2RefreshLayout 中，我们内置一个头部 View：

```
mHeadView = LayoutInflater.from(getContext()).inflate(R.layout.head_pull2refresh, this, false);
```

然后我们在 onMeasure 中判断需要刷新的 View 的种类：

```
1. if (mTargetView instanceof ListView) {
2.     mTargetViewType = TYPE_TARGET_LIST;
3. } else if (mTargetView instanceof RecyclerView) {
4.     mTargetViewType = TYPE_TARGET_RECYCLER;
5. } else {
6.     mTargetViewType = TYPE_TARGET_NORMAL;
7. }
```

最后我们在 onInterceptTouchEvent 中根据不同类型的目标 View 计算下拉距离，这个下拉距离最终会交给 onLayout 方法去刷新各个 View 的位置：

```
1.  public boolean onInterceptTouchEvent(MotionEvent ev) {
2.      Log.i(TAG, "onInterceptTouchEvent");
3.      if (mIsRefreshing) {
4.          return super.onInterceptTouchEvent(ev);
5.      }
6.      switch (ev.getActionMasked()) {
7.          case MotionEvent.ACTION_DOWN:
8.              mDownY = ev.getY();
9.              if (mTargetViewType == TYPE_TARGET_NORMAL) {
10.                 mDragY = ev.getY();
11.             }
12.             break;
13.         case MotionEvent.ACTION_MOVE:
14.             float direction = ev.getY() - mDownY;
15.             if (direction > 0) {
16.                 if (mTargetViewType == TYPE_TARGET_LIST) {
17.                     ListView listView = (ListView) mTargetView;
18.                     if (!listView.canScrollVertically(-1)) {
19.                         mDragY = ev.getY();
20.                         return true;
21.                     }
22.                 } else if (mTargetViewType == TYPE_TARGET_RECYCLER) {
23.                     RecyclerView recyclerView = (RecyclerView) mTargetView;
24.                     RecyclerView.LayoutManager layoutManager = recyclerView.getLayoutManager();
```

```
25.                if (layoutManager instanceof LinearLayoutManager) {
26.                    if (((LinearLayoutManager) layoutManager).findFirstCompletelyVis
ibleItemPosition() == 0) {
27.                        mDragY = ev.getY();
28.                        return true;
29.                    }
30.                } else if (layoutManager instanceof GridLayoutManager) {
31.                    if (((GridLayoutManager) layoutManager).findFirstCompletelyVisib
leItemPosition() == 0) {
32.                        mDragY = ev.getY();
33.                        return true;
34.                    }
35.                }
36.            } else {
37.                mDragY = ev.getY();
38.                return true;
39.            }
40.        }
41.        break;
42.    case MotionEvent.ACTION_UP:
43.        break;
44.    default:
45.        break;
46. }
47. return super.onInterceptTouchEvent(ev);
48. }
```

在 onLayout 中根据计算出来的下拉距离确定头部和被刷新的 View 的位置：

```
1. protected void onLayout(boolean changed, int l, int t, int r, int b) {
2.     Log.i(TAG, "[onLayout] changed:" + changed + ", l = " + l + ", t = " + t + ", r = "
+ r + ", b = " + b);
3.     mHeadView.layout(0, -mHeadViewHeight + mMovement, r, mMovement);
4.     mTargetView.layout(0, mMovement, r, b);
5. }
```

10.12 综合应用：TinyTemplate

前面介绍了各种模块的实现方案，本节我们对前面介绍的各个模块做一个总结，来看看在项目中如何使用这些模块。

我们知道，每个模块都有不同的实现方案，例如日志模块有系统自带的实现方案，也有自己实现的 TinyLog，那么用哪一个呢？简单来说，使用的时候直接选定一个模块就行了，也不用考虑后续切换成别的模块的需求；但是从全局的角度出发，我们需要考虑屏蔽模块之间的差异性，对使用方来说，都是使用同一接口，接口的具体实现通过模块来完成，我们也可以切换不同的功能模块，但是对使用方来说不受影响，因为使用方只需要调用定义好的接口即可。

在 10.6.3 小节里，我们实现了一种可以自动切换图片框架的方案，那么在实际项目中，我们也希望有一套能够实现自动切换各种功能模块的模板，于是我们这里建立了一个 TinyTemplate 项目，在这里面实现了配置这种切换功能模块的功能。

首先考虑到配置信息一般在 Application 中完成，以日志模块和图片模块为例，我们打算在 Application 中选好使用哪一种功能模块，并且获取功能模块有哪些配置信息，然后使这些配置信息生效。

我们建立一个名叫 AndroidQuick 的类，里面存放各个功能模块的配置信息：

```java
1.  public class AndroidQuick {
2.
3.      private static ILogProcessor mILogProcessor;
4.      private static LogConfig mLogConfig;
5.      private static IImageProcessor mIImageProcessor;
6.      private static ImageConfig mImageConfig;
7.
8.      public static ImageConfig getImageConfig() {
9.          return mImageConfig;
10.     }
11.
12.     //配置生效
13.     public static void launch() {
14.         //log
15.         if (mILogProcessor == null) {
16.             mILogProcessor = new DefaultLogProcessor();
17.         }
18.         mILogProcessor.init(mLogConfig);
19.         //image
20.         if (mIImageProcessor == null) {
21.             mIImageProcessor = new GlideProcessor();
22.         }
23.         mIImageProcessor.init(MyApplication.getInstance(), mImageConfig);
24.     }
25.
26.     //log调用入口
27.     public static <T extends ILogProcessor> T logProcessor() {
28.         if (mILogProcessor != null) {
29.             return (T) mILogProcessor;
30.         }
31.         return (T) new DefaultLogProcessor();
32.     }
33.
34.     //log配置入口
35.     public static LogConfig configLog() {
36.         return configLog(null);
37.     }
38.
39.     //log配置入口
40.     public static LogConfig configLog(ILogProcessor processor) {
41.         if (processor == null) {
42.             mLogConfig = new LogConfig();
43.         }
44.         else {
```

```
45.          mILogProcessor = processor;
46.          mLogConfig = new LogConfig();
47.      }
48.      return mLogConfig;
49.  }
50.
51.  //image调用入口
52.  public static <T extends IImageProcessor> T imageProcessor() {
53.      if (mIImageProcessor != null) {
54.          return (T) mIImageProcessor;
55.      }
56.      // return (T) new GlideProcessor();
57.      return (T) new TinyImageProcessor();
58.  }
59.
60.  //image配置入口
61.  public static ImageConfig configImage() {
62.      return configImage(null);
63.  }
64.
65.  //image配置入口
66.  public static ImageConfig configImage(IImageProcessor processor) {
67.      if (processor == null) {
68.          mImageConfig = new ImageConfig();
69.      }
70.      else {
71.          mIImageProcessor = processor;
72.          mImageConfig = new ImageConfig();
73.      }
74.      return mImageConfig;
75.  }
76. }
```

以日志模块为例，ILogProcessor 就是我们定义的调用日志模块的接口，然后我们可以定义具体的 Processor 去实现，如 DefaultLogProcessor：

```
1.  public class DefaultLogProcessor implements ILogProcessor {
2.
3.      @Override
4.      public void init(LogConfig logConfig) {
5.
6.      }
7.
8.      @Override
9.      public void loadV(String vLog) {
10.         Log.v("DefaultLogProcessor", "defaultlog:" + vLog);
11.     }
12.
13.     @Override
14.     public void loadD(String dLog) {
15.         Log.d("DefaultLogProcessor", "defaultlog:" + dLog);
```

```
16.     }
17.
18.     @Override
19.     public void loadI(String iLog) {
20.         Log.i("DefaultLogProcessor", "defaultlog:" + iLog);
21.     }
22.
23.     @Override
24.     public void loadE(String eLog) {
25.         Log.e("DefaultLogProcessor", "defaultlog:" + eLog);
26.     }
27. }
```

可以看到，接口的具体实现都使用了系统提供的日志方法，从命名上也可以看出。

另外我们也可以实现一个名叫 TinyLogProcessor 的类，里面的实现采用了 TinyLog 模块。

```
1.  public class TinyLogProcessor implements ILogProcessor {
2.
3.      @Override
4.      public void init(LogConfig logConfig) {
5.          if (logConfig != null) {
6.              TinyLog.config()
7.                      .setEnable(logConfig.isEnable())
8.                      .setWritable(logConfig.isWritable())
9.                      .setLogLevel(logConfig.getLevel());
10.         }
11.     }
12.
13.     @Override
14.     public void loadV(String vLog) {
15.         TinyLog.v("tinylog:" + vLog);
16.     }
17.
18.     @Override
19.     public void loadD(String dLog) {
20.         TinyLog.d("tinylog:" + dLog);
21.     }
22.
23.     @Override
24.     public void loadI(String iLog) {
25.         TinyLog.i("tinylog:" + iLog);
26.     }
27.
28.     @Override
29.     public void loadE(String eLog) {
30.         TinyLog.e("tinylog:" + eLog);
31.     }
32. }
```

对用户来说，只需要使用 ILogProcessor 接口中定义的方法即可，无须关心这些方法是怎么实现的：

```
1.  public interface ILogProcessor {
2.
3.      void init(LogConfig logConfig);
4.
5.      void loadV(String vLog);
6.
7.      void loadD(String dLog);
8.
9.      void loadI(String iLog);
10.
11.     void loadE(String eLog);
12. }
```

再来看看如何使用，前面说到了配置信息要在 Application 中完成，以日志模块为例：

```
1.  @Override
2.  public void onCreate() {
3.      super.onCreate();
4.      //get application
5.      if (INSTANCE == null) {
6.          INSTANCE = this;
7.      }
8.      //日志模块
9.      AndroidQuick
10.         // .configLog()
11.         .configLog(new TinyLogProcessor())
12.         .setEnable(BuildConfig.DEBUG)
13.         .setWritable(true)
14.         .setLevel(LogConfig.LOG_V);
15. }
```

configLog 方法是实例化 Log 信息的配置类，这里我们可以切换具体实现的功能模块，例如是用 TinyLogProcessor 还是 DefaultLogProcessor，然后再通过链式模式初始化这些配置信息。如果直接使用 configLog()，我们默认使用 DefaultLogProcessor 方案。最后记得，如果要使配置生效的话，需要加上 AndroidQuick.launch(); 这句话。

使用起来也很简单：

```
AndroidQuick.logProcessor().loadD("this is tiny log");
```

其他模块实现的思路和解决方案也是如此，这里就不过多叙述了，读者通过上述各节的介绍，掌握解决问题的思路和方法即可。

第 3 篇
扩展篇

本篇主要介绍一些 Android 开发过程中有助于提升开发效率的知识点，包括常用开发解决方案、常用的 Android 优化场景，此外还会介绍 Android 开发的测试以及常用的工具。

第 11 章 常用开发解决方案

11.1 设计方案：蓝湖

蓝湖是一个产品文档和设计图的共享平台，帮助互联网团队更好地管理文档和设计图。蓝湖可以在线展示 Axure，自动生成设计图标注，与团队共享设计图，展示页面之间的跳转关系。蓝湖支持在 Sketch、Photoshop 上一键共享、在线讨论，而且蓝湖只需要简单的几步就能将设计图变成一个可以点击的演示原型，蓝湖还支持将文档分享给同事，让他也可以在手机上查看设计效果。蓝湖已经成为新一代产品设计的工作方式。

蓝湖对开发人员来说到底有什么好处呢？

1. 查看标注

点击蓝湖设计图上的元素，即可查看相关的标注信息，可以选择 Android、iOS、Web 3 个平台，每个平台都对应各自的计量单位，如图 11.1 所示。

点击即可查看标注值，如图 11.2 所示。

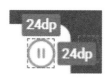

图 11.1　各平台标注　　　　　　　　　图 11.2　标注值

2. 切图下载

点击图片元素，即可看到各种尺寸的图片，可以选择某个尺寸下载，也可以选择整体下载，然后放入 Android Studio 对应的 mipmap 文件夹中，如图 11.3 所示。

还可以选择下载不同格式的文件，如图 11.4 所示。

图 11.3　各尺寸切图　　　　　　　　　　图 11.4　各种格式

3. 自动生成代码

从图 11.5 中可以看到不透明度，还有颜色的渐变范围，同时渐变范围还有相应的源码展示，复制到 shape 文件中即可。

点击文案，我们还可以看到文案的详细内容，如字体、字重、对齐方式、字号、颜色等。同时也给出了在 layout 中的资源文件代码，直接复制就可以了，如图 11.6 所示。

图 11.5　自动生成代码　　　　　　　　　　图 11.6　详细属性

11.2 产品方案：Axure

Axure 是一个便捷、热门的界面原型设计工具，它不需要具有任何编程或写代码的基础，就可以设计出交互效果良好的产品原型，并可自动生成用于演示的网页文件和规格文件，以供演示与开发。常用于互联网产品设计、网页设计、UI 设计等领域。

11.2.1 Axure 优点

产品经理可以直接使用 Axure 设计出 App 的交互原型，并且有动态交互效果，并附上简单的说明，手机或者计算机上均可演示效果。

- 需求评审。在需求评审会议上，可以直接拿出原型稿给大家演示，方便说明产品设计理念以及需求，同时也方便与会人员对产品设计提出意见和建议。
- 对管理人员。管理人员能很直观地明白 App 的整体设计，以及是否符合项目整体的规划，同时也便于领导向上级汇报和给客户演示。
- 对开发人员。开发人员可以方便地理解整体的交互流程，评估大体的工作量，并且可以在最终设计稿出来前的这段时间，完成基本的业务逻辑代码开发。
- 对测试人员。测试人员可以根据这个交互稿理解产品需求，同时可以开始编写测试用例。
- 对设计人员。Axure 本身的设计原型也是一个低保真的效果，UE 设计人员可以根据交互原型来判断怎么进行优化和最终的交互设计；而 UI 设计人员可以参考这个低保真效果，发挥自己的想象力，设计出最终的高保真设计稿。
- 对产品经理。传统的产品经理输出的是 Word 文档，里面附上贴图和文字介绍，但是这样的输出不够直观，而且没有交互。其实 Axure 完全可以替代 Word 文档的输出，不但能通过直观的交互表明产品需求，而且 Axure 本身也具备文档的指引性和归档性，可以通过建立新的页面来记录每个版本的需求内容，同时可以建立跳转来引导文档内容的连接。
- 对投资人。如果拿着商业计划书去跟投资人商谈，很难在短时间内让对方明白你的项目最后到底是什么样的。如果有 Axure 制作的原型加以辅助，相信会吸引投资者的关注。

11.2.2 Axure 和蓝湖

安装蓝湖 Axure 插件（或者直接下载蓝湖 Axure 客户端），无须导出 Axure HTML，可以直接分享给同事们；同事们无须下载解压，可以直接在线评审，发表意见，而且可以保证每次打开的都是最新版本；同时蓝湖还能自动备份历史版本，方便成员查看，如图 11.7 所示。

图 11.7　蓝湖插件

11.2.3　Axure 实例

Axure 自由度很高，而且有丰富的 UI 元件库供用户下载使用。图 11.8 所示的就是利用 Axure 设计出来的原型图。

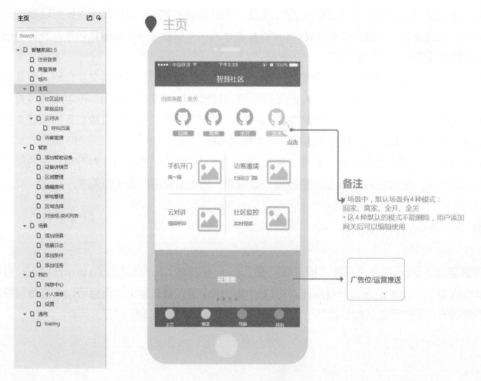

图 11.8　Axure 原型

关于该原型的详细实例可以在随书源码中查看。

11.3 Mock 方案：Postman

11.3.1 为什么要模拟 API 接口

在开发过程中涉及前端和后台的交互的就是 API 接口。

前端的需求是 API 接口定义好以后，能够有数据返回，有了数据后前端便开发调试；而接口的数据是后台开发的依据，往往不能够在短时间内完成。这样前端和后台就会有一个时间差，前端需要数据调试 UI，而后台数据需要开发。

这种情况下，前端开发的时候往往会造一些模拟数据，方便自己开发调试，等后台有了数据后再将模拟数据删除，重新接入 URL 进行测试。

这种开发模式的弊端如下。

- 需要本地模拟数据，后期需要删除模拟数据，这种操作会增加一定的工作量，并且还有误操作的可能。
- 前端和后台的 API 接口基于 Wiki 文档。在 API 定义好以后，如果有变更，则需要修改 Wiki 文档，而且并不能及时通知到其他端，会增加一定的沟通成本。
- 如果 API 接口有变更，前端的模拟数据也需要做出调整。

我们希望达到的效果如下。

- 前端和后台使用同一个 API 协同管理系统，API 定义好之后各端可以不依赖彼此，各自并行开始工作。
- API 协同管理系统里面定义各种 API 接口，并且有模拟返回数值。
- 在开发周期使用模拟环境的 URL，上线时替换为正式环境的 URL。

11.3.2 利用 Postman 模拟 API 接口

目前第三方 API 管理平台有很多，如 Postman、Easy-Mock、Apizza、Apipost、Doclever、Swagger 等。这些平台的功能其实都差不多，如支持团队协作、在线 API 接口调试、API 接口文档生成、支持常见模拟请求等。

在这些平台中，Postman 还算是功能较强大的，也便于开发人员使用，关键是比较稳定。

可能平时我们印象中的 Postman 都是用来模拟 get 和 post 请求的，殊不知它还有 mock server 的功能。

接下来我们就以 Postman 为例来讲解一下如何实现模拟 API 接口。

首先在 Postman 官网下载 Postman 客户端版本，这里以 Windows 版本为例。登录账号后，按照图示创建一个 mock server，这个 mock server 是 Postman 在自己的服务器上为我们创建的，省去了自己搭建 mock server 的麻烦，如图 11.9 所示。

单击复制按钮可以复制 mock server 的地址，如图 11.10 所示。

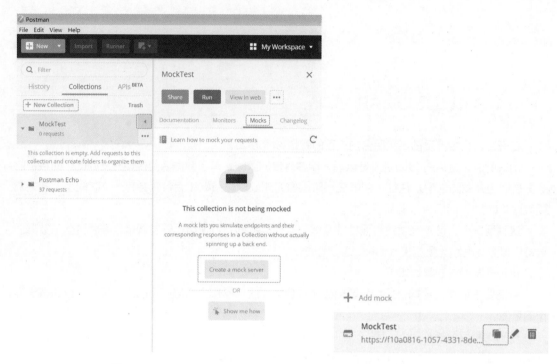

图 11.9　mock server　　　　　　　　　图 11.10　复制地址

在 Collections 中选择 MockTest，然后新建一个 getUserInfo 的 request，再将上面复制得到的 mock server 地址放到这个接口前面，这样就有了一个完整的 API 接口，如图 11.11 所示。

图 11.11　URL 地址

当然，这个 mock server 地址可以用一个全局变量来替代，如图 11.12 和图 11.13 所示。

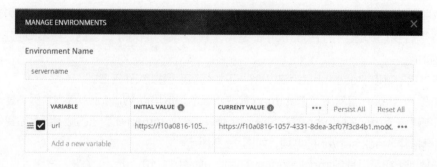

图 11.12　全局变量

图 11.13　含有全局变量的 URL 地址

这样我们在编辑 API 接口的时候就可以用 {{url}} 来代替这个 mock server 地址了。

接下来就到了配置 API 接口的时候了。

在此之前我们先理清一下 collection、request、example 之间的关系。collection 是管理所有 request 的集合；request 是 API 接口的名称，如 getUserInfo；而 example 是属于 request 的，用于创建 mock 的实例。需要注意的是，一个 request 可以创建多个 example，但是 mock server 只对最后创建的 example 有效。

先单击 getUserInfo 的 request 右上角的 examples，开始创建 example 实例，每一个 example 实例都是我们 mock 的对象，如图 11.14 所示。

接下来填写 request 访问的方式和 response 返回的结果，如图 11.15 所示。

图 11.14　添加 example

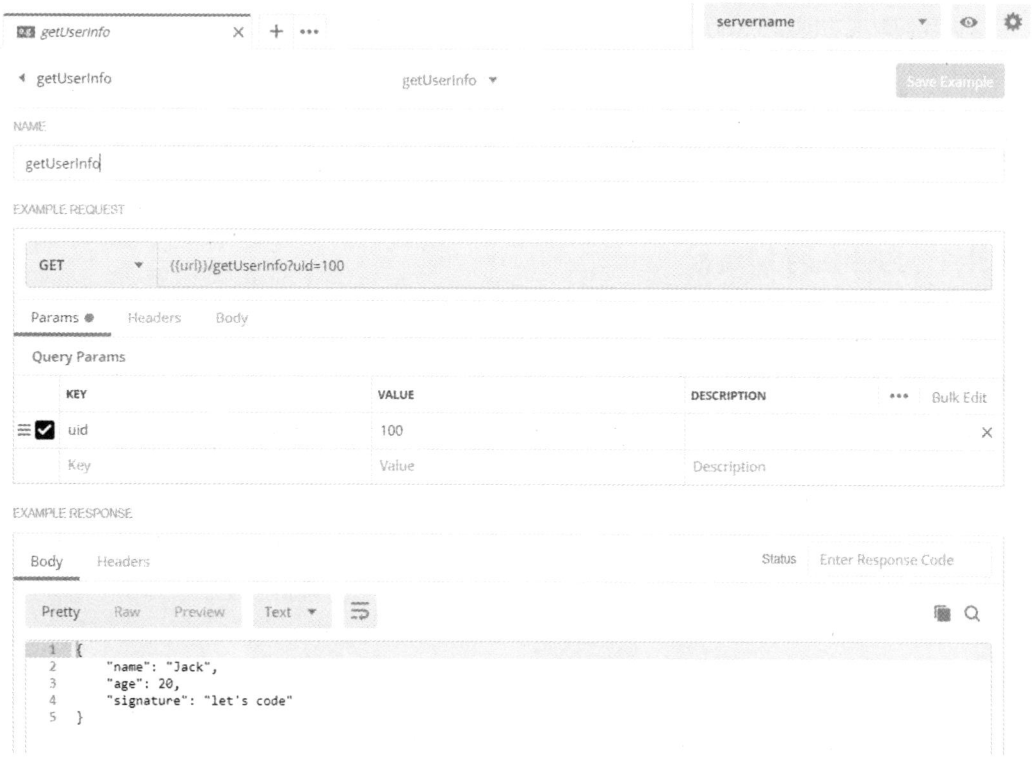

图 11.15　填写 request 和 response

填写完后，我们再回到 request 里面访问一下，结果如图 11.16 所示。

图 11.16　request 运行结果

再到浏览器中验证一下，结果如 11.17 所示。

{ "name": "Jack", "age": 20, "signature": "let's code" }

图 11.17　浏览器运行结果

这样我们就成功创建了 mock 接口实例。

11.4　长连接方案：Mars

11.4.1　为什么用 Mars

Mars 是微信官方的终端基础组件，它与业务性无关、与平台性无关，是使用 C++ 编写的基础组件。Mars 被数以亿计的微信用户证明是有效的。

图 11.18 展示的是 Mars 官网的介绍。

	Mars	AFNetworking	OkHttp
跨平台	yes	no	no
实现语言	C++	Objective-C	Java
具体实现	基于 socket	基于 HTTP	基于 HTTP
支持完整的 HTTP	no	yes	yes
支持长连	yes	no	no
DNS 扩展	yes	no	yes
结合移动 App 做设计	yes	no	no

图 11.18　Mars 介绍

Mars 包括一个完整的高性能的日志组件 xlog；Mars 中的 STN 是一个跨平台的 socket 层解决方案，并不支持完整的 HTTP 协议；STN 模块是一个更加贴合"移动互联网""移动平台"特性的网络解决方案，尤其是对弱网络、平台特性等有很多的相关优化策略。

Mars 是一个结合移动 App 设计的基于 Socket 层的解决方案，在网络调优方面有更好的可控性；对于 HTTP 完整协议的支持，已经考虑在后续版本中加入。Mars 在微信的应用场景主要是：普通 CGI 请求，类似收发消息和收发语音；业务 CGI 支付请求等。

如果你想一次学习、多个平台使用，Mars 是一个比较好的选择；如果你面对的用户是移动网络下的用户，Mars 也是一个比较好的选择。但如果你只是想使用完整的 HTTP 协议，Mars 暂时可能不适合你；如果你的应用中存在大量发送大数据的场景，Mars 也不是一个很好的选择，不建议使用。

Mars 是基于 Socket 层、结合移动端 App 设计的网络解决方案。由于移动端 App 会面临较多弱网以及各种各样复杂网络变化的场景，Mars 团队针对网络层做了大量优化，并且在微信这个用户基数大的 App 上得到了应用和验证。

所以如果我们的产品是 App，也就是面向移动端网络的用户，那么 Mars 是一个很好的选择；如果我们的产品需要使用完整的 HTTP 协议，那么可以选择使用 OkHttp 解决方案。

11.4.2　.proto 文件

先简单介绍一下 Protocol Buffer。

Protocol Buffer 和 XML、JSON 一样，都是结构数据序列化的工具，但它们的数据格式有比较大的区别，如下。

- 首先，Protocol Buffer 序列化之后得到的数据不是可读的字符串，而是二进制流。
- 其次，XML 和 JSON 格式的数据信息都包含在了序列化之后的数据中，不需要任何其他信息就能还原序列化之后的数据；但使用 Protocol Buffer 需要事先定义数据的格式（.proto 协议文件），还原一个序列化之后的数据需要使用到这个定义好的数据格式。
- 最后，在传输数据量较大的需求场景下，Protocol Buffer 比 XML、JSON 更小（70% 到 90%）、更快（20 到 100 倍）、维护更简单；而且 Protocol Buffer 可以跨平台、跨语音使用。

.proto 文件的内容样式如下：

```
1.  syntax = "proto3";
2.  import "header.proto";
3.
4.  package tiny.findserver;
5.
6.  // 匹配请求
7.  message SendFindReq{
8.      int32   sex = 1;              // 性别 0：男 1：女
9.      int32   findSex = 2;          // 目标匹配性别 0：男:1：女
10.     string  city = 3;             // 城市
11.     map<string, string> userFavTag = 4;//用户喜好标签
12.     string  version = 5;          //当前app版本号
13. }
```

11.4.3 自动生成 Java 文件

将 .proto 文件放入工程里面，build 一下，IDE 会帮助我们自动生成相关的 Java 文件，可以在 build -> generated -> source -> proto 目录下面看到这些生成的文件。这些文件是根据我们放入的 .proto 文件自动生成的，例如：

```
1.  package tiny.findserver;
2.
3.  public final class FindServer {
4.    private FindServer() {}
5.    public static void registerAllExtensions(
6.      com.google.protobuf.ExtensionRegistryLite registry) {
7.    }
8.
9.    public interface SendFindReqOrBuilder extends
10.     com.google.protobuf.MessageLiteOrBuilder {
11.     ......
12.   }
13.
14.   public static final class SendFindReq extends
15.     com.google.protobuf.GeneratedMessageLite<
16.     SendFindReq, SendFindReq.Builder> implements
17.     SendFindReqOrBuilder {
18.     ......
19.   }
20.
21.   public static final class SendFindResp extends
22.     com.google.protobuf.GeneratedMessageLite<
23.     SendFindResp, SendFindResp.Builder> implements
24.     SendFindRespOrBuilder {
25.     ......
26.   }
27. }
```

11.4.4 Android 中的调用

上述准备工作做好后，接下来就可以直接在业务代码里面调用了：

```
1.  public void sendFind(int sex, int findSex, String city) {
2.      //未鉴权则返回
3.      if (!SignalNetworkService.getInstance().isLongLinkAuthed()) {
4.          return;
5.      }
6.      //构建Request请求
7.      FindServer.SendFindReq req = FindServer.SendFindReq.newBuilder()
8.              .setFindSex(findSex)
9.              .setCity(city)
```

```
10.             .setSex(sex)
11.             .setVersion(ContextUtil.getAppVersion())
12.             .build();
13.     //Mars组包
14.     SignalNetworkManger.getInstance().sendRequest(1,
15.         "tiny.findserver.FindServantObj", "SendFind", req.toByteArray(),
16.         null, data -> {
17.             int retCode = -2;
18.             if (data == null) {
19.                 return retCode;
20.             }
21.             try {
22.                 //构建Response响应
23.                 FindServer.SendFindResp resp = FindServer.SendFindResp.parseFrom(data);
24.                 //处理Response响应
25.                 .......
26.                 ......
27.                 return retCode;
28.         });
29.     }
```

使用流程也很简单，跟我们使用一般的 HTTP 网络框架的流程差不多，如下。

1. 构造 Request 请求

Request 请求类是系统自动帮我们生成的，参考 11.4.3 小节我们生成的 CallServer，其中的静态类 SendCallReq 就是用来构造请求的。

2. 发送 Request 请求

我们使用 RPCInputOuterClass.RPCInput.newBuilder() 构造好请求参数，然后放入 StnLogic.Task 这个请求任务中，最终通过 StnLogic.startTask(task) 启动这个请求任务。一般我们会将这个过程进行一个封装，例如上述代码中我们用到的 SignalNetworkManger 单例类。

3. 处理 Response 响应

Response 响应也是系统自动帮我们生成的，参考 CallServer 中的 SendCallResp。处理完成的数据可以通过 EvenBus 之类的异步分发组件发送到目标处。

11.5 伪协议方案

谈到伪协议，那么先说下真协议，例如我们常见的 HTTP 协议，这个就是我们通常所说的网址，其实也是一种 URL Scheme 格式。HTTPS 表明这个协议是一种超文本传输安全协议，默认被浏览器识别和解析。

如果我们仿造真协议定义一种这样的格式，它具有如下特点。

- 遵循 URL Scheme 规范。
- 它能够被识别和解析，并为自身 App 或第三方 App 所用。

那这样的格式也是一种很好的解决方案。

11.5.1　URL Scheme 定义

在定义伪协议前，我们需要先了解一下什么是 URL Scheme。

标准的 URL Scheme 格式定义如下：

scheme + (?/) + hostname + (? + port + path + (?) + query + (#) + fragment

例如：/test/add?uid=100&uid=200#myfrag。

需要注意的是，scheme、hostname 是必须的，其他部分可以选择要或不要，但是顺序不能变动。

11.5.2　URL Scheme 解析

Android 提供了一种处理 Scheme 的类：Uri，位置在 android.net.Uri。使用 Uri 可以操作伪协议，以 /test/add?uid=100&age=20#myfrag 为例，如下。

- getScheme() 获取 scheme：https
- getHost() 获取 hostname：androidwind.com
- getPort() 获取 hostname:8080
- getPath() 获取 path：/test/add
- getQuery() 获取 query：uid=100&uid=200
- 也可以通过 getQueryParameter(key) 获取指定的值，例如 getQueryParameter(uid)，值为 100
- getFragment() 获取 fragment：myfrag

11.5.3　URL Scheme 应用

URL Scheme 的配置有两种方式，一种是直接在 AndroidMainfest.xml 中配置，通过 Intent 跳转；还有一种是在代码中直接解析 URL Scheme，获取字段，通过代码进行跳转。

我们定义一个伪协议：tiny://androidwind:8080/add，如下。

1. AndroidMainfest.xml 配置

```
1.    <activity android:name=".SchemeActivity">
2.
3.        <!--activity过滤器-->
4.        <intent-filter>
5.            <!--scheme配置-->
6.            <data
7.                android:host="androidwind"
8.                android:path="/add"
9.                android:port="8080"
```

```
10.            android:scheme="tiny"
11.         />
12.     <category android:name="android.intent.category.DEFAULT" />
13.     <action android:name="android.intent.action.VIEW" />
14.     <category android:name="android.intent.category.BROWSABLE" />
15.     </intent-filter>
16. </activity>
```

2. 代码解析

```
1. String url = "tiny://androidwind:8080/add";
2. Uri uri = Uri.parse(url);
3. String scheme = uri.getScheme();
4. String host = uri.getHost();
5. String path = uri.getPath();
6. //判断path是不是某个业务
7. if("add".equals(path)) {
8. // 跳转到对应的业务页面
9. }
```

11.5.4 URL Scheme 应用场景

1. App 应用内页面跳转

```
1. String url = "tiny://androidwind:8080/add";
2. Intent intent = new Intent(Intent.ACTION_VIEW, Uri.parse(url));
3. startActivity(intent);
```

这样就可以打开 SchemeActivity 这个页面了。

2. App 应用内页面跳转（通过代码解析）

```
1. String url = "tiny://androidwind:8080/add";
2. Uri uri = Uri.parse(url);
3. String scheme = uri.getScheme();
4. String host = uri.getHost();
5. String path = uri.getPath();
6. //判断path是不是某个业务
7. if ("/add".equals(path)) {
8. // 跳转到对应的业务页面
9.     Toast.makeText(this, "伪协议解析完成", Toast.LENGTH_SHORT).show();
10.    startActivity(new Intent(this, TestActivity.class));
11. }
```

3. 通过 App 应用内的 H5 页面跳转到 App 指定页面

```
1. StringBuilder sb = new StringBuilder();
2. sb.append("<html>");
```

```
3. sb.append("<body>");
4. sb.append("<h1> <a href=\"" + url + "\">"
5.         + "通过app应用内的H5页面跳转到app指定页面</a></h1>");
6. sb.append("</body>");
7. sb.append("</html>");
8.
9. wv.loadDataWithBaseURL(null, sb.toString(), "text/html", "utf-8", null);
```

4. 外部 App 启动本 App，并跳转到指定页面

外部 App 可以通过下面的代码打开另外一个 App：

```
1. Intent intent = new Intent(Intent.ACTION_VIEW, Uri.parse("tiny://androidwind:8080/add"));
2. startActivity(intent);
```

如果出现闪退则说明手机里面没有目标 App，应该增加 try catch 进行处理。

5. 通过浏览器启动本 App，并跳转到指定页面

使用手机浏览器，打开一个网页，然后点击网页上的超链接，打开手机内的 App。

例如通过手机访问超链接后，点击"打开 App"，就可以打开手机内安装的指定 App。

另外需要说明的是，通过 github 上传的 html 文件，如果需要预览效果，可以在 github 的 htmlpreview 网站上做一个转换。

6. 通过 Push 消息跳转到指定页面

```
 1. NotificationManager notifyManager = (NotificationManager) getSystemService(Context.NOTIFICATION_SERVICE);
 2. NotificationCompat.Builder builder;
 3. builder = new NotificationCompat.Builder(MainActivity.this, "default");
 4. builder.setSmallIcon(R.mipmap.ic_launcher)
 5.         .setLargeIcon(BitmapFactory.decodeResource(getResources(), R.mipmap.ic_launcher))
 6.         .setContentTitle("tiny")
 7.         .setContentText("click to test scheme")
 8.         .setTicker("您有新的消息，请注意查收！")
 9.         .setOngoing(false)
10.         .setWhen(System.currentTimeMillis())
11.         .setPriority(Notification.PRIORITY_DEFAULT)
12.         .setAutoCancel(true);
13.
14. //8.0 以后需要加上channelId 才能正常显示
15. if (Build.VERSION.SDK_INT >= Build.VERSION_CODES.O){
16.     String channelId = "default";
17.     String channelName = "默认通知";
18.     notifyManager.createNotificationChannel(new NotificationChannel(channelId, channelName, NotificationManager.IMPORTANCE_DEFAULT));
19. }
20.
21. Intent intent = new Intent(Intent.ACTION_VIEW, Uri.parse(url));
22. PendingIntent pendingIntent = PendingIntent.getActivity(MainActivity.this, 1,
```

```
intent, PendingIntent.FLAG_UPDATE_CURRENT);
    23. builder.setContentIntent(pendingIntent);
    24. Notification notification = builder.build();
    25. notifyManager.notify(1, notification);
```

点击消息栏的通知,可以跳转到目标 App 页面。

11.6 App 预埋方案

App 预埋功能指的是预先实现的一些功能,这些功能一般是开发中比较通用的功能,或者是一些跟业务相关的通用功能,接下来我们会介绍一些常见的预埋功能及其解决方案。

11.6.1 升级

升级是 App 必须预备的功能。使用内置的升级功能,能够将最新版本的 App 推送给用户,方便用户直接在 App 内升级,增大新版本的覆盖率。这样就不需要用户去官网或者应用市场更新,提高新版本的升级效率。

提起升级功能,必须要提到的是强制升级。什么情况下需要用到强制升级呢?那就是在低版本不可用的时候。

低版本不可用一般是在以下几种情况。

1. 低版本不能和高版本兼容

例如高版本新增了字段,低版本无法解析;又如高版本新增了一个功能,但是低版本上无法看到这个功能的效果。

2. 后台不再支持低版本接口

App 有重大升级,例如从 v1 升级到 v2,v2 接口相比 v1 有重大变化,那么服务器需要维护两套接口。当新版本用户覆盖率达到一定比例后,可以放弃对 v1 旧接口的维护,通过强制升级提示旧版本用户升级到最新版本。

3. 某些必须升级的情况

1)旧版本 App 存在漏洞

漏洞会直接影响到 App 的安全,导致用户隐私和 App 的数据被盗取和非法利用。那么这些存在漏洞的版本就必须要强制升级。

还有一些漏洞在当时发版的时候可能并未被发现,在使用过程中才暴露出来,那么这种情况下也需要及时通过强制升级来规避风险。

2)功能缺陷

有时候一些 Bug 在测试的时候没有被发现,上线后发现这些 Bug 会严重影响用户的体验。那么这种情况下也必须通过强制升级来弥补缺陷。

3)证书过期

HTTPS 的客户端证书,一般有效期为 2 到 3 年,那么就会存在证书到期导致 App 无法进行网络连接的情况。这种情况我们一般会提前一段时间更新证书，然后放置在新版本的 App 中，用户直接升级即可。但是也有用户一直使用旧版本，如果遇到这样的情况，也必须通过强制升级来解决。

11.6.2 功能开关

所谓的功能开关，就是能够控制 App 的某些功能的配置。这些配置通常是在服务器后台配置，然后客户端通过接口获取，然后进行配置。

在实际开发过程中，涉及多个部门的合作，例如有一个商城的功能，可能在 App 发版的时候还没上线，那么我们可以在后台配置为不显示；等到商城上线后，在后台配置为开启，那么 App 中就会显示这个商城。

例如后台可以通过配置 Key-Value 的形式来决定显示或者隐藏：

```
Key: tab_mall_show
Value: {"isShow":"0"} // 0表示显示,1表示隐藏
```

客户端可以通过 tab_mall_show 这个参数获取对应的值，然后决定显示或者隐藏。

由于客户端需要通过网络获取配置信息，那么这个就涉及网络获取成功或者失败的情况。成功则好，如果失败呢，是否需要有一个默认值呢？我们用图 11.19 来描述如何处理这一过程。

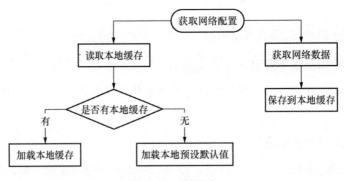

图 11.19　缓存方案

可以看到，获取网络配置和读取本地缓存是并行的，网络数据获取到后保存到本地缓存中，而使用的时候也是从本地缓存中读取的。如果从本地缓存中读取不到网络数据，一般第一次使用的时候会遇到这种情况，那么我们可以使用本地预设的配置；如果能从本地缓存中读取到网络数据，那么就可以直接使用。

11.6.3 通用弹框

通用弹框主要用来解决一些通用的信息提示的问题。如系统全局通知、账号在别处登录、账号异常被加入黑名单等，因为它属于通用的功能，所以在开发 App 的时候需要加入这样的功能。

通用弹框也就是我们所说的全局弹框，要求用户在 App 的任何地方都能收到这个弹框。需要注意的是，我们会在 BaseActivity 中统一处理这个消息，然后让所有的页面集成这个 Activity，

这样任何 Activity 都能收到这个消息。但是这个方案有个弊端就是，如果打开 A 页面后，再打开 B 页面，这时 A 页面未主动关闭，也未被系统回收，那么 A 和 B 两个页面都会收到消息。也就是你在 B 页面收到消息后，关闭 B 页面回到 A 页面的时候，能看到 A 页面也具有这个消息提示框。

我们的解决方案是：在 onResume 里面设置一个标记位，如 isForegroud=true 表示这个 Activity 正在前台显示；在 onPause 里面同样把 isForeground 设置为 false。然后在 BaseActivity 里面根据 isForeground 来选择哪些需要在前台页面上处理。

11.6.4 旧版本和新版本字段兼容

例如 App v1.0 版本定义了 5 种 type，v1.0 的 App 会对这 5 种 type 进行对应的处理；
App v2.0 版本增加了一个 type，v2.0 的 App 同样也会对这 6 种 type 进行处理；

现在有个问题就是，如果 v2.0 版本的 App 将这个新增的 type 发送给 v1.0 版本的 App，v1.0 版本的 App 没有处理的话，那将不会有任何反应。所以我们在低版本 App 中，需要增加对未知 type 的处理，例如增加一个判断，不在这 5 种 type 中时提示"当前版本不支持的消息，请升级到最新版本"。

11.6.5 extension 扩展字段

扩展字段专门用来处理某个业务可以扩展的内容，而无须改动与扩展字段同层级的字段信息。扩展字段的值也需要是 JSON 字符串格式的。

例如有一段 IM 消息的接口内容如下：

```
1.  {
2.      "uid":10000,
3.      "name":"Jack",
4.      "avatar":"图片地址",
5.      "msg":"hello",
6.      "msgType":21,
7.      "extention":{
8.          "from":"USA",
9.          "signature":"love life!"
10.     }
11. }
```

同级的 uid、name、avatar、msg、msgType 是固定字段，extention 里面的字段是可以扩展的，以后如果 IM 有相关业务的变化可以在 extention 里面新增字段。

11.6.6 权限管理

从 Android 6.0 开始，也就是 API Level 高于 23，增加了权限检查功能。
权限检测生效条件如下：

- targetSdkVersion 和 compileSdkVersion 高于 23。
- 运行的 Android 系统高于 6.0。

以上两条必须同时满足。

如果 App 的 targetSdkVersion 和 compileSdkVersion 高于 23，而且又运行在高于 6.0 的 Android 系统上，但是 App 中没有加入权限检测的代码，这样 App 请求的权限默认都会关闭，如存储权限。那么 App 极有可能在运行的时候因为没有获取到权限而崩溃。而用户没有得到提示，不知道是什么原因引起的，给用户也带来了不好的体验。

出于安全考虑，在 App 中添加权限管理也是现在 App 开发过程中必备的步骤之一。

11.6.7 域名替换

考虑到域名失效（如域名过期失效、域名被限制使用等），需要 App 能够通过一个配置接口获取最新的域名，从而能将现有域名批量替换成最新的域名。这样就可以在不重新发布 App 的情况下继续使用。

例如获取域名替换接口的返回值，格式如下：

```
1.  {
2.     "data": [{
3.        "new": "test1.new.com",
4.        "old": [
5.           "test1.old1.com", "test1.old2.com"
6.        ],
7.        "enable": true
8.     },
9.     {
10.       "name": "test2.new.com",
11.       "old": [
12.          "test2.old.com"
13.       ],
14.       "enable": true
15.    }
16.    ]
17. }
```

new 表示新域名，old 表示旧域名，enable 表示是否替换。

此外还有一些其他的预埋功能，如统计系统、崩溃系统、推送系统、分享、支付等，这些可以根据项目实际需求选择配置。

11.7 Gradle 配置方案

11.7.1 Gradle 简介

Gradle 是什么？Gradle 是一个基于 Apache Ant 和 Apache Maven 概念的项目自动化构建

开源工具。它使用一种基于 Groovy 的特定领域语言（DSL）来声明项目设置，抛弃了基于 XML 的各种烦琐配置。

可以把它理解为一种自动化构建工具，使用 Groovy 语言开发。例如我们平时开发 Android 项目时的检测、编译、打包、生成 Java 文件、生成 JavaDoc、上传、发布等。

当然，Gradle 不仅可以使用 Groovy 开发，还可以使用 Java、Kotlin 和 Scala 来开发，后续会支持更多的语言。

Android Studio 右边有一个 Gradle 的 tab，单击后可以看到有哪些脚本任务。其中大部分是系统自带的，自己构建的脚本任务也会在此显示，如图 11.20 所示。

图 11.20　Gradle 脚本

11.7.2　配置信息

我们可以新建一个单独的 gradle 文件，用来存放一些配置信息，然后在需要用到的地方引用进来即可。

例如新建一个 config.gradle 文件，内容如下：

```
ext {
    android = [
            compileSdkVersion       : 28,
            buildToolsVersion       : "28.0.3",
            minSdkVersion           : 19,
            targetSdkVersion        : 28,
            versionCode             : 1,
            versionName             : "2.0.0",
    ]

    app = [
            //support
            appcompatv4             : 'com.android.support:support-v4:24.2.0',
            appcompatv7             : 'com.android.support:appcompat-v7:28.0.0',
            design                  : 'com.android.support:design:28.0.0'
    ]
}
```

然后在需要引用到它的 gradle 文件中声明引用，这里我们在项目的 build.gradle 文件中添加如下代码：

```
apply from: "config.gradle"
```

这样就不需要在模块的 gradle 文件中再次声明引用了，模块的 gradle 可以直接使用 config.gradle 中的配置信息，例如：

```
android {
    compileSdkVersion rootProject.ext.android.compileSdkVersion
    buildToolsVersion rootProject.ext.android.buildToolsVersion
```

```
4.    defaultConfig {
5.        applicationId "com.androidwind.androidquick"
6.        minSdkVersion rootProject.ext.android.minSdkVersion
7.        targetSdkVersion rootProject.ext.android.targetSdkVersion
8.        versionCode rootProject.ext.android.versionCode
9.        versionName rootProject.ext.android.versionName
10.   }
11. }
```

这样配置的好处就是可以不用将配置信息全部写在项目的 build.gradle 文件中，通过单独的 gradle 文件保存，达到分类清晰、便于管理的目的。

11.7.3　使用 .each 引入依赖库

以上面的 config.gradle 文件为例，dependencies 是我们设定的依赖库集合，那么在 app 模块下面如果想引用这些依赖库应该怎么办呢？

普通的做法就是通过声明依赖一个一个地引进来：

```
1. implementation rootProject.ext.dependencies["appcompatv7"]
```

我们可以通过 groovy 的 .each 方法批量加入引用，以 app 模块的 build.gradle 为例：

```
1. dependencies {
2.     app.each {
3.         implementation it
4.     }
5. }
```

11.7.4　任务信息

除了可以存放配置信息外，Gradle 文件还可以执行脚本任务。Groovy 中的任务是以 task 开头的，例如项目的 build.gradle 里面有一个删除任务：

```
1. task clean(type: Delete) {
2.     delete rootProject.buildDir
3. }
```

接下来我们以一个实例来了解下任务是怎么使用的。

回顾 1.2.2 小节中介绍的 checkstyle.gradle 文件，我们来分析一下这个 gradle 脚本，如下。

- allprojects：应用范围包括项目根目录和模块子目录。
- checkstyle { …… } 是代码检测文件的配置信息，如 xml 文件地址。
- enable_checkstyle 是一个开关配置，可以在 gradle.properties 中配置：enable_checkstyle=true。
- tasks.whenTaskAdded 表示当一个 task 被添加的时候，需要执行哪些操作。这里我们判断当前的 task 是不是 prepareReleaseDependencies，此时不需要关心是否开启了开关；或者判断当前的任务是不是 preBuild，此时开启了开关。
- 符合条件时，我们通过 dependsOn 来执行具体的依赖任务，这里的任务就是 checkstyle。

11.8 串行与并行方案：RxJava

11.8.1 什么是串行和并行

串行和并行，是针对任务这个概念而言的，也就是串行任务和并行任务。那我们需要了解一下什么是任务。

以一个 HTTP 网络请求来看，这个网络请求就是一个任务。它包含了发送请求、后台处理、处理返回数据这几个步骤。

而需求就是多个任务的集合。有些需求是需要任务之间依次执行的，也就是下一个任务是需要基于上一个任务的处理结果才能执行的，这样的任务需求我们称之为串行任务；而有些需求是要求执行多个任务的，而且任务之间并无依赖关系，这样的任务需求我们称之为并行任务。

接下来我们通过 RxJava 的操作符实例来展示一下串行和并行任务的实现。

11.8.2 串行：FlatMap

图 11.21 展示了 FlatMap 操作符的处理流程。

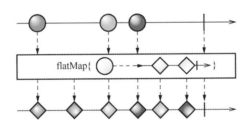

图 11.21 FlatMap 处理流程

```
1.  Observable<String> o1 = Observable.create(new ObservableOnSubscribe<String>() {
2.      @Override
3.      public void subscribe(ObservableEmitter<String> e) {
4.          try {
5.              Thread.sleep(1000); // 假设此处是耗时操作
6.          } catch (Exception ee) {
7.              ee.printStackTrace();
8.          }
9.          e.onNext("1");
10.         e.onComplete();
11.     }
12. });
13.
```

```
14.        Observable<String> o2 = Observable.create(new ObservableOnSubscribe<String>() {
15.            @Override
16.            public void subscribe(ObservableEmitter<String> e) {
17.                try {
18.                    Thread.sleep(1000); // 假设此处是耗时操作
19.                } catch (Exception ee) {
20.                    ee.printStackTrace();
21.                }
22.                e.onNext("2");
23.                e.onComplete();
24.            }
25.        });
26.
27.        o1.flatMap(new Function<String, ObservableSource<String>>() {
28.            @Override
29.            public ObservableSource<String> apply(String s) throws Exception {
30.                return o2;
31.            }
32.        })
33.                .observeOn(Schedulers.io())
34.                .observeOn(AndroidSchedulers.mainThread())
35.                .subscribe(new Observer<String>() {
36.                    @Override
37.                    public void onSubscribe(Disposable d) {
38.
39.                    }
40.
41.                    @Override
42.                    public void onNext(String s) {
43.
44.                    }
45.
46.                    @Override
47.                    public void onError(Throwable e) {
48.
49.                    }
50.
51.                    @Override
52.                    public void onComplete() {
53.
54.                    }
55.                });
```

FlatMap 是变换操作符，先处理第一个请求 o1()，再发送下一个请求 o2()。

11.8.3　串行：Concat

Concat 操作符的处理流程如图 11.22 所示。

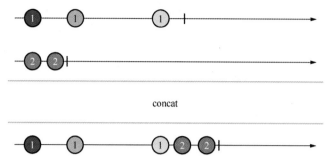

图 11.22 Concat 处理流程

```
1.  Observable.concat(o1, o2)
2.          .compose(RxUtil.applySchedulers())
3.          .compose(lifecycleProvider.bindUntilEvent(Lifecycle.Event.ON_DESTROY))
4.          .subscribe(new Observer<String>() {
5.              @Override
6.              public void onSubscribe(Disposable d) {
7.              }
8.
9.              @Override
10.             public void onNext(String s) {
11.                 Log.d(TAG, s);
12.                 if ("1".equals(s)) {
13.                     ToastUtil.showToast("concat: 1");
14.                 } else if ("2".equals(s)) {
15.                     ToastUtil.showToast("concat: 2");
16.                 }
17.             }
18.
19.             @Override
20.             public void onError(Throwable e) {
21.             }
22.
23.             @Override
24.             public void onComplete() {
25.             }
26.         });
```

Concat 是一个聚合操作符，我们可以看到有两个 Observable：o1 和 o2，将它们通过 concat 聚合在一起，系统会先处理 o1，再处理 o2，所以我们在 subscribe 接收的时候并不知道具体的类型，因此用 Object 来代替，并在实际过程中进行类型判断。

11.8.4 并行：Merge

Merge 操作符的处理流程如图 11.23 所示。

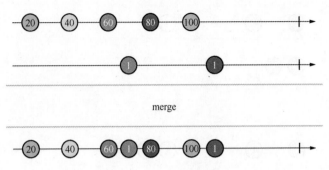

图 11.23　Merge 处理流程

```
1.   o1 = o1.subscribeOn(Schedulers.io());
2.   o2 = o2.subscribeOn(Schedulers.io());
3.
4.   Observable.merge(o1, o2).compose(RxUtil.applySchedulers()).subscribe(new Consumer<Integer>() {
5.           @Override
6.           public void accept(Integer integer) throws Exception {
7.               Log.d(TAG, integer + "");
8.           }
9.       });
10.
```

注意：一定要在 o1 和 o2 的后面加上 .subscribeOn(Schedulers.io())，否则就是串行了。

Merge 是将两个 Observable（o1 和 o2）同时发送，然后再根据达到的结果进行处理，这里也用 Object 来表示。

11.8.5　并行：Zip

Zip 操作符的处理流程如图 11.24 所示。

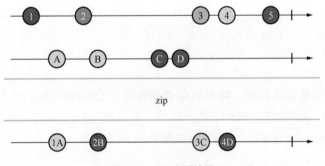

图 11.24　Zip 处理流程

```
1.   Observable.zip(o1, o2, new BiFunction<String, String, String>() {
2.           @Override
3.           public String apply(String a, String b) throws Exception {
4.               return a + b;
5.           }
```

```
6.          }).compose(RxUtil.applySchedulers()).subscribe(new Consumer<String>() {
7.              @Override
8.              public void accept(String o) throws Exception {
9.                  Log.d(TAG, o);
10.             }
11.         });
```

Zip 跟 Merge 一样，也会将两个 Observable 同时发送，只是在处理结果的时候会将两个发送源的结果一并返回。同样需要注意的是，o1 和 o2 的后面要加上 .subscribeOn(Schedulers.io())，否则就是串行了。

11.9 设计一种串行方案

在 App 开发过程中很多时候会遇到这样一种需要串行执行的需求，例如直播间内赠送礼物，可能短时间内有很多人同时送来了很多的礼物，我们需要根据送来的礼物的先后顺序依次播放礼物的动画，也就是需要在上一个动画播放完成后，继续播放下一个动画，直到将这些动画依次播放完毕。

解决这个问题的思路如下。
- 使用队列 FIFO 串行的特性，用来存储加入的任务。
- 利用线程池执行具体的任务。
- 通过线程池的回调接口，将任务传递给业务层。
- 业务层处理完任务后，通知队列去执行下一个任务。

接下来我们通过代码具体来看一下实现的细节，如下。

首先我们设置一个队列，这里使用到了非阻塞队列 ArrayDeque，里面存储的是我们的任务：
private ArrayDeque<BaseSyncTask> pendingQueue = new ArrayDeque<>();

ArrayDeque 基于可变数组实现，没有容量限制，可自动扩容。ArrayDeque 既可以作为栈来使用，又可以作为队列来使用。作为栈使用的时候，比 Stack 效率高；作为队列使用的时候，比 LinkedList 效率高。ArrayDeque 属于非阻塞队列。

然后我们创建一个任务类，里面只有任务 id，用来区分任务：

```
1.  public abstract class BaseSyncTask implements SyncTask {
2.
3.      private int id;
4.
5.      public int getId() {
6.          return id;
7.      }
8.
9.      public void setId(int id) {
10.         this.id = id;
11.     }
12. }
13.
```

接下来定义一个接口，里面有个 doTask 方法，用来执行任务：

```
1. public interface SyncTask {
2.
3.     void doTask();
4. }
```

将任务放入非阻塞队列 ArrayDeque 中：

```
1. public void enqueue(final BaseSyncTask task) {
2.     task.setId(count.getAndIncrement());
3.     System.out.println("[OneByOne]The task id = :" + task.getId());
4.     pendingQueue.offer(task);//加入元素
5.     System.out.println("[OneByOne]The pendingQueue size = :" + pendingQueue.size());
6.     if (currentTask == null) {
7.         coreExecute();
8.     }
9. }
```

执行任务，我们这里用到了 10.3 节中设计的 TinyTask 任务模块：

```
1.  private void coreExecute() {
2.      currentTask = pendingQueue.poll();
3.      if (currentTask != null) {
4.          System.out.println("[OneByOne]executing currentTask id = :" + currentTask.getId());
5.          TinyTaskExecutor.execute(new Task() {
6.              @Override
7.              public Object doInBackground() {
8.                  System.out.println("[OneByOne]doInBackground, " + "the current thread id = " + Thread.currentThread().getId());
9.                  //后台处理
10.                 ......
11.                 return null;
12.             }
13.
14.             @Override
15.             public void onSuccess(Object o) {
16.                 currentTask.doTask();   //交给前台处理
17.             }
18.
19.             @Override
20.             public void onFail(Throwable throwable) {
21.
22.             }
23.         });
24.     }
25. }
```

最后还需要提供一个结束方法，用来在上一个任务结束时调用，触发 coreExecute 执行下一个任务：

```
1. public void finish() {
2.     System.out.println("[OneByOne]finish task, task id = " + currentTask.getId() + "
```

```
   ; pendingQueue size = " + pendingQueue.size());
3.         coreExecute();
4.     }
```

在实际应用的过程中,我们将上面的 enqueue 和 finish 方法封装到一个单例类中,我们这里将其叫作 TinySyncExecutor,我们可以调用 enqueue 将需要处理的任务直接载入:

```
1. TinySyncExecutor.getInstance().enqueue(task1);
2. TinySyncExecutor.getInstance().enqueue(task2);
3. TinySyncExecutor.getInstance().enqueue(task3);
```

举个例子,我们的 task1 任务是一个通过属性动画实现的动画效果,我们希望在 task1 动画显示完成后,接着执行 task2 任务。

```
1. final BaseSyncTask task1 = new BaseSyncTask() {
2.         @Override
3.         public void doTask() {
4.             valueAnimator1.start();   //task1的属性动画开始播放
5.         }
6.     };
```

监听 task1 所执行的属性动画,等到动画播放完成后,调用 TinySyncExecutor 的 finish 方法去执行下一个 task,也就是 task2,后面任务的处理依次进行。

```
1.  valueAnimator1.addListener(new ValueAnimator.AnimatorListener() {
2.      ......
3.
4.      @Override
5.      public void onAnimationEnd(Animator animation) {
6.          System.out.println("[OneByOne]anim played 1 secs");
7.          TinySyncExecutor.getInstance().finish();
8.      }
9.      ......
10. });
```

11.10 异常处理方案

11.10.1 异常介绍

异常是指程序指令出现非正常执行的情况,如出现空指针、数组下标越界、类型强制转换异常等,由此导致程序异常退出。Java 里面的异常分为两类:Error 和 Exception。它们都继承自 Throwable,如图 11.25 所示的异常结构。

1. Error

Error 情况是程序本身不能处理的,例如 JVM 自身出现异常,导致程序处于非正常不可恢复的状态,如常见的 OutOfMemoryError 内存溢出异常。

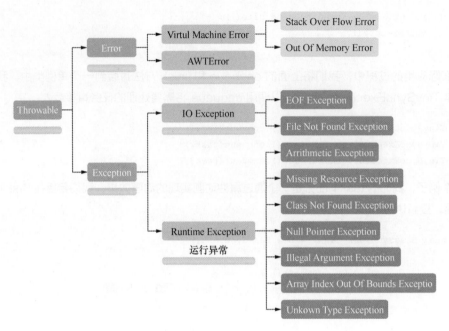

图 11.25 异常结构

2. Exception

程序中能够处理的异常就是 Exception 了。Exception 也分两类，一个是运行时异常，一个是非运行时异常。

- 运行时异常就是程序运行时产生的异常，也是我们平常最常见到的异常，如 NullPointerException、IndexOutOfBoundsException 等。对于运行时异常，Java 编译器不要求强制进行异常处理或声明，由程序员自行决定。
- 非运行时异常，顾名思义就是在程序运行前的异常，也就是编译异常，Java 编译器会要求我们强制进行异常处理，如 FileNotFoundException、IOExeption、SQLException、JSONException 之类的异常。例如调用读文件的方法时，可能存在文件不存在的情况，那么 Java 编译器会要求我们们强制捕获并处理 FileNotFoundException 这类的异常。

11.10.2 异常抛出

1. throw

- 只能用在方法体内。
- 抛出的是一个异常实例对象。

```
1. private void throwsTest(int a, int b) throws Exception1, Exception3 {
2.      try {
3.          ......
4.      } catch (Exception1 e) {
5.          throw e;
6.      } catch (Exception2 e) {
```

```
7.            System.out.println("出错了!");
8.        }
9.        if (a != b) {
10.            throw new
11.        } Exception3("自定义异常");
12.    }
```

Exception1：方法内部捕获后再抛出异常，交由该方法的调用者处理。
Exception2：方法内部捕获后处理完成，不再向上抛出。
Exception3：方法内部自行抛出异常，交由该方法的调用者处理。

2. throws

- 跟在方法名后面。
- 方法名后面可以跟多个异常类名。
- 由该方法的调用者处理抛出的异常。

例子参见上面的 throw 代码。

需要说明的一点是，该方法的调用者如何处理抛出的异常：

```
1. private void main() {
2.     try {
3.         throwsTest();
4.     } catch (Exception e) {
5.         e.printStackTrace();
6.     }
7. }
```

可以看到，throwsTest 方法的调用者 main 方法需要捕获 throwsTest 方法可能抛出的异常。

11.10.3 异常捕获

try catch 是最常用的异常捕获手段：

```
1. try{
2.        return JSON.parseObject(json);
3.    }
4.    catch (Exception e){
5.        LogUtil.e(TAG, "toObject: " + e.getMessage());
6.    } finally {
7.        ......
8.    }
```

有一个地方需要考虑，try 中如果有 return 语句，那么它和 finally 直接的关系是怎么样的呢？我们通过一个例子来看一下：

```
1. System.out.println(test());
2. public static int test() {
3.     int x = 1;
4.     try {
```

```
5.        x++;
6.        return x;
7.    } finally {
8.        ++x;
9.        System.out.println(x);
10.   }
```

输出的结果是：3，2。

也就是说 finally 会先执行，但是 try 中的 return 会先将变量 x 的值保存起来，然后再执行 finally 中的语句，最后将保存的值返回。

还有一点需要注意，在 try catch 中如果开启了新的线程，那么是不能捕获新线程里面的异常的。

有些开发人员为了方便，直接在代码引用的最外层放上一个 try catch，以为可以捕获所有的异常，降低崩溃率。事实上，如果 try 的是新开启的一个线程，那么这个线程里面出现的异常是捕获不到的。也就是说在 A 线程中新建 B 线程，B 线程中出现的异常跟 A 线程无关，那么 B 线程的异常是捕获不到的。

```
1. public class TheadExceptionTest {
2.
3.     public static void main(String[] args) {
4.         try {
5.             new Thread(new Runnable() {
6.                 @Override
7.                 public void run() {
8.                     int i = 1 / 0;
9.                 }
10.            }).start();
11.        } catch (Exception e) {
12.        }
13.    }
14.
15. }
```

这样的 try 是捕获不到异常的。需要在 Thread 里面加上 try catch：

```
1. public class TheadExceptionTest {
2.
3.     public static void main(String[] args) {
4.         try {
5.             new Thread(new Runnable() {
6.                 @Override
7.                 public void run() {
8.                     try {
9.                         int i = 1 / 0;
10.                    } catch (Exception e) {
11.                        System.out.println("cannot / by zero!!!");
12.                    }
13.                }
14.            }).start();
15.        } catch (Exception e) {
16.        }
17.    }
18.
19. }
```

另外还需要注意的是，并不是加上了 try catch 就能捕获所有的异常。如果 catch 指定了异常类型，那么只能够捕获指定的异常类型。如果引起崩溃的异常并没有在 catch 所指定的异常类型中，那么 catch 不会捕获该异常，最终会导致程序崩溃。例如：

```
1. try {
2. 
3. } catch (IOException e) {
4. 
5. }
```

指定了 IOException 异常，如果此时出现了 IllegalStateException 异常，那么程序依然会崩溃：

```
1. java.lang.IllegalStateException at xxxxxx
```

如果你不知道具体会抛出哪些异常的话，可以通过捕获所有异常来处理：

```
1. try {
2. 
3. } catch (Exception e) {
4. 
5. }
```

这样做虽然能够捕获所有的异常，但是会影响效率。如果能够指定异常类型的话，建议还是指定异常类型，而不是通过捕获全局异常的方式来捕获异常。

11.10.4　Android 全局异常的捕获

Android 提供了 UncaughtExceptionHandler 接口，我们可以新建一个实现了该接口的类，然后通过 setDefaultUncaughtExceptionHandler 方法注册这个接口，这样就可以捕获异常了。

```
1.  public class CrashHandler implements Thread.UncaughtExceptionHandler {
2.  
3.      private Context mContext;
4.      private Thread.UncaughtExceptionHandler mDefaultHandler;
5.      private static CrashHandler INSTANCE = new CrashHandler();
6.  
7.      public static CrashHandler getInstance() {
8.          return INSTANCE;
9.      }
10. 
11.     public void init(Context context) {
12.         mContext = context.getApplicationContext();
13.         mDefaultHandler = Thread.getDefaultUncaughtExceptionHandler();// 获取系统默认的
UncaughtException 处理器
14.         Thread.setDefaultUncaughtExceptionHandler(this);// 设置该 CrashHandler 为程序的默
认处理器
15.     }
16. 
17.     @Override
18.     public void uncaughtException(Thread t, Throwable e) {
```

```
19.        if (mDefaultHandler != null) {
20.            //省略保存Crash信息到SD卡的操作
21.            ......
22.            //如果用户没处理则交由系统默认崩溃处理器处理
23.            mDefaultHandler.uncaughtException(t, e);
24.        } else {
25.            //退出程序
26.            android.os.Process.killProcess(android.os.Process.myPid());
27.            System.exit(1);
28.        }
29.    }
30. }
```

在 uncaughtException 方法中可以做一些扩展处理，例如搜集 Crash 的信息，然后把信息保存到 SD 卡上，等待下一次 App 重新启动后，将这些 Crash 信息上传到服务器上，供开发人员分析使用。

11.10.5 预防异常

以 Null 异常为例，我们来看看有哪些解决方案，如下。
- 增加字符串判空：StringUtils.isEmpty(str)。
- equal 判断：("常量").equals(var); 常量在 equals 前面。
- toString：String.valueOf(……)，而不是 var.toString()。
- 使用 @NonNull 和 @Nullable 注解，借助编译器在编译前排查 null 对象。
- 使用 Guava 的 checkNotNull，帮助我们主动抛出异常。

11.11 Android 动画方案：属性动画

11.11.1 视图动画和属性动画

Android 动画主要分为视图动画和属性动画两类。

1. 视图动画 View Animation

视图动画在 Android 3.0 之前应用得比较广泛，它的原理就是在规定的时间内不停地进行矩阵运算，然后通过 invalidate() 刷新 View。

但是视图动画有很大的局限性，主要表现如下。
- 视图动画仅仅是通过 Canvas 绘制、Matrix 变换 View 的位置来实现动画效果，它并没有改变 View 的属性。所以有个问题是，动画结束的位置如果不是原来的位置，那么这个 View 的点击事件就不会有响应，而在 View 原来的位置点击却有响应。
- 视图动画效果较少，只有缩放、平移、旋转、透明度，无法对其他属性进行操作。
- 视图动画不能对动画执行的过程进行控制。

- 视图动画只作用于 View，无法对非 View 的对象进行操作，如 Object。

2. 属性动画 Property Animation

在 Android3.0（API Level 11）之后，属性动画开始出现，它主要对视图动画进行了改进，弥补了视图动画的不足。

属性动画的优点如下。

- 属性动画是直接通过动态改变 View 的相关属性来改变 View 的显示效果的。
- 属性动画不仅可以作用于 View 上，还可以作用于所有提供了 Getter 和 Setter 方法的对象属性上。
- 属性动画不仅支持缩放、平移、旋转、透明度动画效果，还支持自定义更多种类的动画效果。
- 属性动画使用的代码更加简洁、灵活和方便。

11.11.2 属性动画的应用

1. 透明度

```
1. ObjectAnimator objectAnimator = ObjectAnimator.ofFloat(iv, "alpha", 0f, 1f);
2. objectAnimator.setDuration(1000);
3. objectAnimator.start();
```

2. 缩放

```
1. ObjectAnimator scaleXAnimator = ObjectAnimator.ofFloat(iv, "scaleX", 0f, 1f);
2. ObjectAnimator scaleYAnimator = ObjectAnimator.ofFloat(iv, "scaleY", 0f, 1f);
3. AnimatorSet set = new AnimatorSet();
4. set.play(scaleXAnimator).with(scaleYAnimator);
5. set.setDuration(1000);
6. set.start();
```

3. 平移

```
1. ObjectAnimator objectAnimatorTranslate = ObjectAnimator.ofFloat(iv, "translationX", 0f, 500f);
2. objectAnimatorTranslate.setDuration(1000);
3. objectAnimatorTranslate.start();
```

4. 旋转

```
1. ObjectAnimator objectAnimatorScale = ObjectAnimator.ofFloat(iv, "rotation", 0f, 360f);
2. objectAnimatorScale.setDuration(1000);
3. objectAnimatorScale.start();
```

5. 组合

```
1. AnimatorSet group = new AnimatorSet();
2. ObjectAnimator objectAnimatorScaleX = ObjectAnimator.ofFloat(iv, "scaleX", 0f, 1f);
3. ObjectAnimator objectAnimatorScaleY = ObjectAnimator.ofFloat(iv, "scaleY", 0f, 1f);
4. ObjectAnimator objectAnimatorRotateX = ObjectAnimator.ofFloat(iv, "rotationX", 0f, 360f);
5. ObjectAnimator objectAnimatorRotateY = ObjectAnimator.ofFloat(iv, "rotationY", 0f, 360f);
6. ObjectAnimator objectAnimatorTranslate = ObjectAnimator.ofFloat(iv, "translationX", 0f, 500f);
7. group.setDuration(2000);
8. group.play(objectAnimatorScaleX).with(objectAnimatorScaleY)
9.        .before(objectAnimatorRotateX).before(objectAnimatorRotateY).after(objectAnimatorTranslate);
10. group.start();
```

6. ValueAnimator

ValueAnimator 是 ObjectAnimator 的父类，ObjectAnimator 在 ValueAnimator 的基础上，通过反射技术实现了动画功能。ValueAnimator 主要是在一定时间内对数值进行平滑过渡，而 ObjectAnimator 是对对象的属性进行平滑过渡。

```
1.  ValueAnimator valueAnimator = new ValueAnimator();
2.      valueAnimator.setDuration(3000);
3.      valueAnimator.setObjectValues(new PointF(0, 0));
4.      valueAnimator.setInterpolator(new LinearInterpolator());
5.      valueAnimator.setEvaluator(new TypeEvaluator<PointF>()
6.      {
7.
8.          @Override
9.          public PointF evaluate(float fraction, PointF startValue,
10.                      PointF endValue)
11.         {
12.             PointF point = new PointF();
13.             point.x = 200 * fraction * 3;
14.             point.y = 0.5f * 200 * (fraction * 3)* (fraction * 3);
15.             return point;
16.         }
17.     });
18.     valueAnimator.addUpdateListener(new ValueAnimator.AnimatorUpdateListener()
19.     {
20.         @Override
21.         public void onAnimationUpdate(ValueAnimator animation)
22.         {
23.             PointF point = (PointF) animation.getAnimatedValue();
24.             iv.setX(point.x);
25.             iv.setY(point.y);
26.
27.         }
28.     });
29.     valueAnimator.start();
```

11.11.3　Lottie

Lottie 是一个移动端的开发库，可以利用各系统（目前支持 Android、iOS、React Native、Web、Windows）内置的渲染机制去渲染矢量动画。

使用 Lottie 渲染矢量动画，需要特定的 JSON 格式，这里我们称为 bodymovin JSON 格式。bodymovin JSON 格式可以通过 After Effects 的 bodymovin 插件导出。

我们来看一下通过 Lottie 实现一个可在各系统播放的动画的具体实现步骤。

- 设计人员用 After Effects 完成 aep 文件的制作。
- 下载 After Effects 的 bodymovin 插件。
- 导出 bodymovin JSON 格式。

注意：后面两步可以由设计人员完成，也可以由开发人员完成，看各自的熟练程度。这里不涉及复杂的开发，关键是控制好动画开始和结束的位置。

- 将 bodymovin JSON 格式文件放入 assets 文件夹中，也可以放到服务器上，使用时再下载下来。图 11.26 展示的是 Lottie 在 App 工程中的目录。

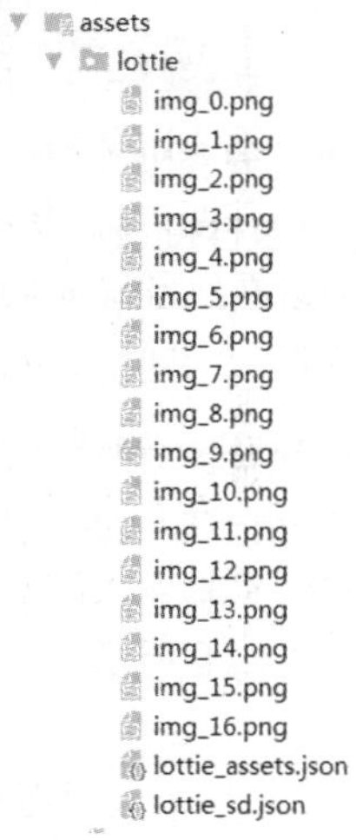

目录中的图片是实现动画效果需要使用到的图片。如果需要在 SD 卡上播放动画，那么 JSON 格式中图片的路径需要更改。这里我们创建两个 JSON 文件，lottie_assets.json 表示播放 assets 下的动画，lottie_sd.json 表示播放从网络下载到 SD 卡上的动画。

图 11.26　Lottie 目录

播放 lottie 动画：

```
1. LottieAnimationView animationView = (LottieAnimationView) findViewById(R.id.lottie_view);
2. nimationView.setImageAssetsFolder("lottie/");
3. animationView.setAnimation("lottie/lottie_assets.json");
4. animationView.setSpeed(1.0f);
5. animationView.loop(true);
6. animationView.useHardwareAcceleration(true);
7. animationView.playAnimation();
```

11.12　Android Studio 动态调试方案

平时开发过程中避免不了对代码的调试，而调试也有很多技巧，如果使用得当的话能节省不少调试时间，还可以提升编码效率。

以这段代码为例，我们对 for 循环的输出进行调试：

```
1. public class MainActivity extends AppCompatActivity {
2.
3.     private final String TAG = "MainActivity";
4.
5.     private String[] names = {"Joe", "Jack", "Jim"};
```

```
 6.
 7.    @Override
 8.    protected void onCreate(Bundle savedInstanceState) {
 9.        super.onCreate(savedInstanceState);
10.        setContentView(R.layout.activity_main);
11.
12.        for (String name : names) {
13.            System.out.println("my name is: " + name);
14.        }
15.    }
16. }
```

1. 动态更改变量值

图 11.27 展示了如何动态更改变量值。

在断点的时候，找到 Variables 这个 tab，可以看到当前断点对象（MainActivity）的所有变量值，我们对 name 这个变量值进行修改，在 name 上单击鼠标右键，选择 Set Value……命令，然后将"Joe"改为"Zoe"，接下来我们看到输出的结果已经变为"Zoe"了，如图 11.28 所示。

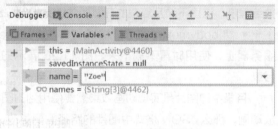

图 11.27 动态更改变量值

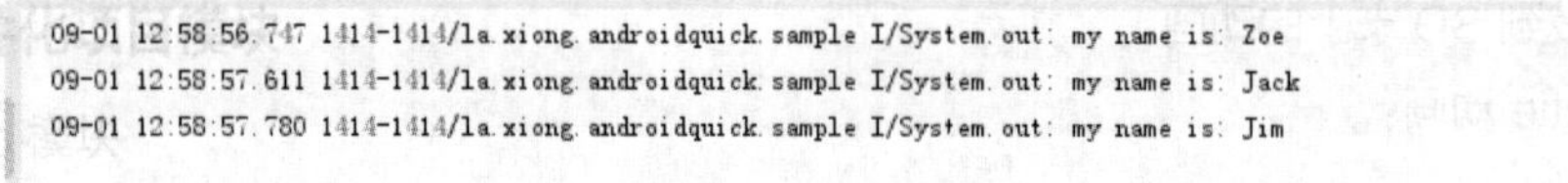

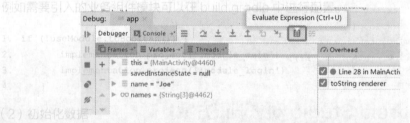

图 11.28 输出的结果

同样，也可以通过 Evaluate Expression 对值进行更改，如图 11.29 和图 11.30 所示。

图 11.29 Evaluate Expression

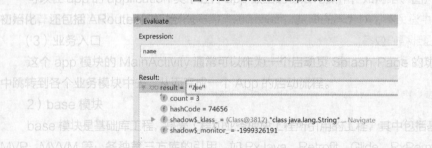

图 11.30 Evaluate Expression

2. 设置条件断点

例如 for 循环里面的断点，每次都会被执行，这样也会给调试带来不便，因为我们可能只需要调试达到某些特定条件的情况。

我们在断点上单击鼠标右键，会弹出设置 condition 的对话框，如图 11.31 所示。

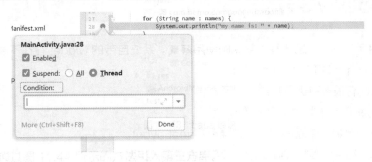

图 11.31　设置条件断点

然后我们直接在 condition 中设置断点条件："Jim".equals(name)。这样只有在 name 等于"Jim"的时候断点才会成立。

3. 条件断点 + 动态更改

在 condition 中，我们可以设置断点条件并且更改值。

例如我们要求 name 等于"Jim"的时候，将 name 的值改为"Zim"。

```
1.  if("Jim".equals(name)) {
2.      name = "Zim";
3.  }
4.  return true;
```

运行结果如图 11.32 所示。

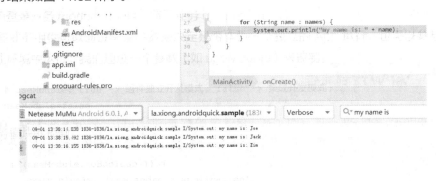

图 11.32　运行结果

可以看到，原本应该输出的"Jim"已经被替换成"Zim"了。

注意：condition 需要有个 boolean 的返回值，true 表示条件满足时断点将程序挂起；false 表示不管断点满不满足条件，都不会将程序挂起。

总的来说，设置条件断点的好处就是代码如果有变更，不需要再像以前那样重新编译和运行整个项目，然后安装到手机上才能看到效果，现在可以直接在当前的断点环境下看到代码变更后产生的效果，节省不少代码调试的时间。

11.13 自定义 View 方案

11.13.1 自定义 View 简介

Android 自定义 View 是一种很常见的使用方式。系统自带的 widget 往往不能满足我们的需求,有时需要我们自己动手实现 View 控件。

自定义 View 有很多种实现方式,如下。

- 继承系统 View 控件,如 TextView 等。
- 多个控件组合成一个新的控件,如继承 LineaLayout。
- 继承 View 控件,根据 View 的绘制流程重新进行实现。

实现自定义 View 的好处如下。

自定义 View 实际上也就是一个功能类,除了绘制 UI 以外,还可以封装一定的业务逻辑,这样我们只需要对外提供一些接口,调用方将其当作普通类一样调用即可。

以我们常见的 Adapter 的 item 布局样式为例,如图 11.33 所示。

图 11.33 item 布局

左边的图片和右边的文字可以做成一个自定义 View 控件,这样如果调用的地方多了,可以减少不少的代码量,因为实现的逻辑都在自定义控件中处理了。

这也是我们平时对 UI 进行重构所用到的方法之一。很多项目里面的 UI 代码是从一个地方实现后,直接复制到另一个地方使用的。没有进行 View 控件封装的后果就是代码冗余,阅读困难,而且 View 的功能如果要变动的话,所有调用的地方都得变动。这严重违背了代码设计的开闭原则。

11.13.2 View 绘制流程

onMeasure()、onLayout()、onDraw() 这 3 个函数是构建自定义 View 的关键,onTouchEvent 使得自定义 View 可以被感知,它们综合起来创造出了一个有外形而且可以和外界交互的 View。

1. onMeasure()

作用:测量 View 的宽高。
相关函数:measure(),setMeasuredDimension(),onMeasure()。

2. onLayout()

作用:计算当前 View 和子 View 的位置。
相关函数:layout(),onLayout(),setFrame()。

3. onDraw()

作用：绘制 View 图形。

相关函数：draw(),onDraw()。

我们用一种很形象的说法来说明 View 的绘制：onMeasure 决定用多大的盘子装菜；onLayout 决定摆盘方式；而 onDraw 相当于服务员，负责把上面的东西给客人摆好。

11.13.3 坐标系

1. Android 坐标系

Android 坐标系以手机屏幕左上角为原点，向右为 x 轴正方向，向下为 y 轴正方向，在触控中通过 getRawX 和 getRawY 获取坐标，如图 11.34 所示。

2. View 坐标系

图 11.35 所示的 View 坐标系很全面地说明了从手指点击处到各个位置的距离以及对应的函数名称，中间黑点表示手指点击点。

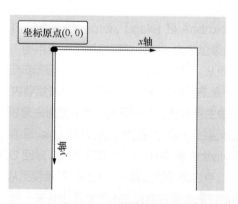

图 11.34　Android 坐标系

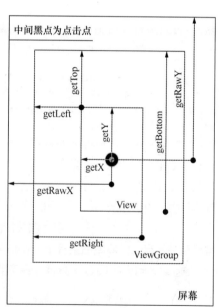

图 11.35　View 坐标系

11.13.4　方案一：继承系统 View 控件

从简单做起，我们实现一个继承 TextView 的控件：

```
1. public class MyTextView extends TextView {
2.
3.     private Paint mPaint;
```

```
4.    private String mText;
5.    private int mTextColor;
6.    private int mTextSize;
7.
8.    public MyTextView(Context context) {
9.        this(context, null);
10.   }
11.
12.   public MyTextView(Context context, @Nullable AttributeSet attrs) {
13.       this(context, attrs, 0);
14.   }
15.
16.   public MyTextView(Context context, @Nullable AttributeSet attrs, int defStyleAttr) {
17.       this(context, attrs, defStyleAttr, 0);
18.   }
19.
20.   public MyTextView(Context context, @Nullable AttributeSet attrs, int defStyleAttr, int defStyleRes) {
21.       super(context, attrs, defStyleAttr, defStyleRes);
22.       init(context, attrs);
23.   }
24.
25.   private void init(Context context, AttributeSet attrs) {
26.       TypedArray a = context.getTheme().obtainStyledAttributes(attrs, R.styleable.MyView, 0, 0);
27.       mText = a.getString(R.styleable.MyView_iText);
28.       mTextColor = a.getColor(R.styleable.MyView_iTextColor, Color.BLUE);
29.       mTextSize = (int) a.getDimension(R.styleable.MyView_iTextSize, 16);
30.       a.recycle();  //回收
31.       mPaint = new Paint();
32.       mPaint.setStyle(Paint.Style.FILL);
33.       mPaint.setColor(mTextColor);
34.       mPaint.setTextSize(mTextSize);
35.   }
36.
37.   @Override
38.   protected void onMeasure(int widthMeasureSpec, int heightMeasureSpec) {
39.       super.onMeasure(widthMeasureSpec, heightMeasureSpec);
40.
41.       //1. 获取自定义View的宽度，高度的模式
42.       int heigthMode = MeasureSpec.getMode(heightMeasureSpec);
43.       int widthMode = MeasureSpec.getMode(widthMeasureSpec);
44.
45.       int height = MeasureSpec.getSize(heightMeasureSpec);
46.       int width = MeasureSpec.getSize(widthMeasureSpec);
47.
48.       if (MeasureSpec.AT_MOST == heigthMode) {
49.           Rect bounds = new Rect();
50.           mPaint.getTextBounds(mText, 0, mText.length(), bounds);
51.           height = bounds.height() + getPaddingBottom() + getPaddingTop();
52.       }
```

```
53.
54.        if (MeasureSpec.AT_MOST == widthMode) {
55.            Rect bounds = new Rect();
56.            mPaint.getTextBounds(mText, 0, mText.length(), bounds);
57.            width = bounds.width() + getPaddingLeft() + getPaddingRight();
58.        }
59.
60.        setMeasuredDimension(width, height);
61.    }
62.
63.    @Override
64.    protected void onDraw(Canvas canvas) {
65.        super.onDraw(canvas);
66.        //计算基线
67.        Paint.FontMetricsInt fontMetricsInt = mPaint.getFontMetricsInt();
68.        int dy = (fontMetricsInt.bottom - fontMetricsInt.top) / 2 - fontMetricsInt.bottom;
69.        int baseLine = getHeight() / 2 + dy;
70.        int x = getPaddingLeft();
71.        // x: 开始的位置   y: 基线
72.        canvas.drawText(mText, x, baseLine, mPaint);
73.    }
74. }
```

我们重写了 OnMeasure 和 OnDraw 这两个方法，前面也说到了，这两个方法是 View 绘制过程中需要用到的，可以按需重写，关于 OnMeasure 和 OnLayout 的具体内容这里就暂不详述了。

说到自定义 View，我们不得不说 View 的属性，上面代码里面的 TypedArray 就是我们自己给 View 定义的属性，在 attrs 中设置：

```
1. <?xml version="1.0" encoding="utf-8"?>
2. <resources>
3.     <declare-styleable name="MyView">
4.         <attr name="iText" format="string" />
5.         <attr name="iTextBackgroundColor" format="color" />
6.         <attr name="iTextColor" format="color" />
7.         <attr name="iTextSize" format="dimension" />
8.     </declare-styleable>
9. </resources>
```

11.13.5 方案二：组合控件

组合控件的意思就是将现有的一些控件组装起来，成为一个新的控件。例如我们可以将这些控件放在一个 layout 布局文件里面，然后将这个 layout 布局文件 inflate 进来。这种做法的一个好处就是可视化布局。

```
1. public class MyLinearLayout extends LinearLayout implements View.OnClickListener {
2.
3.     private Button mBtnBack;
```

```
4.    private ClickCallBack mClickCallBack;
5.
6.    public MyLinearLayout(Context context) {
7.        this(context, null);
8.    }
9.
10.   public MyLinearLayout(Context context, @Nullable AttributeSet attrs) {
11.       this(context, attrs, 0);
12.   }
13.
14.   public MyLinearLayout(Context context, @Nullable AttributeSet attrs, int defStyleAttr) {
15.       this(context, attrs, defStyleAttr, 0);
16.   }
17.
18.   public MyLinearLayout(Context context, @Nullable AttributeSet attrs, int defStyleAttr, int defStyleRes) {
19.       super(context, attrs, defStyleAttr, defStyleRes);
20.       init(context, attrs);
21.   }
22.
23.   private void init(Context context, AttributeSet attrs) {
24.       View view = LayoutInflater.from(context).inflate(R.layout.layout_my, this);
25.       mBtnBack = view.findViewById(R.id.btn_left);
26.       mBtnBack.setOnClickListener(this);
27.   }
28.
29.   @Override
30.   public void onClick(View v) {
31.       if (v.getId() == R.id.btn_left) {
32.           if (mClickCallBack != null) {
33.               mClickCallBack.onBack();
34.           }
35.       }
36.   }
37.
38.   public void setClickCallBack(ClickCallBack clickCallBack) {
39.       mClickCallBack = clickCallBack;
40.   }
41.
42.   public interface onClickCallBack {
43.       void onBack();
44.   }
45. }
```

在 MyLinearLayout 里面，我们还可以跟普通类一样，定义一些外部调用的接口，如这里的 onClickCallBack。

我们可以在 layout_my 布局文件里面将我们的控件组合完成，然后 inflate 进来。

```
1. <?xml version="1.0" encoding="utf-8"?>
2. <LinearLayout xmlns:android="…"
```

```
3.        android:orientation="horizontal"
4.        android:layout_width="match_parent"
5.        android:layout_height="wrap_content"
6.        android:layout_margin="10dp"
7.        android:gravity="center_vertical">
8.
9.        <Button
10.           android:id="@+id/btn_left"
11.           android:layout_width="wrap_content"
12.           android:layout_height="wrap_content"
13.           android:layout_marginLeft="10dp"
14.           android:text="Back" />
15.
16.       <TextView
17.           android:layout_width="match_parent"
18.           android:layout_height="wrap_content"
19.           android:gravity="center"
20.           android:layout_weight="1"
21.           android:text="Title"/>
22.
23.       <Button
24.           android:id="@+id/btn_right"
25.           android:layout_width="wrap_content"
26.           android:layout_height="wrap_content"
27.           android:layout_marginLeft="10dp"
28.           android:text="Function" />
29.
30.   </LinearLayout>
```

11.13.6 方案三：重写 View

这种方式就是我们直接通过继承 View 来重写一个控件，主要就是重写 onMeasure()、onLayout() 和 onDraw() 方法；也可以自由发挥，如添加 onClick 点击事件等。

```
1.  public class MyView extends View implements View.OnClickListener {
2.
3.      private Rect mBounds;
4.      private Paint mPaint;
5.      private String mText;
6.      private int mTextBackgroundColor;
7.      private int mTextColor;
8.      private int mTextSize;
9.      private int count;
10.
11.     public MyView(Context context) {
12.         this(context, null);
13.     }
14.
15.     public MyView(Context context, @Nullable AttributeSet attrs) {
16.         this(context, attrs, 0);
```

```
17.     }
18.
19.     public MyView(Context context, @Nullable AttributeSet attrs, int defStyleAttr) {
20.         this(context, attrs, defStyleAttr, 0);
21.     }
22.
23.     public MyView(Context context, @Nullable AttributeSet attrs, int defStyleAttr, int defStyleRes) {
24.         super(context, attrs, defStyleAttr, defStyleRes);
25.         init(context, attrs);
26.     }
27.
28.     private void init(Context context, AttributeSet attrs) {
29.         TypedArray a = context.getTheme().obtainStyledAttributes(attrs, R.styleable.MyView, 0, 0);
30.         mText = a.getString(R.styleable.MyView_iText);
31.         mTextBackgroundColor = a.getColor(R.styleable.MyView_iTextBackgroundColor, Color.BLACK);
32.         mTextColor = a.getColor(R.styleable.MyView_iTextColor, Color.BLUE);
33.         mTextSize = (int) a.getDimension(R.styleable.MyView_iTextSize, 16);
34.         a.recycle();  //回收
35.
36.         mPaint = new Paint();
37.         mPaint.setStyle(Paint.Style.FILL);
38.         mBounds = new Rect();
39.
40.         setOnClickListener(this);
41.     }
42.
43.     @Override
44.     protected void onDraw(Canvas canvas) {
45.         super.onDraw(canvas);
46.
47.         mPaint.setColor(mTextBackgroundColor);
48.         canvas.drawRect(0, 0, getMeasuredWidth(), getMeasuredHeight(), mPaint);
49.
50.         mPaint.setColor(mTextColor);
51.         mPaint.setTextSize(mTextSize);
52.         mPaint.getTextBounds(mText, 0, mText.length(), mBounds);  //获取文字的宽和高
53.         float textWidth = mBounds.width();
54.         float textHeight = mBounds.height();
55.         canvas.drawText(mText, getWidth() / 2 - textWidth / 2, getHeight() / 2 + textHeight / 2, mPaint);
56.     }
57.
58.     @Override
59.     public void onClick(View v) {
60.         mText = String.format("点击了%d次", ++count);
61.         invalidate();
62.     }
63. }
```

11.14 组件化方案

11.14.1 为什么要进行组件化开发

随着 App 业务的不断增加，版本不断迭代，App 越来越臃肿，随之而来的问题也逐步呈现出来，如下。

1. 问题 1

App 中业务代码增量叠加，而且各种业务代码混合在一个模块里面，开发人员在开发、调测时势必会被影响，导致开发效率降低。例如定位一个 A 业务，可能需要在 10 个业务代码混合的模块里面寻找和跳转。

2. 问题 2

工程师需要了解各个业务的功能，避免代码的改动影响其他业务功能，无形中增加了项目维护的成本。

3. 问题 3

开发和调测一个业务功能的时候，需要整体编译 App，由于代码量增加，编译速度会相应地变慢，导致一个简单功能的修改可能就要花费几分钟的时间来编译整个 App，极大地影响了开发效率。

4. 问题 4

内部项目没有一个统一的快速开发框架，每个项目采用的技术实现方式都不一样，每个开发人员的编码风格也不一致，导致每开发一个新项目都要重新编码、重复造轮子，而且也使开发人员在项目之间的流动变得困难。

5. 问题 5

有一些内部项目可以共用的功能模块混杂于各个 app 工程里面，这部分内容实际上可以考虑抽取出来，封装成独立的公用组件，供内部的各个项目使用。

图 11.36 所示的是一个典型的 App 结构图，我们不妨根据自己的 app 工程来看看。

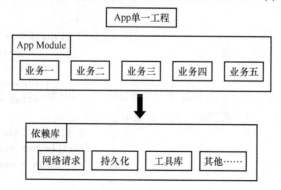

图 11.36　典型的 App 结构图

我们对上述问题进行相应的改造。
我们考虑采取以下几种方式来实现。

1. 组件化

针对问题 1、问题 2、问题 3，我们考虑采取组件化的形式来解决。

组件化的目标是告别 App 的臃肿，App 的业务迭代不应该以牺牲 App 的简洁性为代价。各个业务组件相对独立，业务组件在组件模式下可以独立运行，自成一个 App；而在集成模式下可以作为一个被依赖的 AAR 库文件存在，集成进一个完整的 App 当中。

2. 公用组件（含快速开发框架）

针对问题 4、问题 5，我们考虑开发一套适合内部移动端快速迭代开发使用的框架。

快速开发框架可以细化为不同的部分，包括 Android UI、网络请求、数据库持久化、图片处理、View、工具类、SDK、内部统一风格组件等。

快速开发框架包括但不限于通用功能，如果是部门内部项目中通用的功能，也可以独立出来作为一个通用的库存在。

我们期望的 App 结构是这样的，App 可拆分成三大块内容，如图 11.37 所示。

- 一个是 App 壳工程，提供组装各个业务组件的功能，以及一些初始化的操作。
- 一个是业务组件工程，每一个具体的业务都放在单独的业务组件中。
- 一个是公用组件工程，可以提供给本项目各个业务组件使用，也可以提供给其他项目使用。

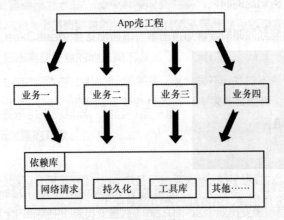

图 11.37　期望的 App 结构

11.14.2　组件化改造方案

对一个现有的 App 项目进行组件化改造，需要按计划、按步骤逐步实现。

这里我们将计划分为 4 期进行改造，每一期都用示例图来展示。

1. 第一期

主要工作内容如下。

- 对 App 结构进行划分：App 壳工程、业务组件、Base 组件库。

- 每个结构功能定义清晰。
- 业务组件路由选型，如 Arouter。

第一期的 App 结构如图 11.38 所示。

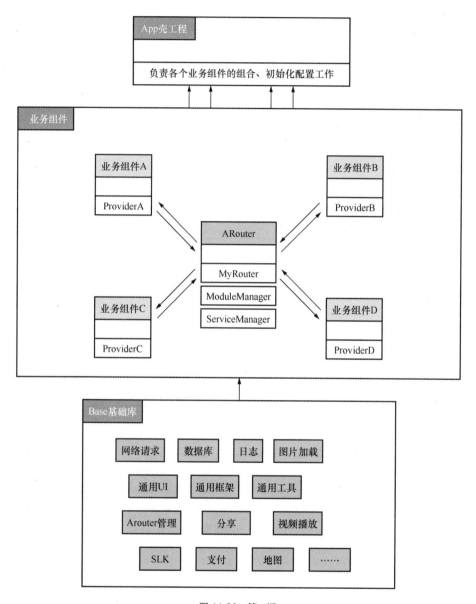

图 11.38　第一期

2. 第二期

主要工作内容如下。

- 每个业务组件通过添加 application 的方式能够独立成一个单独的 module，并且可以独立运行。

第二期的 App 结构如图 11.39 所示。

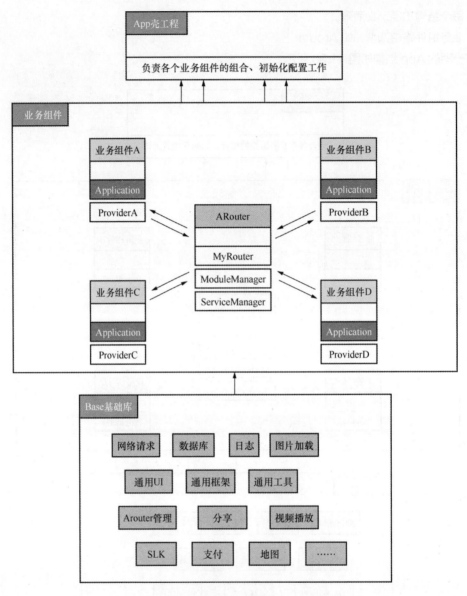

图 11.39 第二期

3. 第三期

主要工作内容如下。

- 进一步细分 Base 基础库，将 Base 基础库分为基础组件、Base 组件。
- 基础组件是与我们业务相关的、能够在内部项目中通用的组件；Base 组件是基础功能组件。

第三期的 App 结构如图 11.40 所示。

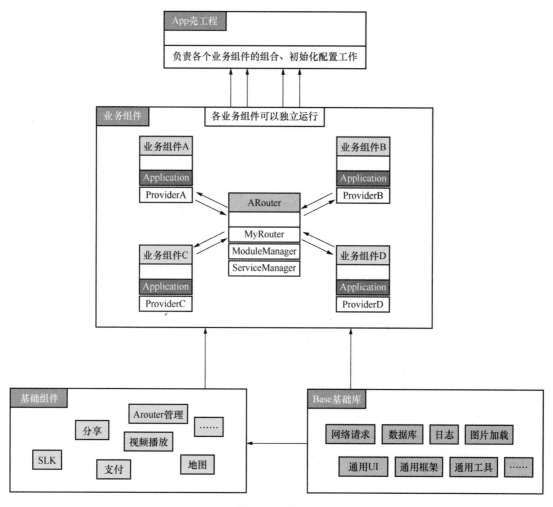

图 11.40 第三期

4. 第四期

主要工作内容如下。

- 通过 Maven 管理基础组件和 Base 组件。

第四期的 App 结构如图 11.41 所示。

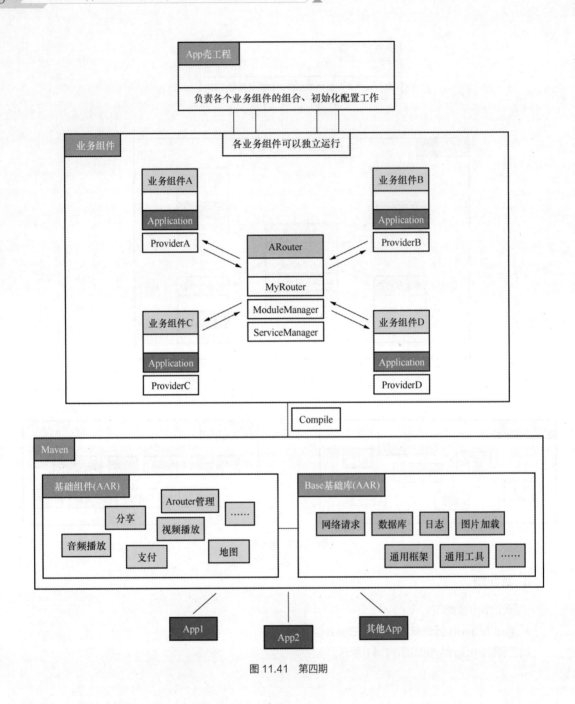

图 11.41 第四期

11.14.3 组件化开发手册

1. 开发模式为 project

新建一个项目，专门用来对此业务模块的组件化进行开发，项目内可分为 application 工程（app）和 library 工程（module）。

app 工程主要用来调测 module 工程，例如测试 module 工程的接口功能实现情况。module

工程主要实现业务逻辑，同时含有 UI 实现，即对外提供的 UI，包括但不限于 Activity 和 Fragment。

当项目调测完毕时，将 module 工程编译成 AAR 文件，并且通过 gradle 脚本提交到 Maven 仓库。

2. 开发模式为 module

需要在现有的主项目里面新建 module 工程，每一个 module 工程都是一个业务组件。

module 工程的开发模式，如下。

- main：作为项目的组件时使用；main 里面的 provider 代表这个组件对外开放（组件间通信）的能力；每一个 provider 都需要在 ServiceManager 里面进行声明并交由其管理。
- debug：作为独立模块运行时使用，需要新建一个 application 和 androidmanifest 文件。

总的来说，根据 debug 模式和 release 模式去区分，在 debug 模式下，各个业务线作为 application 可以单独运行；而在 release 模式下，则作为 library，可以提供给主 app 进行依赖。这样就可以做到每个业务线的平行开发，然后在 release 模式下结合到一起，非常灵活。

关于现有项目的 app 模块：app 模块是一个壳工程，主要负责 App 的配置（build.gradle、AndroidManifest.xml）、初始化（AppApplication）工作；app 模块的 AppApplication 需要通过 ModuleOptions.ModuleBuilder(this) 的 addModule 方法将各个组件的引用添加进来；而 base-core 组件则需包含 ARouter 管理。

3. 开放模式为公开

在此种模式下，一般是对外提供 AAR 或 JAR 包，以供其他主工程或库工程引用。

如果存在引用关系，例如 A 引用 B，那么 A 可以直接调用 B 中的方法或页面，也就不存在用 ARouter 来搭建桥梁了。

4. 开放模式为内部

此种模式一般是在项目内部的 module 工程（此 module 工程也可以在外部独立新建一个项目来实现，但是必须使用与主项目同样的路由架构，如 ARouter）。

module 之间不存在引用关系，因此必须使用路由架构（如 ARouter）来实现。

5. 关于 ARouter

不同的模块负责自己的业务实现，不和其他模块有依赖关系的存在，也就是模块之间没有直接的 compile 关系。

假如这个模块需要启动别的模块的 Activity 或者调用别的模块的方法，我们就通过 ARouter 提供的方法去实现。

router 的管理在 base-core 组件下的 router 文件夹内，其中各个类的作用如下。

- provider：各个组件定义的接口，包含对外开放的能力。
- module：一般命名为 xxService，是各个组件对外调用的服务入口。
- ServiceManager：通过 annotation 实例化各个组件的 provider 并统一管理；通过 ServiceManager 实现对目标组件 provider 的调用，实现跨组件通信。

11.14.4 组件化开发实战

1. 组件化项目结构图

图 11.42 展示了一幅完整的组件化项目的工程结构图。

图 11.42　组件化项目结构图

2. 组件化项目模块

1）app 模块

app 模块不再是我们原来放置所有业务、所有功能的模块，而是一个"壳"工程。
"壳"工程的作用有以下几个。

（1）统一配置

例如需要引入的业务组件模块可以在 build.gradle 中进行配置。

```
1.  if (!useModule.toBoolean()) {
2.      implementation project(':module_main')
3.      implementation project(':module_login')
4.  }
```

（2）初始化数据

可以在 app 的 application 类中进行 app 数据的初始化操作，如网络、图片、数据、日志等的初始化，还包括 ARouter 的初始化。

（3）业务入口

这个 app 模块的 MainActivity 通常可以作为一个启动页 Splash Page 的功能，然后在启动页中跳转到各个业务模块中去，从而完成一个 App 的启动流程。

2）base 模块

base 模块是基础库工程，是壳工程和业务模块工程所引用的工程，其中包括基础框架的引用，如 MVP、MVVM 等；各种第三方库的引用，如 RxJava、Retrofit、Glide、RxPermission 等；还包括 ARouter 需要各组件共用的部分，如继承了 IProvider 的接口，如图 11.43 所示。

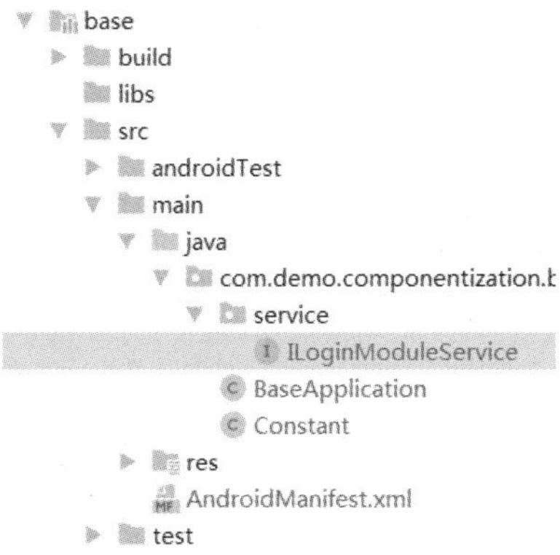

```
                    ▼ 📁 base
                        ▶ 📁 build
                        📁 libs
                        ▼ 📁 src
                            ▶ 📁 androidTest
                            ▼ 📁 main
                                ▼ 📁 java
                                    ▼ 📁 com.demo.componentization.t
                                        ▼ 📁 service
                                            ⓘ ILoginModuleService
                                        ⓒ BaseApplication
                                        ⓒ Constant
                                ▶ 📁 res
                                📄 AndroidManifest.xml
                            ▶ 📁 test
```

图 11.43　base 模块

在依赖中通过图 11.44 所示的方法引入第三方库。

```
dependencies {
    implementation fileTree(dir: 'libs', include: ['*.jar'])

    // support库
    api rootProject.ext.supportLibs
    // commonLibs
    api rootProject.ext.commonLibs

    annotationProcessor rootProject.ext.otherDeps["arouter-compiler"]
}
```

图 11.44　依赖

3. 业务组件

业务组件比较好理解，就是将 app 拆分成各个比较独立的业务，每个业务都可以称为一个业务组件，如登录业务 module_login、首页业务 module_main。

这些业务组件可以通过配置参数来决定是否作为一个独立的 App 运行，也可以参与到整个项目的集成环境中运行。我们通过一个参数（如 useModule）来控制：

```
1. # useModule: true -> 组件独立开发模式；false -> 集成开发模式；
2. useModule=false
```

业务模块的控制：

```
1. if (useModule.toBoolean()) {
2.     apply plugin: 'com.android.application'
3. } else {
4.     apply plugin: 'com.android.library'
5. }
```

接下来简单介绍下 ARouter 的使用。

使用 ARouter 的时候注意以下 4 点即可。

- 通过 @Route 声明当前类是可以被其他组件打开的。
- 通过 inject 方法，将当前类注入 ARouter，这样当前类被调用时才能生效。

- 通过 navigation 方法，可以带上参数等，跳转到其他声明过 @Route 的组件。
- 通过 navigation 方法，可以访问其他组件暴露出的方法，这个方法需要实现继承了 IProvider 的接口。

以 MainActivity 为例，我们看看 ARouter 是怎么使用的，如图 11.45 所示。

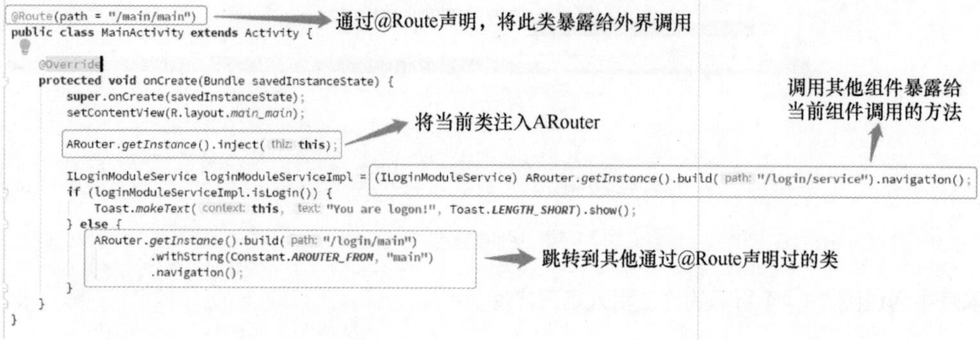

```
@Route(path = "/main/main")
public class MainActivity extends Activity {
    @Override
    protected void onCreate(Bundle savedInstanceState) {
        super.onCreate(savedInstanceState);
        setContentView(R.layout.main_main);
        ARouter.getInstance().inject( this );

        ILoginModuleService loginModuleServiceImpl = (ILoginModuleService) ARouter.getInstance().build( path: "/login/service").navigation();
        if (loginModuleServiceImpl.isLogin()) {
            Toast.makeText( context: this, text: "You are logon!", Toast.LENGTH_SHORT).show();
        } else {
            ARouter.getInstance().build( path: "/login/main")
                .withString(Constant.AROUTER_FROM, "main")
                .navigation();
        }
    }
}
```

- 通过@Route声明，将此类暴露给外界调用
- 将当前类注入ARouter
- 调用其他组件暴露给当前组件调用的方法
- 跳转到其他通过@Route声明过的类

图 11.45　ARouter 应用

4. 组件化项目模块

在集成环境的时候，在组件的 AndroidManifest.xml 文件里面不用声明 Launcher，否则会在桌面出现这个组件的图标，如图 11.46 所示。

```xml
<?xml version="1.0" encoding="utf-8"?>
<manifest xmlns:android="http://schemas.android.com/apk/res/android"
    package="com.demo.componentization.main">

    <application>
        <activity android:name=".MainActivity">
        </activity>
    </application>

</manifest>
```

图 11.46　集成环境的 AndroidManifest

第 12 章 Android 优化

Android 优化涉及的内容有很多，包括代码重构、性能优化、UI 绘制优化、内存优化、ANR 优化、编译优化、App 启动优化、加载优化、图片优化、电量优化、APK 瘦身、代码和资源压缩、打包优化等，任何一个内容涉及的内容都挺多。

本章只挑选了开发过程中比较常见的内存泄漏、编译优化来说明 Android 优化方面的知识，希望能起到抛砖引玉的作用。

12.1 内存泄漏

内存泄漏（Memory Leak）是 Android 开发过程中最常见的问题之一。Java 是垃圾回收语言之一，使用者无须手动释放内存，交由垃圾回收器（GC）自动管理即可。但是如果使用不当，很容易造成该释放掉的内存未能及时释放，从而越积越多，最终导致内存耗尽，系统抛出 OOM 错误。

内存泄漏的原因简单来说就是存放在堆中的对象仍存在强引用，GC 无法在内存中回收这个对象。形象来说就是生命周期长的对象持有生命周期短的对象的引用。

Android 中常见的场景是 Activity 的回收。因为 Activity 是有生命周期的，当其关闭后需要交由 GC 回收。但是如果此时仍有指向 Activity 的强引用存在，那么 GC 是不会回收掉这个 Activity 的，从而导致该 Activity 一直占用系统内存。

接下来我们列举常见的造成内存泄漏的场景。

12.1.1 Static 静态变量

前面提到过内存泄漏的原因是一直存在强引用，那么我们就要考虑一下有哪些因素会导致一直存在强引用，如静态变量，它的生存周期存在于整个 App 的生命周期中，所以如果有静态变量持有 Activity 的强引用，那么这个 Activity 是回收不了的。

我们来看一个例子，就是我们常用到的使用静态变量实现的单例模式：

```
1.  public class Singleton {
2.      private static Singleton sSingleton = null;
3.      private Context mContext;
4.
5.      public Singleton(Context mContext) {
6.          this.mContext = mContext;
7.      }
8.
9.      public static Singleton getSingleton(Context context){
10.         if (null == sSingleton){
11.             sSingleton = new Singleton(context);
12.         }
13.         return sSingleton;
14.     }
15. }
```

如果 Singleton 传入的 Context 是 Activity，那么就会导致内存泄漏。因为 sSingleton 是一个静态变量，持有 Singleton 实例对象的引用，而 mContext 是 Singleton 的成员变量，在 Singleton 实例化的时候指向了传入的 Activity。由于 Singleton 实例对象被 sSingleton 静态变量强引用，所以会在内存当中一直存在，因此其成员变量 mContext 同样也不会被回收；而 mContext 又对 Activity 有强引用，导致 Activity 不能被回收，这样就发生了内存泄漏。

接下来我们就来看看如何解决内存泄漏的问题。

我们前面说过，内存泄漏的原因是生命周期长的对象持有生命周期短的对象的引用，那么我们可以考虑将两个对象的生命周期设置成一样长，例如传入 getApplicationContext()，它的生命周期就是 App 的生命周期，跟静态变量一样，所以就不会造成内存泄漏。

目前 Android Studio3.0 以上版本的编辑器对可能出现内存泄漏的地方会有提示，如图 12.1 所示。

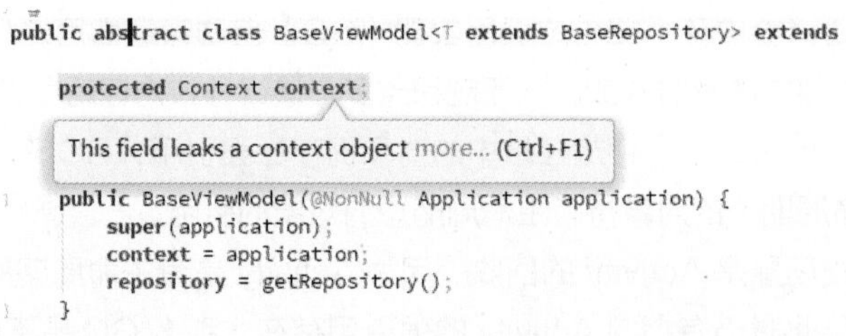

图 12.1　内存泄漏提示

关于内存泄漏的检测，我们还可以通过 Profile 来发现泄漏问题，如图 12.2 所示。

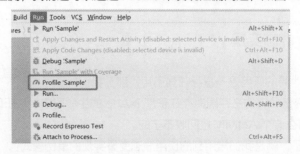

图 12.2　Profile

我们创建一个泄漏的 Activity：

```
1.  public class ProfileActivity extends AppCompatActivity {
2.      @Override
3.      protected void onCreate(@Nullable Bundle savedInstanceState) {
4.          super.onCreate(savedInstanceState);
5.          Singleton.getSingleton(this).toast();
6.      }
7.  }
```

然后在 MainActivity 中反复多次打开 ProfileActivity，然后再关闭 ProfileActivity，接下来单击 Force garbage collection 按钮，强制垃圾回收，如图 12.3 所示。

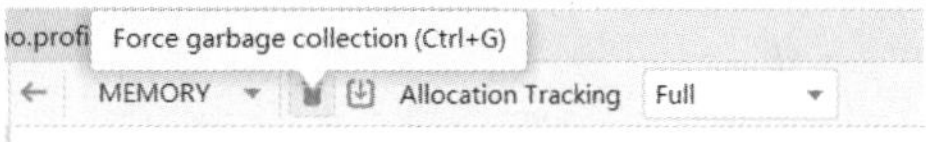

最后再来看下打开对象的情况，如图 12.4 所示。

图 12.3　单击强制垃圾回收

图 12.4　打开对象情况

可以看到 ProfileActivity 没有被回收掉，一直存在于内存中。

12.1.2　InnerClass 内部类

非静态内部类，包括匿名内部类、成员内部类、局部内部类，都会导致内存泄漏。因为内部类会默认持有外部类的引用，不然内部类怎么能够直接访问到外部类的数据呢？

内部类默认持有外部类的引用，意思是创建内部类对象的时候，必须传入外部类对象，作为内部类中 outerClass 成员变量的引用。

```
1.  public class InnerClass {
2.      private OuterClass outerClass;
3.      public InnerClass(OuterClass outerClass) {
4.          this.outerClass = outerClass;
5.      }
6.  }
```

那这样问题就来了，如果外部类是一个 Activity，当这个 Activity 需要被回收的时候，此时内部类仍然还在工作，仍然持有 Activity 的引用，那么这个 Activity 就不能被及时回收，从而导致内存泄漏。

以匿名内部类为例，匿名内部类没有名字，所以每次只能使用一次，而且匿名内部类必须实现一个接口或者继承父类。

1. new 一个抽象类

```
1.  abstract class Car {
2.      public abstract void move();
3.  }
4.
5.  public class Demo {
6.      public static void main(String[] args) {
7.          Car c = new Car() {
8.              public void move() {
9.                  System.out.println("I moved");
10.             }
11.         };
12.         c.move();
13.     }
14. }
```

2. new 一个接口

```
1.  interface Car {
2.      public void move();
3.  }
4.
5.  public class Demo {
6.      public static void main(String[] args) {
7.          Car c = new Car() {
8.              public void move() {
9.                  System.out.println("I moved");
10.             }
11.         };
12.         c.move();
13.     }
14. }
```

这里并非真正意义上实例化一个抽象类或者接口，而是实现了一个匿名类。
场景设置控件监听事件就是使用这种方式：

```
1.  setOnClickListener(new View.OnClickListener() {
2.      @Override
3.      public void onClick(View v) {
4.          ......
5.      }
6.  });
```

创建线程的方式：

```
1.  new Thread(new Runnable() {
2.      @Override
3.      public void run() {
4.          try {
5.              //模拟耗时操作
```

```
6.            Thread.sleep(10000);
7.        } catch (InterruptedException e) {
8.            e.printStackTrace();
9.        }
10.    }
11. }).start();
```

这里也是通过 new Runnable 来实现一个匿名内部类。

上面介绍了内部类的实现，我们现在就以 new Runnable 为例来看看匿名内部类是怎么泄漏的。假设 new Thread 运行在 Activity 中，因为通过 new Runnable 的方式创建的匿名内部类默认持有外部 Activity 的引用，所以在线程休眠 10 秒钟的时候，如果 Activity 退出了需要被系统回收，但是此时线程还在休眠，仍然持有外部 Activity 的引用，导致 Activity 不能及时被回收，从而导致了内存泄漏。

接下来我们来看一下如何解决这种情况的内存泄漏。

既然非静态内部类会导致内存泄漏，那么我们可以考虑改造成静态内部类来实现。以 new Runnable 匿名内部类为例，我们实现一个静态非匿名的内部类：

```
1. new Thread(new MyRunnable()).start();
2.
3. private static class MyRunnable implements Runnable {
4.
5.     @Override
6.     public void run() {
7.         try {
8.             Thread.sleep(10000);
9.         } catch (InterruptedException e) {
10.            e.printStackTrace();
11.        }
12.    }
13. }
```

另外，常见的 Handler 也容易造成内存泄漏：

```
1. private Handler mHandler = new Handler() {
2.     @Override
3.     public void handleMessage(Message msg) {
4.         super.handleMessage(msg);
5.
6.     }
7. };
8.
9.  @Override
10. protected void onCreate(@Nullable Bundle savedInstanceState) {
11.     ......
12.     // 延时1分钟发送消息
13.     mHandler.sendEmptyMessageDelayed(1, 1 * 60 * 1000);
14. }
```

可以看到，mHandler 作为成员变量指向匿名内部类 Handler，Handler 默认持有对 Activity

的引用，如果在 1 分钟内 Activity 有退出，那么由于匿名内部类 Handler 对外部 Activity 有强引用，所以外部 Activity 并不能退出，需要等到 1 分钟后才能退出，这样就造成了内存泄漏。

结合上述 new Runnable 的解决方案，我们同样可以采用静态内部类的方法来实现：

```
private static class MyHandler extends Handler {
......
}
```

考虑到 Handler 一般是用来更新 UI 的，所以肯定会对 UI 进行操作，如果我们采用了静态非匿名内部类的方法，那么 Handler 就不能直接操作外部的 Activity，因此需要在初始化 Handler 的时候将外部 Activity 传入，但是这样一来又造成了 Handler 对 Activity 持有强引用的问题。

因此这种情况下，我们考虑采用弱引用的方式，在系统进行垃圾回收的时候，自动解除引用关系，从而能够顺利回收掉对象。

```
1.  private static class MyHandler extends Handler {
2.      WeakReference<HandlerActivity> weakReference;
3.
4.      public MyHandler(Activity activity) {
5.          weakReference = new WeakReference<HandlerActivity>(activity);
6.      }
7.
8.      @Override
9.      public void handleMessage(Message msg) {
10.         super.handleMessage(msg);
11.         if (weakReference.get() != null) {
12.             ......
13.         }
14.     }
15. }
```

另外，在 onDestroy 的时候还需要进行 remove 操作：

```
1.  @Override
2.  protected void onDestroy() {
3.      super.onDestroy();
4.      if(null != handler){
5.          handler.removeCallbacksAndMessages(null);
6.          handler = null;
7.      }
8.  }
```

12.1.3 其他导致内存泄漏的场景

1. BroadcastReceiver

```
1.  public class MainActivity extends AppCompatActivity {
2.
3.      @Override
```

```
4.    protected void onCreate(Bundle savedInstanceState) {
5.        ......
6.        registerReceiver(mReceiver, new IntentFilter());
7.    }
8.
9.    private BroadcastReceiver mReceiver = new BroadcastReceiver() {
10.       @Override
11.       public void onReceive(Context context, Intent intent) {
12.           ......
13.       }
14.   };
15. }
```

广播其实是一种观察者模式，因此注册后如果不需要使用了，需要及时解除注册：

```
1. @Override
2. protected void onDestroy() {
3.     super.onDestroy();
4.     this.unregisterReceiver(mReceiver);
5. }
```

2. TimerTask

```
1.  mTimer = new Timer();
2.  mTimerTask = new TimerTask() {
3.      @Override
4.      public void run() {
5.          MainActivity.this.runOnUiThread(new Runnable() {
6.              @Override
7.              public void run() {
8.                  ......
9.              }
10.         });
11.     }
12.  };
```

因为在 Activity 销毁的时候，Timer 可能还在继续等待 TimerTask 的执行，这样就导致 Activity 不能被及时回收。解决的方法就是及时 cancel 掉 Timer 和 TimerTask：

```
1.  @Override
2.  protected void onDestroy() {
3.      super.onDestroy();
4.      if (mTimer != null) {
5.          mTimer.cancel();
6.          mTimer = null;
7.      }
8.      if (mTimerTask != null) {
9.          mTimerTask.cancel();
10.         mTimerTask = null;
11.     }
12. }
```

另外还有对 I/O 资源的操作，完成后一定要记得关闭；属性动画播放后也要记得关闭。

12.1.4　LeakCanary

内存泄漏也有工具可以检测，这里我们介绍一下 LeakCanary。

LeakCanary 是 Square 公司基于 MAT 开源的一个工具，专门用来检测 Android App 内存泄漏的问题。

LeakCanary 配置比较简单，首先配置 build.gradle：

```
1. dependencies {
2.     debugApi'com.squareup.leakcanary:leakcanary-android:1.6.2'
3.     releaseApi'com.squareup.leakcanary:leakcanary-android-no-op:1.6.2'
4. }
```

然后在 Application 里面初始化：

```
1. public class MyApplication extends Application {
2.     @Override
3.     public void onCreate() {
4.         super.onCreate();
5.         LeakCanary.install(this);
6.     }
7. }
```

如果有内存泄漏，LeakCanary 会发出通知，单击可以看到详细的泄漏内容，如图 12.5 所示。

阅读 LeakCanary 日志需要注意的地方如下。

1. 顺序

从上到下，最上面表示引用的起点，然后一层一层往下引用，最后一层表示泄露的对象。

2. 语法

MainActivity$4.this$0：表示 MainActivity 类里面的第四个匿名内部类，这个内部类中的成员变量为（this$0）；这个成员变量持有一个引用，这个引用就是 MainActivity 类。另外还有像 Object$2.val$request 这样的描述，表示 Object 类里面的第二个匿名内部类，这个匿名内部类外部声明了临时变量 val，变量名称为 request；一般表示这个变量是函数的一个参数。

图 12.5　泄漏内容

12.2　编译速度

随着项目代码的增多，Android Studio 编译的速度越来越慢，修改一点代码并编译一次甚至需要几分钟的时间，在讲究小步快跑、快速迭代的开发时代，这对开发效率的影响还是非常大的。

这里介绍一些在实践中验证过并且比较有效的提升 Android Studio 编译速度的方法，以 Windows 开发环境为例。

12.2.1 配置文件优化

对 Android Studio 的参数进行配置，可以达到提升编译速度的目的。

首先在 C:\Users\ 用户名 \.gradle\ 目录下，新建 gradle.properties 文件，文件内容如下：

```
1.  #JVM运行时允许分配的最大堆内存
2.  org.gradle.jvmargs=-Xmx4608M
3.  # 编译时使用守护进程
4.  org.gradle.daemon=true
5.  #使用并行编译
6.  org.gradle.parallel=true
7.  #启用新的孵化模式
8.  org.gradle.configureondemand=true
```

接下来使用本地的 gradle 文件，并且关闭 gradle 在线更新模式，如图 12.6 和图 12.7 所示。

图 12.6 关闭在线更新

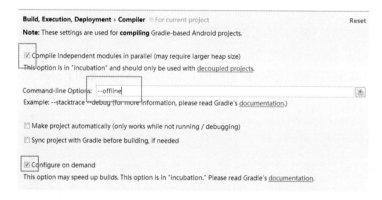

图 12.7 添加 offline 命令

最后在具体的 module 中设置 gradle 文件：

```
1.  dexOptions {
2.      //是否支持大工程模式
3.      jumboMode true
4.      //最大堆内存
5.      javaMaxHeapSize "4g"
6.      //使用增量模式构建
7.      incremental true
8.      //预编译
9.      preDexLibraries = true
```

```
10.      //线程数
11.      threadCount = 8
12.   }
```

12.2.2　Gradle 脚本优化

对 Android 开发来说，影响 App 编译速度最重要的原因是 Gradle 脚本编译速度慢。那么 Gradle 为什么编译这么慢呢？ Gradle 执行了哪些编译任务呢？

我们可以通过 Gradle 内置的性能检测工具 Profile 来检测一下。

直接在 Terminal 中输入：gradlew build -profile，完成后我们可以看到生成的 html 文件，如图 12.8 所示。

打开 html 文件后选择 Task Execution，如图 12.9 所示，可以看到详细的报告内容。

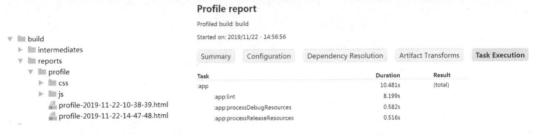

图 12.8　生成的 html 文件　　　　　　　图 12.9　报告内容

可以看到 lint 这个 task 执行的时间很长，差不多占据了 80% 的时间。lint 这个 task 是用来做代码检测的，使我们的代码更加符合规范。一般情况下不建议关闭，但是这里为了找到耗时任务，所以把 lint 给提出来。读者可以根据项目的实际情况决定开启或者关闭 lint 任务。

我们的解决方案是禁用 lint 任务，在 app 的 build.gradle 中添加如下代码：

```
1.  tasks.whenTaskAdded { task->
2.     if (task.name == "lint") {
3.        task.enabled = false
4.     }
5.  }
```

然后再运行一次 gradlew build -profile 命令，查看报告内容，如图 12.10 所示。

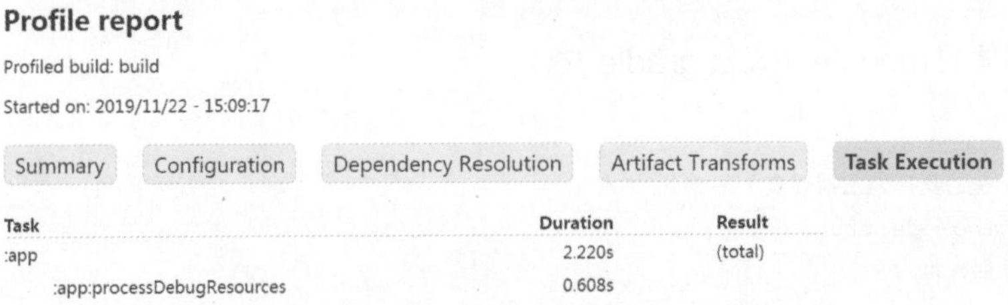

图 12.10　报告内容

可以看到 lint 任务没有执行，这次 Task Execution 总共只花了 2 秒钟。

总的来说，我们可以通过 gradle 的 Profile 工具查看哪些 Task 比较耗时，然后有针对性地屏蔽这些耗时任务，从而达到提高编译速度的目的。

另外 AAPT 检测也比较耗时，我们在 debug 版本中可以考虑暂不优化，在 release 版本中开放：

```
1.  aaptOptions{
2.        cruncherEnabled = false
3.  }
```

12.2.3 其他优化方案

1. 模块化

将常用的功能封装为 AAR 或 JAR 包，通过 Maven 管理，以 AAR 或 JAR 包的形式引入项目，避免每次编译的时候都要重新编译一遍 Java 文件。

2. 组件化

工程内部按照组件化的方式构造起来，需要什么功能的组件就引入，自由搭配，而不需要将这个工程全部编译。参考 11.14 节介绍的组件化方案。

3. 更换操作系统

建议使用 Mac 作为 Android App 开发的首选计算机，Mac 的编译速度会比 Windows 系统的计算机快不少，而且一些公司给入职人员的开发规范中就建议使用 Mac 进行 Android App 开发。如果没有 Mac，那么安装一个 Mac 虚拟机也是一种不错的选择。另外还可以使用 Linux 系统开发，编译速度也是比 Windows 系统的计算机要快。

4. 屏蔽某些 task

例如 Test 这样的 task，可能是我们不需要用到的，但是 gradle 在编译的时候却执行了，我们可以将这样的 task 屏蔽掉，这样也能节省一部分的时间。

在项目的 gradle 里面，为了屏蔽 Test 任务，可以进行如下的配置：

```
1.  allprojects {
2.        //跳过测试任务
3.        gradle.taskGraph.whenReady {
4.           task.each { task ->
5.              if (task.name.contains("Test")) {
6.                 task.enabled = false
7.              }
8.           }
9.        }
10. }
```

5. 提升计算机硬件性能

例如将计算机的机械硬盘替换为固态硬盘，这样在编译速度上会有明显的提升。

第 13 章 测试

13.1 压力测试 Monkey

Monkey 作为一款 Android SDK 自带的自动化测试工具，主要用来对 App 进行压力测试。它可以运行在模拟器或者真实设备中，用来向系统发送伪随机用户事件流，如点击、滑动、关闭、横竖屏等。它只对 Activity 有用，不能操作 Service。

Monkey 正如其名，像一只小猴子一样乱敲乱打，具有很强的随机性，主要用来测试 App 的崩溃，特点就是随机和重复。

如果想用好 Monkey，必须对 Monkey 的命令有清晰的了解，我们来看一下官方提供的 Monkey 有哪些命令，如图 13.1 和图 13.2 所示。

类别	选项	说明
常规	--help	输出简单的使用指南。
	-v	命令行上的每个 -v 都会增加详细程度级别。级别 0（默认值）只提供启动通知、测试完成和最终结果。级别 1 提供有关测试在运行时（例如发送到您的 Activity 的各个事件）的更多详细信息。级别 2 提供更详细的设置信息，例如已选择或未选择用于测试的 Activity
事件	-s <seed>	伪随机数生成器的种子值。如果您使用相同的种子值重新运行 Monkey，它将会生成相同的事件序列
	--throttle <milliseconds>	在事件之间插入固定的延迟时间。您可以使用此选项减慢 Monkey 速度。如果未指定，则没有延迟，系统会尽快地生成事件。
	--pct-touch <percent>	调整轻触事件所占百分比（轻触事件是指屏幕上的单个位置上的按下/释放事件）
	--pct-motion <percent>	调整动作事件所占百分比（动作事件包括屏幕上某个位置的按下事件，一系列伪随机动作和一个释放事件）
	--pct-trackball <percent>	调整轨迹球事件所占百分比（轨迹球事件包括一个或多个随机动作，有时后跟点击）
	--pct-nav <percent>	调整"基本"导航事件所占百分比（导航事件包括向上/向下/向左/向右，作为方向输入设备的输入）
	--pct-majornav <percent>	调整"主要"导航事件所占百分比（这些导航事件通常会导致界面中的操作，例如 5 方向键的中间按钮、返回键或菜单键）
	--pct-syskeys <percent>	调整"系统"按键事件所占百分比（这些按键通常预留供系统使用，如"主屏幕"、"返回"、"发起通话"、"结束通话"或"音量控件"）
	--pct-appswitch <percent>	调整 Activity 启动次数所占百分比。Monkey 会以随机间隔发起 startActivity() 调用，以最大限度地覆盖软件包中的所有 Activity
	--pct-anyevent <percent>	调整其他类型事件所占百分比。这包括所有其他类型的事件，如按键、设备上的其他不太常用的按钮等

图 13.1 Monkey 命令 1

约束	-p <allowed-package-name>	如果你通过这种方式指定一个或多个软件包，Monkey 将允许系统访问这些软件包内的 Activity。如果应用需要访问其他软件包中的 Activity（如选择联系人），你还需要指定这些软件包。如果你未指定任何软件包，Monkey 将允许系统启动所有软件包中的 Activity。要指定多个软件包，请多次使用 -p 选项，每个软件包对应一个 -p 选项
	-c <main-category>	如果你通过这种方式指定一个或多个类别，Monkey 将仅允许系统访问其中一个指定类别中所列的 Activity。如果你没有指定任何类别，Monkey 会选择 Intent、CATEGORY_LAUNCHER 或 Intent.CATEGORY_MONKEY 类别所列的 Activity。要指定多个类别，请多次使用 -c 选项，每个类别对应一个 -c 选项
调试	--dbg-no-events	指定后，Monkey 将初始化启动到测试 Activity，但不会生成任何其他事件。为了获得最佳结果，请结合使用 v、一个或多个软件包约束条件以及非零限制，以便 Monkey 运行 30 秒或更长时间。这提供了一个环境，你可以在其中监控应用调用的软件包转换操作。
	--hprof	如果设置此选项，此选项将在 Monkey 事件序列之前和之后立即生成分析报告。这将在 data/misc 下生成大型（约为 5MB）文件，因此请谨慎使用。要了解如何分析性能分析报告，请参阅分析应用性能
	--ignore-crashes	通常，当应用崩溃或遇到任何类型的未处理异常时，Monkey 将会停止。如果您指定此选项，Monkey 会继续向系统发送事件，直到计数完成为止
	--ignore-timeouts	通常情况下，如果应用遇到任何类型的超时错误（如应用无响应"对话框"），Monkey 将会停止。如果你指定此选项，Monkey 会继续向系统发送事件，直到计数完成为止
	--ignore-security-exceptions	通常情况下，如果应用遇到任何类型的权限错误（例如，如果它尝试启动需要特定权限的 Activity），Monkey 将会停止。如果你指定此选项，Monkey 会继续向系统发送事件，直到计数完成为止
	--kill-process-after-error	通常情况下，当 Monkey 因出错而停止运行时，出现故障的应用将保持运行状态。设置此选项后，它将会指示系统停止发生错误的进程。注意，在正常（成功）完成情况下，已启动的进程不会停止，并且设备仅会处于最终事件之后的最后状态。
	--monitor-native-crashes	监视并报告 Android 系统原生代码中发生的崩溃。如果设置了 --kill-process-after-error，系统将会停止。
	--wait-dbg	阻止 Monkey 执行，直到为其连接了调试程序。

图 13.2　Monkey 命令 2

接下来我们介绍 Monkey 命令的使用方式，用一个简单的命令来测试：

```
adb shell monkey -p your package name --throttle 100 --pct-touch 50 --pct-motion 50 -v -v 1000 >c:\monkey.txt
```

简单的意思是执行 1000 次伪随机事件，每次操作间隔时间是 100 毫秒，--pct-touch 和 --pct-motion 各占 50% 的比例。c:\monkey.txt 保存了 Monkey 脚本运行的结果。

我们通过 -p 指定包名，如果不指定的话，如 adb shell monkey [options]，Monkey 将会把事件发送至目标环境安装的所有软件包。

Monkey 实际上是一个 JAR 文件，它通过一个名叫 Monkey 的 Shell 脚本执行，所以我们运行 Monkey 命令的时候都是用 adb shell monkey 开头的。同样，也可以进入 Shell 后直接输入 Monkey 命令。

最后我们来看看 Monkey 脚本使用的具体步骤。

首先在 Terminal 中输入 adb devices：查看我们的手机设备是否连接。

连接成功后，查找包名：adb shell pm list package -f。如果文件太多，不知道路径，那么我们可以打开我们的 App，然后输入：adb shell dumpsyswindow w | findstr \/ | findstr name=，这样就可以看到我们要执行的 App 的包名了。

得到包名后，我们就可以参考上面得 Monkey 命令来执行 Monkey 脚本了。

13.2　JUnit、Espresso、Mockito、Robolectric

在新建 Android 项目的时候，系统不仅会给我们建立好开发的目录，还会新建用于测试的目录，如图 13.3 所示。

图 13.3 测试目录

androidTest，顾名思义，是需要在 Android 环境下进行的测试，需要连接 Android 设备，不能直接 build 运行；test 是 Java 测试，这里我们用的是 JUnit，所以直接在 IDE 里面运行即可，不需要额外的 Android 设备。

13.2.1 JUnit

关注几个关键的 Annotation，@Before 表示初始化的一些操作，@Test 表示需要测试验证方法。

```
1.  public class DemoTest {
2.
3.      @Before
4.      public void setUp() throws Exception {
5.
6.      }
7.
8.      @Test
9.      public void isEmpty() {
10.         assertEquals(true, "".equals(""));
11.     }
12. }
```

JUnit 的适用范围：逻辑验证、算法等。

运行的时候，在方法的这一行单击鼠标右键，选择 Run 或者 Debug 命令，如图 13.4 所示。

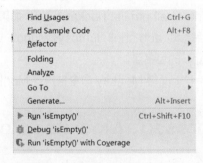

图 13.4 运行

JUnit 的用法可以参考 JUnit API 参考手册。

13.2.2 Espresso

Espresso 框架主要用来解决重复性的 UI 操作，它位于 androidTest 目录下面。

```
1. @RunWith(AndroidJUnit4.class)
2. @LargeTest
3. public class WeatherActivityTest {
4.    @Rule
5.    public ActivityTestRule mActivityRule = new ActivityTestRule<>(
6.            WeatherActivity.class);
7.    @Test
8.    public void runClick(){
9.        onView(withText("点击获取城市感冒指数")).perform(click());
10.       onView(withId(R.id.wendu)).check(matches(withText("点击获取城市今天温度")));
11.   }
12. }
```

注意关键的 annotation，@RunWith(AndroidJUnit4.class) 开头，@Rule 表示规则，@Test 表示需要测试的方法。还需要添加引用：

```
androidTestImplementation 'com.android.support.test:rules:1.0.2'
```

上面 runClick 里面的测试，一个表示 text 内容为"点击获取城市感冒指数"则执行点击；另一个表示找到 R.id.wendu 的控件，然后看它的 text 内容是否为"点击获取城市今天温度"。

13.2.3 Mockito

Espresso 和 Mockito 都是 Android 测试框架，而 Mockito 的特点是可以脱离 Android 设备调试环境，在纯 Java 的环境下完成 Android 测试用例。也就是说，Mockito 不像 Espresso 那样需要连接一台 Android 设备，我们可以像运行 JUnit 那样来运行 Android 测试用例。

在 JUnit 单元测试中，需要手动构造测试中对对象的依赖。如 A 对象方法依赖 B 对象方法，在测试 A 对象的时候，我们首先需要构造出 B 对象，这样做增加了测试的难度；如果依赖过多，相应地也增大了编写测试用例的难度。

Mockito 是一个 Java 开源的测试框架，Mockito 在测试中尝试移除传统 JUnit 单元测试使用的 Expect 方式，这样可以有效降低代码的耦合，使得我们只需要测试需要的方法和类，而不需过多地考虑依赖类。

Mockito 不能模拟 final 类、匿名类和 Java 基本类型；对于 final 方法和 static 方法，不能对其 when(……).thenReturn(……) 操作。

另外 mock 对象大多都需要植入应用代码中，从而进行 verify(……) 操作；但应用代码中不一定有相应的 set 方法，如果要植入，就需要为了测试添加应用代码。就是说 A 对象中需要增加一个 set 方法，专门用来引入 mock 过的 B 对象；也就是说需要为一个测试用例在原来的对象中增加 set 方法，这样做有点复杂。后面我们用反射来解决这个问题。

```
1. @Test
2.    public void testList() {
```

```
3.      List mockedList = mock(List.class);
4.      mockedList.add("one");
5.      mockedList.clear();
6.      verify(mockedList).add("one");
7.      verify(mockedList).clear();
8.  }
```

Mockito 的适用范围：解决依赖问题，一般用来测试与生命周期相关的类，比如 MVP 的 P 层和 M 层。如果涉及生命周期相关的类，这就需要用到下面的 Robolectric 测试框架。

13.2.4　Robolectric

Robolectric 是一款专门针对 Android SDK 的测试框架，我们只需要在 Java 环境中运行即可。

```
1.  public class WeatherActivityTest {
2.      private WeatherActivity activity;
3.      private WeatherPresenter presenter;
4.
5.      @Before
6.      public void setUp() {
7.          activity = Robolectric.setupActivity(WeatherActivity.class);
8.      }
9.
10.     @Test
11.     public void testToSettingPage(){
12.         activity.toSettingPage();
13.         Intent expectedIntent = new Intent(activity, SettingActivity.class);
14.         Intent actualIntent = ShadowApplication.getInstance().getNextStartedActivity();
15.         Assert.assertEquals(expectedIntent.getComponent(), actualIntent.getComponent());
16.     }
17. }
```

使用 Robolectric.setupActivity 启动一个 Activity，当然，这个 Activity 不会真正地启动。通过 testToSettingPage 方法，我们测试 Activity 的 toSettingPage 方法启动后，是否真地跳转到了 SettingActivity 这个页面。

Robolectric 的适用范围：有 Android 生命周期的类，Robolectric 的功能点当然不只这些，有兴趣的可以去官网看看。

13.2.5　综合应用

以上 4 个测试框架各有优点，我们实际应用的时候往往是几种框架一并使用。

例如 Android 开发过程中，我们为了避免使用到 Android 设备来测试，会用到 Robolectric 框架，同时也会用到 JUnit 和 Mockito，下面我们来看一下具体的例子：

```
1.  @RunWith(RobolectricTestRunner.class)
2.  @Config(sdk = 28)
3.  public class WeatherActivityTest {
4.      private WeatherActivity activity;
```

```
5.     private WeatherPresenter presenter;
6.
7.     @Before
8.     public void setUp() {
9.         activity = Robolectric.setupActivity(WeatherActivity.class);
10.        presenter = mock(WeatherPresenter.class);
11.        activity.setPresenter(presenter);//如果不用这种方式,就要用反射获取private成员变量
12.    }
13.
14.    @Test
15.    public void testGanmaoClick() {
16.        Button ganmao = activity.findViewById(R.id.ganmao);
17.        ganmao.performClick();
18.        verify(presenter).getGanmao();
19.        //如果不用activity.setPresenter(presenter),则使用下面代码
20.        // try {
21.        //     Field field = WeatherActivity.class.getSuperclass().getDeclaredField("mPresenter");
22.        //     field.setAccessible(true);
23.        //     field.set(activity, presenter);
24.        //     ganmao.performClick();
25.        //     verify(presenter).showTest2();
26.        // } catch (Exception e) {
27.        //     //error
28.        // }
29.        // verify(presenter).showTest1();
30.    }
31.
32.    @Test
33.    public void testWenduClick() {
34.        Button wendu = activity.findViewById(R.id.wendu);
35.        wendu.performClick();
36.        assertThat(wendu.getText().toString(), is("点击获取城市今天温度"));
37.        assertEquals("验证温度", wendu.getText().toString(), "点击获取城市今天温度");
38.    }
39.
40.    @Test
41.    public void testShadows() {
42.        TextView wendu = activity.findViewById(R.id.wendu);
43.        ShadowTextView stv = Shadows.shadowOf(wendu);
44.        assertEquals("验证温度示",stv.innerText(),"点击获取城市今天温度");
45.    }
46.
47.    @Test
48.    public void testToSettingPage(){
49.        activity.toSettingPage();
50.        Intent expectedIntent = new Intent(activity, SettingActivity.class);
51.        Intent actualIntent = ShadowApplication.getInstance().getNextStartedActivity();
52.        Assert.assertEquals(expectedIntent.getComponent(), actualIntent.getComponent());
53.    }
54.
55.    @Test
56.    public void testGetId() {
57.        when(presenter.getId()).thenReturn(100);
58.    }
59.
```

```
60.    @Test
61.    public void testList() {
62.        List mockedList = mock(List.class);
63.        mockedList.add("one");
64.        mockedList.clear();
65.        verify(mockedList).add("one");
66.        verify(mockedList).clear();
67.    }
68.
69.    @Test
70.    public void testOnDestroy() {
71.        activity.initDestroy();
72.        verify(presenter).detachView();
73.    }
74. }
```

13.2.6　扩展：mock 植入和反射

前面说到的 mock 对象需要植入应用代码中，从而才能执行 verify 操作。但是往往植入的应用代码没有入口，所以我们要手动写一个 set 方法，但是为了测试用例专门写一个 set 方法也是比较不划算的。mock 对象在应用代码里面往往是以 private 的方式声明的成员变量，因此我们可以使用反射的方式，将 mock 对象植入应用代码中。看实例：

```
1.  @RunWith(RobolectricTestRunner.class)
2.  @Config(sdk = 28)
3.  public class SettingActivityTest {
4.
5.      private SettingActivity activity;
6.      private SettingController controller;
7.
8.      @Before
9.      public void setUp() {
10.         activity = Robolectric.setupActivity(SettingActivity.class);
11.         controller = mock(SettingController.class);
12.     }
13.
14.     @Test
15.     public void testSettingClick() {
16.         Button toasting = activity.findViewById(R.id.toasting);
17.         toasting.performClick();
18.         try {//使用反射获取private成员变量，否则在SettingActivity就得有个入口将SettingController实例传入
19.             Field field = WeatherActivity.class.getSuperclass().getDeclaredField("controller");
20.             field.setAccessible(true);
21.             field.set(activity, controller);
22.             toasting.performClick();
23.             verify(controller).getTitle();
24.         } catch (Exception e) {
25.             //error
26.         }
27.     }
28. }
```

第 14 章 工具

本章主要介绍一些 Android 开发中常用的开发工具，这些开发工具往往能对我们日常的开发起到很好的辅助作用。

14.1 Android 模拟器

14.1.1 AVD

AVD 的英文全称是 Android Virtual Device，即 Android 虚拟设备，也就是模拟器。

AVD 是 Android 开发工具自带的模拟器，提供了多种不同手机型号的模拟器，从屏幕尺寸、分辨率、屏幕密度出发，尽量模拟真实手机的配置。当然我们也可以自定义这些 Profile。

AVD 很早以前的版本对于手机 CPU 架构的支持有限，通常只支持 x86 架构的手机。不过现在的 AVD 已经可以支持 arm 架构的手机了，如图 14.1 所示。

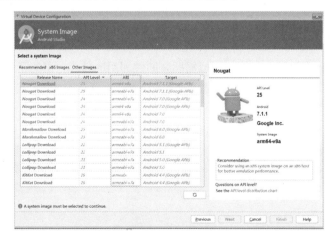

图 14.1 支持的架构

AVD 的优点如下。
- 自带 IDE，使用方便，选择多样。

AVD 的缺点如下。
- 使用起来会比较卡，而且运行较慢。

14.1.2　Genymotion

Genymotion 是一款非常优秀的跨平台模拟器，具有安装便捷、运行速度快、Android 模拟器配置多等优点。

Genymotion 有免费版和收费版，一般我们使用免费版就可以了，如图 14.2 所示。

图 14.2　Genymotion 官网

具体安装和使用方法也比较简单，这里就不过多叙述了。

Genymotion 的优点如下。
- 功能强大，运行速度快。

Genymotion 的缺点如下。
- 有些配置可能稍微有点复杂。

14.1.3　MuMu 模拟器

推荐使用 MuMu 模拟器，MuMu 模拟器拥有即装即用的特点，避免了上面两种模拟器需要更多配置步骤带来的不便。而且 MuMu 模拟器运行速度快，能够支持大型应用和游戏的运行，如图 14.3 所示。

需要注意的是，如果 Android Studio 连不上 MuMu，可以在 Terminal 中使用如下命令连接：adb connect 127.0.0.1:7555。

MuMu 的优点如下。
- 使用便捷，运行速度快。

MuMu 的缺点如下。
- 有些功能不完善，例如输入法框弹不出来。

图 14.3　MuMu 运行界面

14.2　文档管理

14.2.1　文档共享和编辑平台

App 开发需要多个团队协同完成，因此就需要一款适合团队网上共享和编辑的文档管理工具。

Google Docs 就是这样的一款工具。直接打开网页就可以查看和编辑，云端实时保存，多人实时在线编辑文档，保证权限安全可控，如图 14.4 所示。

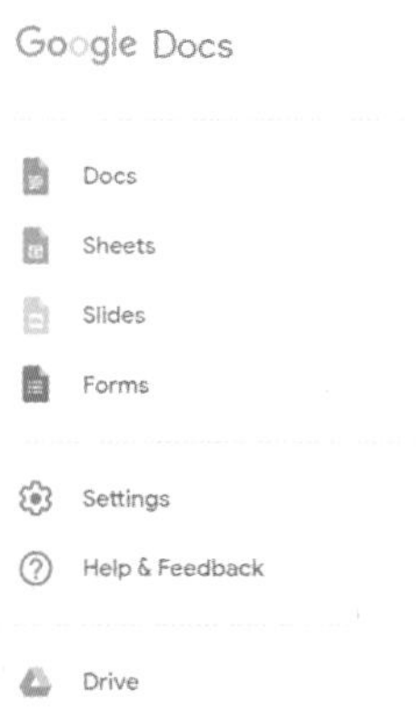

图 14.4　Google Docs

Google Docs 提供了 Docs、Sheets、Slides、Forms 4 种格式的文档。

和 Google Docs 相似的产品是 QQ Docs，其功能基本上和 Google Docs 相似。

以 App 开发过程中的实例来说明，如下。

- 项目经理召集各个团队的负责人开会，商讨 v1.1 版本的开发计划。
- 产品经理提出 v1.1 版本的开发需求。
- 开发人员评估工作开发的工作量。
- 项目经理制定好版本发版计划以及提测时间。

然后项目经理会建立一个这样的共享文档，如图 14.5 所示。

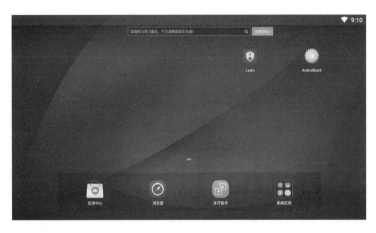

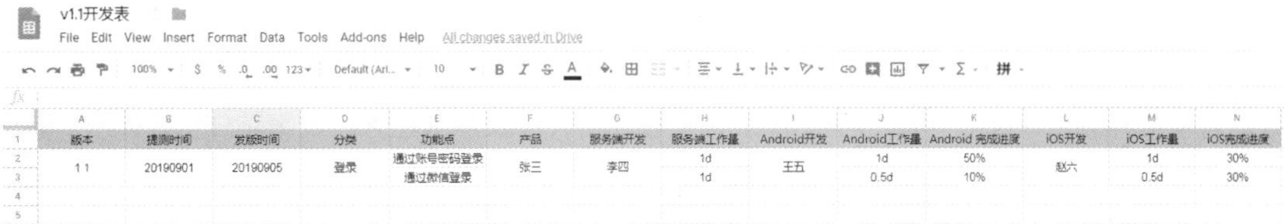

版本	提测时间	发版时间	分类	功能点	产品	服务端开发	服务端工作量	Android开发	Android工作量	Android 完成进度	iOS开发	iOS工作量	iOS完成进度
1.1	20190901	20190905	登录	通过账号密码登录	张三	李四	1d	王五	1d	50%	赵六	1d	30%
				通过微信登录			1d		0.5d	10%		0.5d	30%

图 14.5　共享文档

各端在开发过程中可以及时更新文档内容，团队成员也能及时了解项目的最新进度。

文档管理工具的使用范围如下。
- 自己没有 KM（Knowledge Management）平台的公司或项目。
- 需要和公司外部人员沟通的项目。

14.2.2 知识管理平台

这里我们介绍下 Confluence。

Confluence 是一款强大的知识体系管理软件，以及团队协同工作软件。Confluence 提供一个协作环境，供团队成员协同编辑和管理文档，形成公司自己的 Wiki 知识库。Confluence 打破了个人、团队、跨部门之间的壁垒，真正实现了资源共享。Confluence 完全可以替代 Google Docs 和 QQ Docs，如图 14.6 所示。

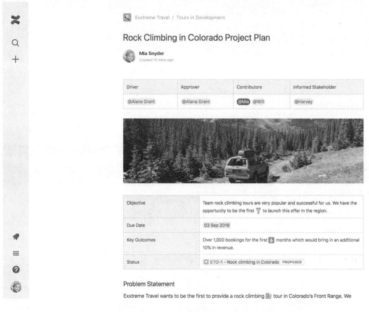

图 14.6　Confluence

Confluence 的使用范围如下。
- 构建企业级的 Wiki。
- 公司内部团队的协作沟通平台，如项目团队、开发团队、市场团队、销售团队等。

14.2.3 任务管理和缺陷跟踪平台

这里推荐使用 JIRA。可以使用 JIRA 来管理项目，建立需求任务以及跟踪任务、Bug、需求等，还可以通过邮件通知功能进行协同工作。

JIRA 整合了项目经理、开发人员、测试人员，项目经理建立任务，开发人员认领任务以及更新任务进度，测试人员建立 Bug 并分配给对应的开发人员处理。

另外 JIRA 和 Confluence 还可以整合在一起，如图 14.7 所示的 JIRA 界面。

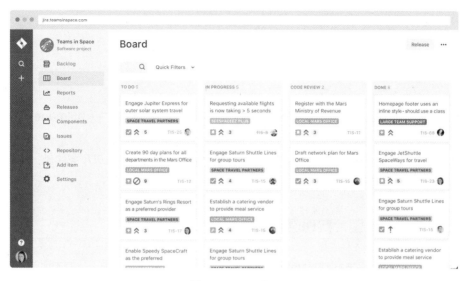

图 14.7　JIRA 界面

14.3　9PNG 的应用

9PNG 是 Android 开发中常用的一种图片格式，这种图片在 Android 开发环境中有自适应调节大小的能力。本节从图片阴影效果的角度出发，来说明一下 9PNG 图片的应用。

14.3.1　字体阴影

从图 14.8 中我们可以看到一个带有阴影效果的字体。

图 14.8　阴影效果

字体阴影有 4 个相关参数，如下。

- android:shadowRadius：阴影半径。
- android:shadowColor：阴影颜色。
- android:shadowDx：水平偏移。
- android:shadowDy：垂直偏移。

```
1.  <TextView
2.      android:id="@+id/tvshadow"
3.      android:layout_width="wrap_content"
4.      android:layout_height="wrap_content"
5.      android:textSize="60sp"
6.      android:textColor="#ffffffff"
7.      android:layout_gravity="center"
```

```
8.        android:text="Test Shadow"
9.        android:shadowColor="#ff000000"
10.       android:shadowRadius="10"
11.       android:shadowDx="10"
12.       android:shadowDy="10"
13.   />
```

需要注意的是，这几个参数只对 TextView 控件有效，对其他的控件（如 ImageView、布局控件 LinearLayout）则无效。

如果需要让布局控件（如 LinearLayout）有阴影效果怎么办呢？解决方案就是：制作带有阴影效果的 9png 图片作为背景图片。

14.3.2　用 9png 图片实现通用阴影效果

这里提供一个在线制作带有阴影效果的 9png 图片的网站：shadow4android，界面如图 14.9 所示。

图 14.9　制作 9png 图片

该网站提供了强大的参数设置功能，能够满足我们设置阴影 9png 的需求，如图 14.10 和图 14.11 所示。制作出来的效果如图 14.12 所示。

图 14.10　参数设置 1　　　　　图 14.11　参数设置 2　　　　　图 14.12　9png 效果

14.3.3 用 9png 图片实现网络传输

关于 9png 的使用，平常我们可能会将制作好的 png 图片放入工程中，然后打包进 APK 内安装使用。

但是有的需求是要求从网络获取 9png 图片，然后在 APK 的控件中显示出来。如果这个 9png 图片不经过处理，直接放在网上，然后经由 App 在使用过程中下载下来，将这个 bitmap 设置成背景，那么你会惊奇地发现这个图片并没有达到 9png 图片的效果，而是一张普通图片，甚至连 9png 的黑边都显示出来并拉伸了。原因是放在 res 下的图片，打包的实际上是经过处理的图片，我们通过解压 APK 来查看这个图片，会发现比原来的 9png 图片少了两个像素。

所以我们如果要将一张 9png 的图片上传网络，这个图片必须经过处理才能放到网上，这样才有效果。

具体的做法如下。
- 找到 SDK 下的 aapt 目录，如 sdk\build-tools\28.0.3。
- 运行指令：aapt.exe c -v -S C:\1 -C C:\2，其中 C:\1 是原始 9png 图片所在的目录，C:\2 是处理后的 9png 图片所在的目录。需要注意的是，这两个目录不能一样，否则在运行时会失败。

从图 14.13 中我们可以看到处理后的结果。

```
λ aapt.exe c -v -S C:\1 -C C:\2
Crunching PNG Files in source dir: C:\1
To destination dir: C:\2
Processing image to cache: C:\1\shadow_205127.9.png => C:\2\shadow_205127.9.png
  (processed image to cache entry C:\2\shadow_205127.9.png: 0% size of source)
Crunched 1 PNG files to update cache
```

图 14.13 处理结果

14.4 CI：持续集成

CI 的英文全称为 Continuous Integration，即持续集成。持续集成可以帮我们自动构建、打包、测试、发布等，极大地简化了我们的操作流程。

持续集成是一种软件开发实践。在持续集成中，团队成员频繁集成他们的工作成果，一般每人每天至少集成一次，也可以多次。每次集成都会经过自动构建（包括自动测试）的检验，以尽快发现集成错误。许多团队发现这种方法可以显著减少集成引起的问题，并可以加快团队合作软件开发的速度。

14.4.1 Jenkins

Jenkins 是最常用的 CI 工具，在开发过程中我们可以利用 Jenkins 构建出 Android 包，包括 debug 版本和 release 版本的 Android 包，方便产品、运营、测试人员下载安装使用。

Jenkins 支持各种运行方式，可通过系统包、Docker 或者一个独立的 Java 程序运行。

一般在项目开发过程中，我们大部分会将其应用到以下两种场景。

1. 手动构建

手动构建就是我们需要主动到 Jenkins 网站上去构建 APK，Jenkins 需要相关的构建人员权限。构建完毕后，通知相关的人员下载使用。这个也是项目开发过程中常见的使用方式。手动构建流程如图 14.14 所示。

图 14.14　手动构建流程

2. 自动构建

自动构建一般在版本需求开发过程中的作用效果比较明显。开发人员开发的某个功能调测通过后，push 到 Git 平台，然后 Jenkins 检测到改动，自动开始构建项目，以便及时发现问题，并通知到相关开发人员。自动构建流程如图 14.15 所示。

图 14.15　自动构建流程

Jenkins 最主要的作用：将更新、发布、编译、打包、通知这类的琐事交给 Jenkins 去处理，程序员只需专注于编码。

假如有人想让你打一个包给他，在本地开发和编译一个 APK，需要等上几分钟甚至十几分钟，耽误了自己和他人的时间。有了 Jenkins，产品人员跟你要 APK 做产品体验的时候，你可以跟他说："稍等，我在 Jenkins 上编译一个版本，你等个几分钟去 xx 网址上下载即可。"提交版本测试的时候，你可以跟测试人员说："请到 xx 网址下载 xx 版本号的 APK 文件，用这个版本的文件进行验证。"

最后我们总结一下以上描述的 Jenkins 涉及的 3 个概念：持续集成、持续交付、持续部署。

1. 持续集成

一天中多次地将所有开发者的工作合并到主干上。

2. 持续交付

与持续集成相比，持续交付的重点是在交付物而不是代码。持续交付指的是频繁地将产品交付给质量团队或者用户去验收、评审。

3. 持续部署

持续交付的下一步就是持续部署，代码通过验收后，自动部署到生产环境。持续部署强调了自动部署到生产环境，而持续交付需要手动地部署到生产环境当中。

我们看图 14.16 就能明白持续交付和持续部署的关联与不同，如下。

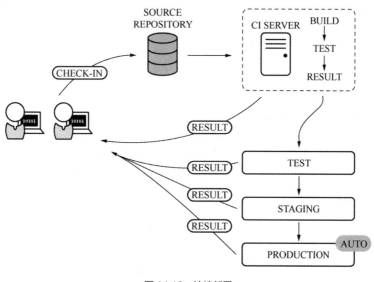

图 14.16　持续部署

14.4.2　Travis

Travis 专门针对 github 项目进行持续集成。利用 Travis，我们可以实现图 14.17 所示的场景。

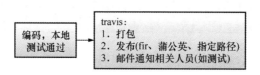

图 14.17　Travis 场景

1. 关于 .travis.yml

使用 travis 的项目必须在每个项目的根目录放入 .travis.yml 文件。这里提供一个 Android 可用的模板，目前为了测试只实现了 debug 模式。

```
1.  language: android
2.  jdk:
3.    - oraclejdk8
4.  script:
5.    - ./gradlew :app:assembleDebug
6.  android:
7.    components:
8.      - tools
9.      - tools
10.     - platform-tools
11.     - build-tools-28.0.3
12.     - android-28
13.     - extra-android-support
```

```
14.     - extra-google-google_play_services
15.     - extra-android-m2repository
16.     - extra-google-m2repository
17.     - addon-google_apis-google-21
18. before_install:
19.     - chmod +x gradlew
```

2. 运行 Travis

这里可以看到 Travis 的运行状态、yml 脚本内容，以及详细的编译日志，如图 14.18 所示。

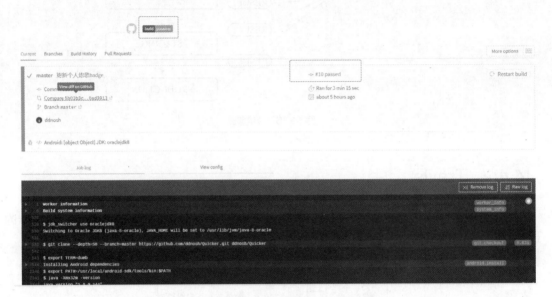

图 14.18　Travis 运行

14.5　Kotlin 学习

Kotlin 是 Google 官方宣布的开发 Android 的首选语言，因此有必要对 Kotlin 进行一番了解。我们从 Kotlin 语法入手，本节教读者自己做一个 Kotlin 语法学习的手册，方便平时在开发过程中及时查阅和更新，其他语言的语法学习也可参考这种方法。

图 14.19 所示的是一个类图。你会发现 Koltin 的一些语法跟类图的描述有点像。

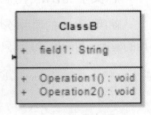

图 14.19　类图

14.5.1　Kotlin 语法手册

本节我们制作一个 Kotlin 语法手册，方便我们查看语法，同时还可以查看运行效果。

我们新建一个 Android App 工程，然后在 app 模块里面建立一个 KotlinGrammar.kt 文件，文件里面就是 Kotlin 语法的内容，也是从 main 函数开始的，部分语法的代码如下：

```kotlin
1.  fun main(args: Array<String>) {
2.      println("this is my first kotlin.")
3.      /*
4.      val:常量；var:变量
5.      */
6.      val name = "Jack"
7.      //name = "Rose" //报错
8.      var age = 18
9.      age = 20;
10.     //也可明确类型
11.     var count: Int = 100
12.     /*
13.     换行：1. \n; 2. """ +|
14.     */
15.     val line = "here is one line\nthis is another line"
16.     println(line)
17.     val newLine = """here is one newLine
18.         |here is another newLine""".trimMargin()
19.     println(newLine)
20.     /*
21.     占位符:$
22.     */
23.     var template = "this is a template string called $name and length is ${name.length}"
24.     println(template)
25.     /*
26.     null: ? ?. ?: !!
27.     */
28.     var nullableString1: String? = "abc" //?可为空，不加?则不能为空
29.     var nullableString2: String? = null
30.     println(nullableString1?.length)//?.如果为空则返回null，不为空则返回实际值
31.     println(nullableString2?.length)
32.     println(nullableString2?.length ?: "i am null")//?:如果为空则用:后面的赋值
33. //    println(nullableString2!!.length)//!!如果为空则强制抛出异常
34.     var nameNullable: String? = null
35.     var len = nameNullable?.length
36.     println(len == null)
37.     /*
38.     延迟初始化：lateinit var, by lazy
39.     */
40.     lateinit var lateInitByLateinit: String//lateinit var只能用来修饰类属性，不能用来修饰局部变量和基本类型
41.     fun testLateinit() {
42.         lateInitByLateinit = "this is a lateinit string"
43.     }
44.     testLateinit()
45.     println(lateInitByLateinit)
46.     //by lazy用来修饰val变量，可以用来修饰局部变量和基本类型，等下一次调用到的时候才会进行初始化
47.     val lazyByLazy: String by lazy {
48.         println("here is lazy init")
49.         "Zoo"
```

```
50.    }
51.    println(lazyByLazy)//lazyByLazy被调用到了，开始初始化，执行println("here is lazy init")，并且赋值"Zoo"
52. }
```

上面列举出了部分 Kotlin 语法，其他语法可以继续添加在这个文件中。想看效果直接在编辑器里面运行即可，如图 14.20 所示的运行结果。

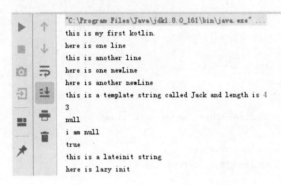

图 14.20　运行结果

14.5.2　Kotlin 在 Android 上的应用

我们还可以新建一个 KotlinInAndroid.kt 文件，用来存放 Kotlin 在 Android 上应用的一些特别支持，我们看下面的代码。

```
1.  class KotlinInAndroid : AppCompatActivity() {
2.  
3.      override fun onCreate(savedInstanceState: Bundle?) {
4.          super.onCreate(savedInstanceState)
5.          setContentView(R.layout.activity_main)
6.          //1. 控件直接用id，不再使用findviewbyid
7.          btn_1.setOnClickListener(object : View.OnClickListener {
8.              override fun onClick(v: View?) {
9.                  toastMe()
10.             }
11.  
12.         })
13.         btn_1.setOnClickListener { toastMe() } //lambda表达式更加简洁
14.         //2. 控件自定义方法
15.         iv_1.loadUrl("https://www.baidu.com/img/bd_logo1.png")
16.         //3. 控件自定义方法可放在单独的类中
17.         toast("a toast")
18.         toast("a toast", Toast.LENGTH_LONG)
19.         //4. 协程
20.         //两个耗时操作，必须要在异步线程进行处理，处理完成后需要在主线程输出结果
21.         //way1：
22.         MainScope().launch {
23.             val startTime = System.currentTimeMillis()
24.             println("[way1]tag1：" + Thread.currentThread().name)
```

```kotlin
25.          val text1 = withContext(Dispatchers.IO) {
26.              println("[way1]tag2:" + Thread.currentThread().name)
27.              delay(1000)
28.              "Hello "
29.          }
30.          val text2 = withContext(Dispatchers.IO) {
31.              println("[way1]tag3:" + Thread.currentThread().name)
32.              delay(1000)
33.              "World!"
34.          }
35.          println("[way1]tag4:" + Thread.currentThread().name)
36.          println(text1 + text2)
37.          println("[way1]耗时:" + (System.currentTimeMillis() - startTime))
38.      }
39.      //way2:
40.      MainScope().launch {
41.          val startTime = System.currentTimeMillis()
42.          println("[way2]tag1:" + Thread.currentThread().name)
43.          val text1 = getHello("[way2]")
44.          val text2 = getWorld("[way2]")
45.          println("[way2]tag4:" + Thread.currentThread().name)
46.          println(text1 + text2)
47.          println("[way2]耗时:" + (System.currentTimeMillis() - startTime))
48.      }
49.      //way3:异步,不阻塞
50.      MainScope().launch {
51.          val startTime = System.currentTimeMillis()
52.          println("[way3]tag1:" + Thread.currentThread().name)
53.          val text1 = async { getHello("[way3]") }
54.          val text2 = async { getWorld("[way3]") }
55.          println("[way3]tag4:" + Thread.currentThread().name)
56.          println(text1.await() + text2.await())
57.          println("[way3]耗时:" + (System.currentTimeMillis() - startTime))
58.      }
59. }
60.
61. private fun toastMe() {
62.     Toast.makeText(this, "clicked!", Toast.LENGTH_LONG).show()
63. }
64.
65. fun ImageView.loadUrl(url: String) {//在任何类上添加函数
66.     Glide.with(iv_1.getContext()).load(url).into(iv_1)
67. }
68.
69. private suspend fun getHello(way: String): String {
70.     return withContext(Dispatchers.IO) {
71.         println("$way tag2:" + Thread.currentThread().name)
72.         delay(1000)
73.         "Hello "
74.     }
75. }
76.
77. private suspend fun getWorld(way: String): String {
```

```
78.        return withContext(Dispatchers.IO) {
79.            println("$way tag3：" + Thread.currentThread().name)
80.            delay(1000)
81.            "World!"
82.        }
83.    }
84. }
```

我们学习 Kotlin 开发的时候，可以把一些语法点或者技术点记录到这些文件中，不断地更新，方便我们平时查找，以及查看运行效果。

14.6 其他的一些与开发相关的工具

14.6.1 图片压缩

有的时候设计人员做出的图片会明显偏大，如果直接使用会在无形中增大 APK 的体积，因此我们需要在保证图片不失真的前提下，大幅降低图片的体积。

1. TinyPNG

TinyPNG 使用智能的无损压缩技术来减少图片文件的体积，智能地选择颜色的数量，减少存储的字节，但是效果基本上是和压缩前一样的。

TinyPNG 号称最高可以达到 70% 的压缩率，例如 24 位的 PNG 压缩后会变成 8 位的 PNG，如果仔细看的话，在渐变过渡方面还是有些区别。

图 14.21 所示为 TinyPNG 官网，可以直接在网站上进行操作。

图 14.21　TinyPNG 官网

使用起来比较简单，直接将图片拖曳到指定区域即可。

2. Squoosh

Squoosh 是 Google 开源发布的一款专门用来压缩图片的在线服务，支持 JPG、PNG、WebP 等格式的极限压缩。其功能和 TinyPng 不相上下，甚至 OptiPNG 和 MozJPEG 的效果比 TinyPNG 要好一些。

图 14.22 所示为 Squoosh 官网，直接在上面操作即可。

图 14.22　Squoosh 官网

使用起来也很简单，将图片拖曳到网页上指定区域即可。

14.6.2　源码阅读

Octotree 是一款 Chrome 插件，它可以将 Github 项目以树形结构展示，方便快速切换查看不同目录下的文件。图 14.23 所示为 Chrome 商店中的 Octotree 插件。

图 14.24 所示的是使用 Octotree 显示一个 Github 项目的效果，可以看到左边是树形结构的，便于查找和定位文件。

图 14.23　插件

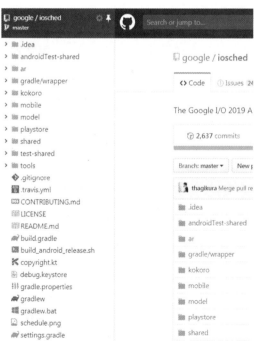

图 14.24　显示效果

需要注意的是，Octotree 是通过 Github API 获取项目数据的，如果超过了默认的 API 请求限制流，那么 Octotree 会要求我们提供 GitHub Personal Access Token。

14.6.3 Stetho

Stetho 是 Facebook 开源的一款 Android Debug 工具，它可以使用 Chrome 来调试 Android App。它能够查看 Sqlite 数据库、网络通信、View 的树形结构。

Stetho 使用起来也很简单，首先我们引入 Stetho：

```
implementation 'com.facebook.stetho:stetho:1.5.0';
```

然后在 Application 的 onCreate 中初始化：

```
Stetho.initializeWithDefaults(this);
```

接下来我们就可以使用了。用数据线连接手机，打开 Chrome，输入 chrome://inspect，显示效果如图 14.25 所示。

图 14.25　显示连接的设备

然后单击设备下方的 inspect，弹出一个 DevTools 窗口，如图 14.26 所示。我们可以切换不同的 tab 来查看对应的内容。

图 14.26　DevTools 界面

14.6.4　Android Asset Studio

Android Asset Studio 可以生成各类图标，包括 launcher 图标、notification 图标、shortcut

图标、tab 图标、actionbar 图标、普通图标、动画图标、.9png 图标等，种类繁多，功能强大，方便开发人员快速得到实用的图标。图 14.27 所示为其网站。

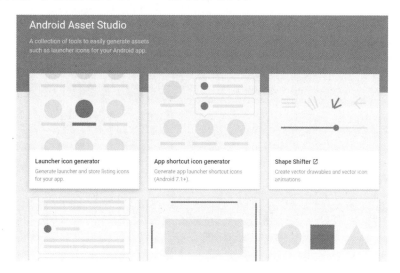

图 14.27　Android Asset Studio 网站

第 4 篇
实战篇

本篇我们介绍如何实现一个 Github 客户端，以及如何在应用市场上发布。通过这样一个 Github 客户端的开发实例，我们可以对前面篇章介绍的内容做一个总结，以及展示 Android 的这些开发知识点在实际的 App 开发中的应用。

第 15 章

Github 客户端开发

15.1 Github 需求

开发一个 App，我们首先需要知道这个 App 是做什么的，要有哪些功能。

一般在公司里面做什么样的 App 是由公司高层决策确定的，开发人员不用考虑；而具体功能需要产品经理和相关人员敲定后，由产品经理细化并输出产品需求文档给开发人员。

1. 这是一个什么样的 App

Github 是一个通过 Git 进行版本管理的代码托管平台，也是开发人员经常用到的学习交流平台，平时我们会将代码放到 Github 上进行托管、分享和保存，而且我们也可以从 Github 的代码中学习到其他开发人员分享的代码；Github 本身也提供了丰富的 API 资源，用来开发第三方的 App，因此我们决定开发一款 Github 的 Android 客户端 App。

2. 这个 App 有什么功能

确定了做什么 App 后，我们需要确定这个 App 的功能。

我们可以用脑图工具（这里推荐使用 XMind）整理出我们的需求点，可以列举出这个版本的 App 有哪些功能。这些功能点具体做什么、流程怎么跳转，可以通过原型图来体现，在脑图中可以不过多地描述。脑图工具整理出来的功能点的特点是结构清晰、功能明确、一目了然。

接下来我们来看一下通过脑图工具整理出来的 Github App 的功能，如图 15.1 所示。

功能也很简单，我们分为七大块，如下。

1）登录

Login：Github 账号登录。

2）主页：App 的主体模块，分为 3 个 Tab。

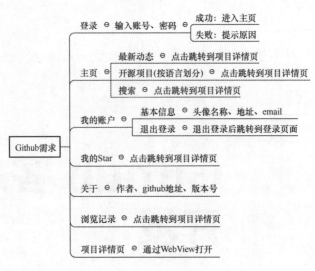

图 15.1　App 功能

- 最新动态：跟当前登录账号有关的动态，如是否有人 Star 你等。
- 开源项目：可以根据编程语言展示对应的开源项目。
- 搜索：根据关键字搜索 Github 相关的项目。

3）我的账户

- 基本信息：一些基本信息，如我的头像、名称等。
- 退出登录：退出当前登录的账号。

4）我的 Star：我 Star 的项目。

5）关于：作者信息介绍、App 版本。

6）浏览记录：浏览过哪些项目。

7）项目详情页：打开项目首页，这里为了简化，我们可以考虑直接通过 WebView 加载。

15.2　Github 原型图

在 11.2 节中，我们介绍了使用 Axure 制作原型图。制作原型图的目的也很明确，就是让我们知道 App 大概的布局，有哪些功能，交互如何，一方面方便设计人员输出设计稿，另一方面方便开发人员进行技术选型。

15.1 节中我们提到了产品经理需要输出产品文档，但是仔细一想，其实产品文档的制作也离不开原型图，包括其中的交互，我们常常看到 Word 的产品文档里面有截图，用来说明某个功能点，而且还会配有多个截图来表明交互功能。实际上如果能直接利用原型图的话，反而能更好地说明产品需求。

因此我们决定直接使用 Axure 来编写产品需求文档，而不是使用传统的 Word 来编写产品文档。

接下来进行原型图（也叫产品需求文档）的展示，原型图的预览地址可以在随书源码中查阅。

图 15.2 所示的是登录页。

图 15.3 所示的是首页 - 最新 Tab。

图 15.2　登录页

图 15.3　首页 – 最新 Tab

图 15.4 所示的是搜索。

图 15.4　搜索

15.3　技术选型

App 的技术选型我们一般从架构、模块（包括功能模块和 UI 模块）、其他的一些解决方案方面考虑。

15.3.1　架构

AAC 是 Google 2017 I/O 大会提出来的一个概念，即 Android Architecture Components（缩写为"AAC"），它是一套新的 MVVM 架构组件，它的构成如图 15.5 所示。

- UI Controller：也就是我们所说的 V 层，用来在 UI 上展示数据。
- ViewModel：对应 VM 层，为 UI 提供数据，作为 UI 和 Repository 的通信中心，负责提供 UI 所需的数据；ViewModel 同时绑定 LifeCycle，使用者无须过多担心生命周期。

- Repository：对应 M 层，负责管理多个数据资源，如本地数据库（Room 实现）、网络资源。
- LiveData：LiveData 是一种可以被观察的数据持有类，它可以缓存或持有最新数据，并且在数据有变化的时候通知观察者；LiveData 还可以感知生命周期，自动观察生命周期的变化，从而能够有效解决内存泄漏的问题。

由于 AAC 是 Google 官方推荐使用的 MVVM 架构组件，而且也有很多优势，如解决了生命周期感知的问题、能够在 View 中直接写入观察者接收的数据并处理 UI 逻辑等，因此在 App 的架构选型上面，我们决定采用 AAC 架构。

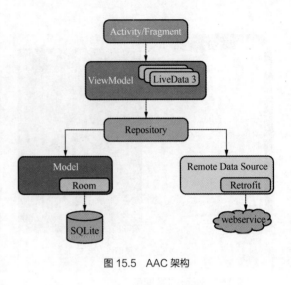

图 15.5　AAC 架构

15.3.2　功能模块

在 9.1 节中我们介绍了 App 开发中常用的模块，这里我们就为每一个模块选择一种解决方案，这里选择的标准参考模块当前的热门程度以及和架构组合使用便利的程度。

- 网络模块：RxJava + OkHttp + Retrofit
- 图片模块：Glide
- 数据库模块：Room
- 异步分发模块：EventBus
- 权限模块：RxPermissions
- 数据解析：Gson
- IOC 模块：ButterKnife

其他如下。

- 异步框架 RxJava、RxAndroid。
- 封装的 Base 库工程。

15.3.3　UI 模块

在 9.2 节中我们介绍了常用的 UI 模块，这里我们还会根据原型图的设计来选择一些组合方案。

- Layout: ConstraintLayout
- Tab：TabLayout
- Adapter：BaseRecyclerViewAdapterHelper
- Refresh：SmartRefreshLayout

其他如下。

- DrawerLayout
- NavigationView
- CoordinatorLayout
- AppBarLayout
- Toolbar
- RecyclerView
- ViewPager

其中前 5 个就是一套 UI 组合方案。

15.3.4 技术方案

1. API 接口

Github 提供了非常多的 API 接口，而且每个接口都有详细的介绍，需要什么样的接口我们就从 Github 开发者官网中获取。

关于接口的调用，我们采用的方案是 Retrofit+RxJava，搭配 Gson 对 JSON 数据格式进行解析。

2. AndroidX

AndroidX 是 Google 2018 I/O 大会上推出的新扩展库。按照 Google 官方的说法，AndroidX 是对 android.support 包进行整理后得到的产物，由于之前的 support 包过于混乱，所以 Google 推出了 AndroidX。后续版本官方会逐步放弃对 support 包的升级和维护，所以我们必须尽早转移到 AndroidX 上来。

因为我们是在新建项目，所以直接配置好对 AndroidX 的支持即可，如果是老项目的话还涉及迁移的步骤。

3. base 库工程

我们创建一个名叫 base 的 Android Library 库工程，主要用来存放一些基础功能文件，如 UI 或者与功能模块相关的文件，这些功能一般是与具体的业务无关的，专门用来解决一些通用的问题，可以认为这个工程就是一个 SDK，以后可以单独作为一个 AAR 或 JAR 包存在。

每个团队都应该有一个这样的 base 库，在平时的项目开发过程中不断完善这个库的内容，目的是将其作为团队开发的基础库。最后可以将这个基础库以 AAR 或者 JAR 包的形式上传到 Maven，供其他项目使用，需要的时候可以通过 implementation 的方式引入。

关于怎么把这个 base 库放到公网上使用，可以参考 3.2.7 小节中介绍的上传方法。

本项目的 base 库里面我们主要提供了 UI 抽象类，以及模块通用类，还有一些工具类，如图 15.6 所示。

- base：存放通用功能文件，例如我们设计的一个用来解决内存泄漏的 SafeHandler。
- common：存放保存常量的文件。
- module：存放与功能模块（如网络、异步、图片等）相关的文件，主要也是存放通用文件。

图 15.6　base 库目录结构

- ui：存放 Activity、Fragment、Dialog 等 base 文件。
- util：存放通用工具类。

此外在 base 库工程的 build.gradle 中，我们可以统一管理 App 的所有引用，如：

```
1.  // support
2.  api rootProject.ext.supportLibs
3.  // common
4.  api rootProject.ext.commonLibs
5.  // rx serials
6.  api rootProject.ext.rxLibs
7.  // network
8.  api rootProject.ext.networkLibs
```

需要注意的是，如果涉及 annotationProcessor 的引用，需要将其放在 app 项目的 build.gradle 中，而不能放在 base 库工程的 build.gradle 中，否则不能正常解析 app 项目的 annotation，如 ButterKnife。

```
1.  //processor
2.  annotationProcessor rootProject.ext.processorLibs
```

15.4　开发准备

15.4.1　新建工程

新建一个 Android 工程，选择 Phone and Tablet，具体创建过程不再叙述。这里需要说明的是，App 的 name 我们就叫作 QuickHub，注意 Android Studio 默认已经开启对 AndroidX 的支持。

创建好项目后，我们在当前项目的 gradle.properties 中可以看到自动新增了两行代码：

```
1.  android.useAndroidX=true
2.  android.enableJetifier=true
```

其中 android.useAndroidX=true 表示当前项目启用 AndroidX；android.enableJetifier=true 表示将依赖包也迁移到 AndroidX。

打开新建的工程，单击 Project Structure，可以看到项目的 Gradle 信息，如图 15.7 所示。

JDK 版本信息如图 15.8 所示。

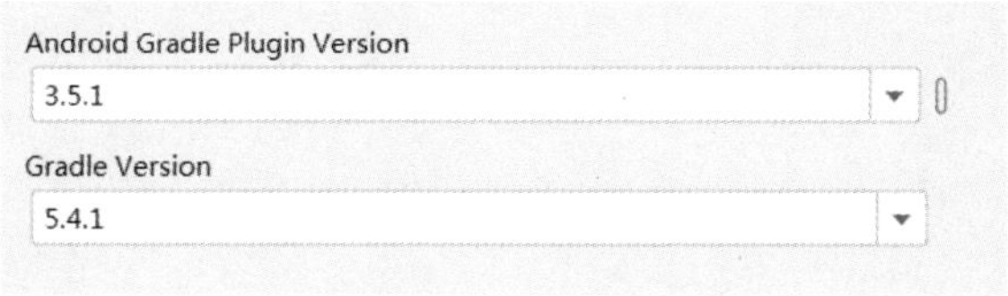

图 15.7 Gradle 信息    图 15.8 JDK 版本信息

15.4.2 目录结构

工程创建完毕后，我们在工程中会看到一个默认的项目目录结构，例如项目提供了一个 app 模块，在其中的 src –> main –> java 目录下，我们能看到按照包名划分的包目录结构 com.androidwind.github，如图 15.9 所示。

开发的代码一般都是放在 com.androidwind.github 目录下面的。

系统虽然提供了默认的目录，但是一般不会把代码直接堆积在这个目录下，在开发过程中还是要对目录结构进行优化的。

在 1.1.1 小节中，我们提到了包命名规范，我们按照这样的规范对包目录进行命名，如图 15.10 所示。

图 15.9 app 默认目录结构   图 15.10 app 完整目录结构

各个包的功能如下。
- api：存放 Retrofit API 文件，API 文件一般按业务划分。
- bean：存放 Java Bean 文件。
- common：存放一些常量信息文件。
- module：各个功能模块，如图片、网络、数据库。

- mvvm：存放用于 MVVM 框架的文件。
- ui：存放各个业务模块。
- util：存放工具类。
- view：存放自定义 View。

15.4.3　图标

工程建立完毕后，需要给 App 准备一个应用图标。

在 14.6.4 小节中我们介绍了 Android Asset Studio 可以创建 launcher icon。这里我们也创建一个 App 的启动 icon，如图 15.11 所示。

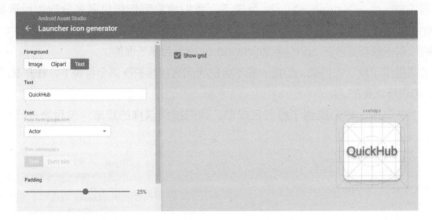

图 15.11　制作 icon

将生成的图片下载后，复制到项目的 res 文件夹内，覆盖当前的 ic_launcher 文件即可。

Android Asset Studio 创建出来的 icon 可能比较简单，读者也可以到一些专门提供 icon 的网站去下载现成的合适的 icon。

一般在团队开发中，图标以及其他的图片是由专门的设计团队提供的，开发人员可以向设计人员提出需要的图片的标准，如图标大小等，在一些应用市场上传应用的时候需要提供指定大小的图片。

15.4.4　配置文件

1. gradle 文件

首先考虑 gradle 文件的配置。在 11.7 节中我们讨论过 gradle 文件的配置方案，读者可以回顾一下 gradle 文件是怎么配置的。

我们创建一个 config.gradle 文件，目的是存储项目所有的配置信息，包括第三方库、项目编译配置等。另外记得在项目根目录的 build.gradle 顶部加入以下代码：

```
1.   apply from :"config.gradle"
2.   签名文件
```

一般会在 build.gradle 中配置我们的签名信息，如签名文件的名称、密码等，这样有个问题就是，这些信息会随着 gradle 文件上传到服务器，从而导致信息泄露。

因此现在的解决方案就是创建一个文件，例如就叫作 signing.properties，将其放在项目根目录下，里面的内容就是签名的相关信息：

```
1. KEYSTORE_FILE = KEYSTORE_FILE
2. KEY_ALIAS = KEY_ALIAS
3. KEYSTORE_PWD= KEYSTORE_PWD
4. KEY_PWD= KEY_PWD
```

然后在 build.gradle 脚本中配置如下信息：

```
1. signingConfigs {
2.     def keystoreStream = new FileInputStream(rootProject.file('signing.properties'))
3.     def keyProperties = new Properties()
4.     keyProperties.load(keystoreStream)
5.
6.     release {
7.         keyAlias keyProperties['KEY_ALIAS']
8.         keyPassword keyProperties['KEY_PWD']
9.         storeFile file(keyProperties['KEYSTORE_FILE'])
10.        storePassword keyProperties['KEYSTORE_PWD']
11.    }
12. }
13.
14. buildTypes {
15.     release {
16.         minifyEnabled true
17.         proguardFiles getDefaultProguardFile('proguard-android-optimize.txt'), 'proguard-rules.pro'
18.         signingConfig signingConfigs.release
19.     }
20.
21.     debug {
22.         debuggable true
23.         minifyEnabled false
24.     }
25. }
```

最后在 .gitignore 文件中添加该文件，这样就不会将 signing.properties 文件上传到服务器了：

```
1. # keyStore file
2. signing.properties
3. .gitignore文件
```

在 1.2.5 小节中我们提供了一个配置 .gitignore 文件的模板，我们直接复制过来使用即可。虽然项目根目录和每个 module 都有 .gitignore 文件，但我们只需要在项目根目录的 .gitignore 中配置即可，它对所在目录以及所在目录的全部子目录均有效。

2. proguard-rules.pro 文件

在 1.2.6 小节中我们介绍了 ProGuard 概念、语法以及提供了默认的模板，这个项目中我们可以直接把模板复制过来使用。

3. checkstyle 文件

在 1.2.2 小节中，我们介绍了什么是 CheckStyle 以及 CheckStyle 的用法。这里我们也创建一个 checkstyle.gradle 文件，内容与 1.2.2 小节中介绍的一样，并且在 gradle 中将其配置成 Build 时即可触发 CheckStyle 检测。

15.4.5 辅助工具

1. Stetho

我们在 14.6.3 小节中介绍了 Stetho，参考该小节中介绍的用法并引入即可。

2. LeakCanary

在 12.1.4 小节中介绍了检测内存泄漏的 LeakCanary，这里我们同样参考该小节介绍的用法并引入即可。

3. Flurry

Flurry 是使用得最多的 App 分析工具，它不仅拥有强大的数据统计和分析功能，还拥有崩溃分析和上报、消息推送功能等。

接入步骤也比较简单，按照官网的提示一步一步地执行即可，如图 15.12 所示。

图 15.12 Flurry 接入

接入完毕后，在后台可以查看具体的数据统计，如过去 24 小时活跃用户数、今日会话数、过去 24 小时会话数等，如图 15.13 所示。

图 15.13 Flurry 界面

15.5 开发实现：架构与模块

上一节中我们已经完成了开发 App 的所有准备工作，接下来本节我们就要开始一步一步地实现具体的开发过程了。首先来看一下 App 的架构和各个功能模块是怎么实现的。

15.5.1 MVVM 架构

我们在 8.2 节中介绍了 3 种 MVVM 的实现方式，具体使用方式可以参考 8.2 节中的实例。这里我们使用泛型的方案解决 ViewModel 和 Repository 的创建和使用问题。

我们在项目根目录下创建一个 mvvm 文件夹，里面存放 MVVM 架构的基础功能代码，如图 15.14 所示。

其中 BaseViewModel 的作用是创建 Repository 实例。Base Repository 的作用除了明确各个业务 Repository 必须继承于它，还可以存放可以为各个业务提供通用功能的方法，这些方法主要是对 LiveData 类型进行的操作。AppRepository 主要提供一些静态方法来处理数据问题，如对数据库的操作；因为我们一般都是在业务的 Repository 中操作数据的，我们又从它可以被全局调用的角度考虑，将其命名为 AppRepository，也正好反映了它的作用。

图 15.14 MVVM 架构的内容

15.5.2 网络模块

网络模块我们首先考虑用一个 Manager 类来统一管理，它的作用就是创建 Retrofit 实例、配置 Retrofit 实例（如 OkHttp、Converter、Adapter 等）以及保管 Retrofit 实例。

这里我们采用 enum 枚举的方式创建单例模式的 Manager（关于 enum 创建单例模式，参考 6.2.2 小节），并且使用 HashMap 保存多个 Retrofit 实例，调用的时候可以通过 URL 这个 key 找到对应的 Retrofit 实例，因为每一个 Retrofit 实例对应一个 URL。

我们将 RetrofitManager 放入 module 模块的 retrofit 目录下，如图 15.15 所示。

图 15.15　retrofit 目录

```java
1.  public enum RetrofitManager {
2.      INSTANCE;
3.
4.      private final String TAG = "RetrofitManager";
5.
6.      private HashMap<String, Retrofit> retrofitMap = new HashMap<>();
7.
8.      private void createRetrofit(@NonNull String baseUrl, boolean isJson) {
9.          int timeOut = Constant.HTTP_TIME_OUT;
10.         Cache cache = new Cache(FileUtil.getHttpImageCacheDir(MyApplication.getInstance()),
11.             Constant.HTTP_MAX_CACHE_SIZE);
12.
13.         // Log信息拦截器
14.         HttpLoggingInterceptor loggingInterceptor = new HttpLoggingInterceptor();
15.         loggingInterceptor.setLevel(HttpLoggingInterceptor.Level.BODY);//这里可以选择拦截级别
16.
17.         OkHttpClient.Builder okHttpClientBuilder = new OkHttpClient.Builder()
18.             .connectTimeout(timeOut, TimeUnit.MILLISECONDS)
19.             .addInterceptor(loggingInterceptor)
20.             .cache(cache);
21.         if (!StringUtil.isEmpty(App.sAuthorization)) {
22.             okHttpClientBuilder.interceptors().add(0, chain -> {
23.                 Request.Builder reqBuilder = chain.request()
24.                     .newBuilder().addHeader("Authorization", App.sLastLoginUser.getToken());
25.                 return chain.proceed(reqBuilder.build());
26.             });
27.         }
28.
29.         Retrofit.Builder builder = new Retrofit.Builder()
30.             .baseUrl(baseUrl)
31.             .addConverterFactory(GsonConverterFactory.create())//定义转化器，用Gson将服务器返回的JSON格式解析成实体
32.             .addCallAdapterFactory(RxJava2CallAdapterFactory.create())//关联RxJava
33.             .client(okHttpClientBuilder.build());
34.
35.         if (isJson) {
36.             builder.addConverterFactory(GsonConverterFactory.create());
37.         } else {
38.             builder.addConverterFactory(SimpleXmlConverterFactory.createNonStrict());
39.         }
```

```
40.
41.            retrofitMap.put(baseUrl + "-" + isJson, builder.build());
42.        }
43.
44.        /**
45.         * 区分登录态的Retrofit
46.         *
47.         * @param baseUrl
48.         * @param withLogin
49.         * @return
50.         */
51.        public Retrofit getRetrofit(@NonNull String baseUrl, boolean withLogin) {
52.            String key = baseUrl + "-" + withLogin;
53.            if (!retrofitMap.containsKey(key)) {
54.                createRetrofit(baseUrl, withLogin);
55.            }
56.            return retrofitMap.get(key);
57.        }
58.
59.        public Retrofit getRetrofit(@NonNull String baseUrl) {
60.            return getRetrofit(baseUrl, true);
61.        }
62.    }
```

可以看到，我们通过 withLogin 创建了两种 Retrofit 实例，一个是登录之后的网络请求，也就是带登录态的网络请求；另一个是不需要登录态就可以使用的网络请求。

使用起来也很简单：

```
1. RetrofitManager.INSTANCE.getRetrofit(Constants.DEMO_API_URL)
```

这样就获取到了 Retrofit 实例，后续可以通过 Retrofit 的 create 方法结合 RxJava 进行网络 API 接口的获取。

关于 API 接口，我们按照处理不同业务的接口建立不同的文件，放入 api 文件夹内，如图 15.16 所示。

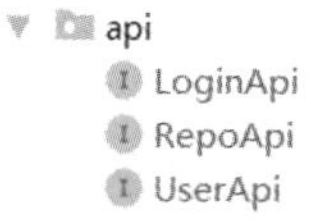

api 目录下的文件中存放的都是 API 请求的接口方法，然后定义返回 Observable 类型的函数，以 login 登录函数为例：

图 15.16　api 目录

```
1. GET("user")
2. Observable<User> login(@Header("Authorization") String authorization);
```

通过 Retrofit 访问这个接口，我们可以这样调用：

```
1. RetrofitManager.INSTANCE.getRetrofit(Constants.DEMO_API_URL).create(DemoApi.class).login();
```

这样我们就得到了一个 Observable 类型的返回值，后续就可以对这个 Observable 对象进行进一步操作，这样我们就把 Retrofit 和 OkHttp、RxJava 三者全部结合起来了。

进一步地，我们还可以对 Retrofit 的调用进行封装，我们新建一个 RetrofitApi 文件：

```
1. public class RetrofitApi {
```

```
2.
3.    private static <T> T getApis(Class<T> serviceClass, String baseUrl){
4.        return RetrofitManager.INSTANCE.getRetrofit(baseUrl).create(serviceClass);
5.    }
6.
7.    private static <T> T getApis(Class<T> serviceClass, String baseUrl, boolean withLogin){
8.        return RetrofitManager.INSTANCE.getRetrofit(baseUrl, withLogin).create(serviceClass);
9.    }
10.
11.   public static LoginApi getLoginApi() {
12.       return getApis(LoginApi.class, Constant.GITHUB_API_URL, false);
13.   }
14.
15.   public static UserApi getUserApi() {
16.       return getApis(UserApi.class, Constant.GITHUB_API_URL);
17.   }
18.
19.   public static RepoApi getRepoApi() {
20.       return getApis(RepoApi.class, Constant.GITHUB_API_URL, false);
21.   }
22. }
```

调用方式：

```
1. RetrofitApi.getLoginApi().login(authorization)
```

这样代码使用起来就会简洁很多。

15.5.3 图片模块

在 10.12 节中我们实现了一种可以自动切换功能模块的方案，这里我们可以在图片模块上加以应用，其他模块以此类推。

这里以 Glide 为例，在 module 目录下新建一个 glide 目录，如图 15.17 所示。

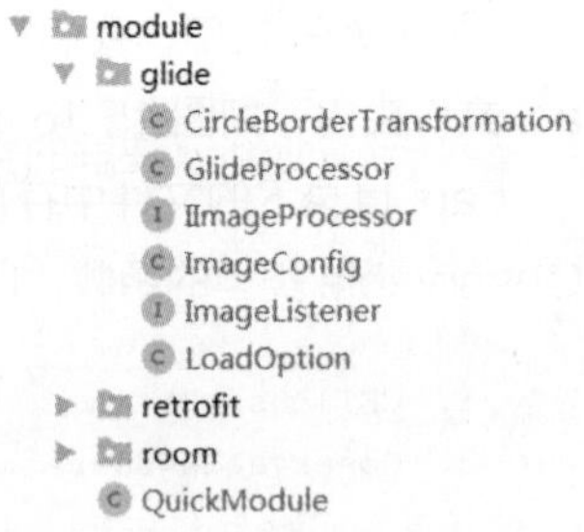

我们来看看它是怎么使用的，以加载一张网络图片为例：

```
1. QuickModule.imageProcessor().loadNet(url, mImageView);
```

调用方法（如 loadNet）就是我们在 IImageProcessor 接口中定义的。这里明显可以看到，调用图片的方法与具体实现的图片库无关。

图 15.17　glide 目录

15.5.4 数据库模块

下面我们介绍 Room 数据库的使用方法。

首先我们引入 Room 数据库：

```
1. implementation "androidx.room:room-runtime:2.1.0"
2. annotationProcessor "androidx.room:room-compiler:2.1.0"
```

Room 主要由 3 部分组成：Database、Entity、Dao。

1. Database

使用 @Database 注解标注，继承 RoomDatabase 的抽象类，使用单例实现，并且提供对应 Dao 对象的返回值。

我们创建一个 AppRoomDatabase 对象：

```
1.  @Database(entities = {User.class}, version = 1, exportSchema = false)
2.  public abstract class AppRoomDatabase extends RoomDatabase {
3.
4.      private static volatile AppRoomDatabase sInstance;
5.
6.      public static AppRoomDatabase getInstance(Context context) {
7.          if (sInstance == null) {
8.              synchronized (AppRoomDatabase.class) {
9.                  if (sInstance == null) {
10.                     sInstance = Room.databaseBuilder(context.getApplicationContext(), AppRoomDatabase.class, Constant.DATABASE_NAME).build();
11.                 }
12.             }
13.         }
14.         return sInstance;
15.     }
16.
17.     public abstract UserDao userDao();
18. }
```

2. Entity

使用 @Entity 注解的类对应数据库中的表，我们以 User 表为例：

```
1.  @Entity(tableName = "user_table")
2.  public class User {
3.
4.      @PrimaryKey(autoGenerate = true)
5.      @ColumnInfo(name = "user_id")
6.      private long uid;
7.
8.      @NonNull
9.      @ColumnInfo(name = "user_name")
10.     private String name;
11.
12.     @NonNull
13.     @ColumnInfo(name = "user_token")
14.     private String token;
15. }
```

这里我们创建了一个叫作 user_table 的表。

3. Dao

操作数据库的接口，以 @Dao 注解标注，并提供了 @Insert、@Delete、@Query、@Update 注解标注方法，用来实现对应功能的方法。

```
1.  @Dao
2.  public interface UserDao {
3.
4.      @Insert(onConflict = OnConflictStrategy.REPLACE)
5.      void insert(User user);
6.
7.      @Delete
8.      void delete(User user);
9.
10.     @Update
11.     void update(User user);
12.
13.     @Query("DELETE FROM user_table")
14.     void deleteAll();
15.
16.     @Query("SELECT * from user_table ORDER BY user_login_time")
17.     LiveData<List<User>> getAllUser();
18.
19.     @Query("SELECT * from user_table where user_name = :name")
20.     User getUser(String name);
21.
22.     @Query("SELECT * from user_table ORDER BY user_login_time DESC LIMIT 1")
23.     LiveData<List<User>> getLoginUserByLiveData();
24.
25.     @Query("SELECT * from user_table ORDER BY user_login_time DESC LIMIT 1")
26.     Observable<List<User>> getLoginUserByRxJava();
27.
28.     @Query("SELECT * from user_table ORDER BY user_login_time DESC LIMIT 1")
29.     List<User> getLoginUser();
30.
31.     //自动判断插入或更新
32.     default void insertOrUpdate(User user) {
33.         User userFromDB = getUser(user.getName());
34.         if (userFromDB == null) {
35.             insert(user);
36.         } else {
37.             update(user);
38.         }
39.     }
40. }
```

从 UserDao 文件中我们可以看到，Room 中对数据库进行增删改查的方法，可以返回正常的 List 数组，也可以返回 Observable 类型，用于 RxJava 中，还可以直接返回 LiveData 类型。这样只要我们观察的表中的数据有变动，就可以自动直接反馈给我们。

关于 LiveData 类型的返回，我们需要注意的是，系统已经自动帮我们完成了在子线程中数据库的操作，然后直接在主线程中监听数据库操作返回的数据变化。

需要注意的是，如果要求 Room 支持 Observable，需要额外引入 Room 对 RxJava 支持的库，如 "api androidx.room:room-rxjava2:2.1.0"。

在 AppRoomDatabase 中我们提供了获取 UserDao 实例的方法：

1. `public abstract UserDao userDao();`

使用的时候我们可以按照如下方式调用 Dao 实例：

2. `AppRoomDatabase.getInstance(this).userDao();`

我们在 module 目录下新建 room 目录，将数据库相关的文件放入其中，如图 15.18 所示。

图 15.18　room 目录

15.5.5　base 模块

这里我们提到的 base 模块，是指在 app 工程中提供的一些类，主要是针对跟 UI 相关的类，如 Activity、Fragment、Adapter 等的封装。

在前面介绍的 base 库工程中，也有对 Activity、Fragment 等的封装；而在 app 工程中的 base 模块有自己的特点，我们先来看一下 base 目录结构，如图 15.19 所示。

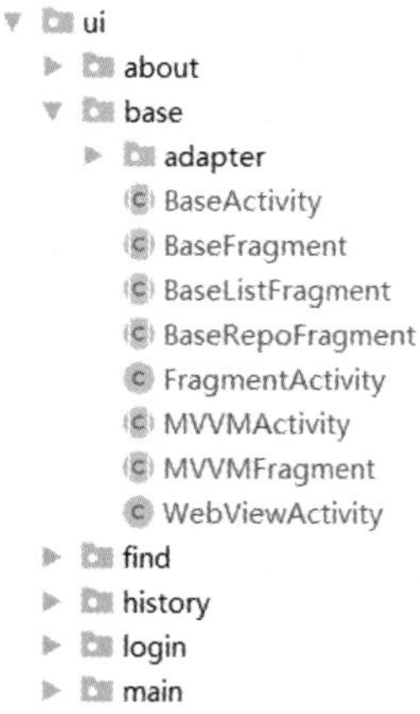

其中 BaseActivity 和 BaseFragment 都是 base 库工程中 QuickActivity 和 QuickFragment 的子类，只是由于库工程中的父类有很多抽象方法，所以可以在这一层中实现一部分，这样就不用下降到在具体的实现类中实现，造成代码过多。

以 BaseActivity 为例：

```
1. public abstract class BaseActivity extends QuickActivity {
2.
3.     //默认不使用自带的titlebar
4.     @Override
5.     protected boolean isLoadDefaultTitleBar() {
6.         return false;
7.     }
```

图 15.19　base 目录

```
8.
9.      @Override
10.     protected void getBundleExtras(Bundle extras) {
11.
12.     }
13.
14.     //默认不开启eventbus
15.     @Override
16.     protected boolean isBindEventBus() {
17.         return false;
18.     }
19.
20.     @Override
21.     protected void onEventComing(EventCenter eventCenter) {
22.
23.     }
24.
25.     @Override
26.     protected Intent getGoIntent(Class<?> clazz) {
27.         if (BaseFragment.class.isAssignableFrom(clazz)) {
28.             Intent intent = new Intent(this, FragmentActivity.class);
29.             intent.putExtra("fragmentName", clazz.getName());
30.             return intent;
31.         } else {
32.             return super.getGoIntent(clazz);
33.         }
34.     }
35. }
```

例如这里默认不使用titlebar，默认不开启eventbus，如果子类需要使用titlebar或eventbus的话，可以通过在子类中覆盖对应的方法实现。

前面介绍了App使用MVVM架构，并且搭配泛型的解决方案，因此我们可以封装一个能够实现MVVM架构和泛型的Activity和Fragment。

以MVVMActivity为例：

```
1. public abstract class MVVMActivity<T extends BaseViewModel> extends BaseActivity {
2.
3.     protected T mViewModel;
4.
5.     public T getViewModel() {
6.         return mViewModel;
7.     }
8.
9.     public Class<T> getTClass() {
10.         try {
11.             return (Class<T>) ((ParameterizedType) getClass().getGenericSuperclass()).getActualTypeArguments()[0];
12.         } catch (Exception e) {
13.             e.printStackTrace();
14.         }
```

```
15.         return null;
16.     }
17.
18.     @Override
19.     protected void initViewsAndEvents(Bundle savedInstanceState) {
20.         if (mViewModel == null) {
21.             Class<T> clazz = getTClass();
22.             if (clazz != null) {
23.                 mViewModel = ViewModelProviders.of(this).get(getTClass());
24.             }
25.         }
26.     }
27. }
```

可以看到 MVVMActivity 是我们上面实现的 BaseActivity 的子类，它仍然是一个抽象类，不过我们看到它对泛型进行了支持，泛型的类型是 BaseViewModel，也就是 MVVM 架构中的 VM 部分。然后在 initViewsAndEvents 中通过对泛型参数的解析，得到了 ViewModel 的实例。

这样一来，所有 MVVMActivity 的子类，只要在继承的 MVVMActivity 中声明了对应的 ViewModel，在子类 Activity 加载完成后就自动得到了 ViewModel 的实例，并且可以在子类的 Activity 中对这个实例进行操作。MVVMFragment 也是一样的道理。

对比原型图，我们会发现一个特点，有一些不同的业务，其界面布局和功能是一样的，不同的只是展示的数据，因此这样的页面我们还可以再进行一次封装，保留相同部分的布局和功能。

以最新动态和历史记录为例，它们的相同点如下。

- 相同的布局结构。
- 都带有下拉刷新和上滑加载功能。
- 中间都带有一个 RecyclerView。

它们的不同点如下。

- RecyclerView 的 item 布局不同。
- Item 点击事件不同。

因此我们设计这个类的时候，将相同部分都放在这个类中实现；不同的部分我们通过设计抽象方法，交由子类去实现。我们命名一个 BaseListFragment 类：

```
1. public abstract class BaseListFragment<T extends BaseViewModel> extends MVVMFragment<T> {
2.
3.     @BindView(R.id.rv_base_repo)
4.     protected RecyclerView mRecyclerView;
5.     @BindView(R.id.srl_base_repo)
6.     protected SmartRefreshLayout mSmartRefreshLayout;
7.     protected BaseQuickAdapter mAdapter;
8.     protected int page = 1;
9.     protected boolean isReload = true;
10.
11.    @Override
12.    protected int getContentViewLayoutID() {
13.        return R.layout.fragment_base_repo;
```

```
14.     }
15.
16.     @Override
17.     protected void initViewsAndEvents(Bundle savedInstanceState) {
18.         super.initViewsAndEvents(savedInstanceState);
19.
20.         mRecyclerView.setLayoutManager(new LinearLayoutManager(getActivity()));
21.         mRecyclerView.setHasFixedSize(true);
22.         mAdapter = getRepoAdapter();
23.         mAdapter.setOnItemClickListener(new OnItemClickListener() {
24.             @Override
25.             public void onItemClick(BaseQuickAdapter adapter, View view, int position) {
26.                 clickRepoItem(position);
27.             }
28.         });
29.         mRecyclerView.setAdapter(mAdapter);
30.         mSmartRefreshLayout.setOnRefreshListener(refreshlayout -> {
31.             isReload = true;
32.             mAdapter.getData().clear();
33.             page = 1;
34.             loadData();
35.         });
36.         mSmartRefreshLayout.setOnLoadMoreListener(refreshlayout -> {
37.             isReload = false;
38.             ++page;
39.             loadData();
40.         });
41.     }
42.
43.     protected abstract BaseQuickAdapter getRepoAdapter();
44.
45.     protected abstract void loadData();
46.
47.     protected abstract void clickRepoItem(int position);
48. }
```

例如 getRepoAdapter 方法让子类提供，实现 adapter 的布局；loadData 方法让子类根据自己的业务获取业务数据，例如通过 ViewModel 获取业务数据；clickRepoItem 方法提供给子类去实现具体的点击事件。

接下来我们再对比一下原型图，发现搜索业务模块和我的 star 业务模块的布局一模一样，除了数据不一样，adapter 的布局一样，而且点击跳转的逻辑也一样，那我们可以考虑实现一个 BaseListFragment 的子类，这个子类实现了 getRepoAdapter 和 clickRepoItem 功能，仅仅留下 loadData 交给实现类去实现。我们命名一个 BaseRepoFragment 类：

```
1. public abstract class BaseRepoFragment<T extends BaseViewModel> extends BaseListFragment<T> {
2.     @Override
3.     protected BaseQuickAdapter getRepoAdapter() {
4.         return new RepoAdapter(R.layout.item_repo);
5.     }
```

```java
6.
7.     @Override
8.     protected void initViewsAndEvents(Bundle savedInstanceState) {
9.         super.initViewsAndEvents(savedInstanceState);
10.        loadData();
11.    }
12.
13.    protected Observer observer = (Observer<Data<List<GithubRepository>>>) result -> {
14.        if (result.showLoading()) {
15.            BaseRepoFragment.this.showLoadingDialog();
16.        }
17.        if (result.showSuccess()) {
18.            BaseRepoFragment.this.updateData(result.data);
19.            if (isReload) {
20.                mSmartRefreshLayout.finishRefresh();
21.            } else {
22.                mSmartRefreshLayout.finishLoadMore();
23.            }
24.        }
25.        if (result.showError()) {
26.            BaseRepoFragment.this.dismissLoadingDialog();
27.            ToastUtils.showShort(result.msg);
28.        }
29.    };
30.
31.    private void updateData(List<GithubRepository> list) {
32.        dismissLoadingDialog();
33.        if (isReload) {
34.            mAdapter.setNewData(list);
35.        } else {
36.            mAdapter.addData(list);
37.        }
38.    }
39.
40.    @Override
41.    protected void clickRepoItem(int position) {
42.        ......
43.    }
44. }
```

这里的 observer 主要是用来为 ViewModel 提供服务的。

15.5.6 数据模块

数据处理是 App 开发中很重要的一个环节，数据一般是从网络或者本地获取的，然后交给 UI 层去渲染。不同接口返回的数据格式不一样，例如有 List 类型，也有单独对象类型，还有就是数据的状态不一样，例如获取数据成功或失败，或者是正处在获取数据这个状态。这样就对数据加上了状态这个标志。

因此我们需要设计一个数据结构来保存数据和数据的状态，并且这个数据结构能够交给使用方获取数据和数据的状态，从而展示不同的 UI。

我们命名一个 Data 类，它是一个泛型类，其中的泛型代表的就是从网络或者本地获取到的数据：

```java
1.  public class Data<T> {
2.
3.      @Status
4.      public int status;
5.
6.      @Nullable
7.      public T data;
8.
9.      @Nullable
10.     public String msg;
11.
12.     public Data(@Status int status, @Nullable T data, String msg) {
13.         this.status = status;
14.         this.data = data;
15.         this.msg = msg;
16.     }
17.
18.     public static <T> Data<T> loading() {
19.         return new Data<>(Status.LOADING, null, null);
20.     }
21.
22.     public static <T> Data<T> success(@Nullable T data) {
23.         return new Data<>(Status.SUCCESS, data, null);
24.     }
25.
26.     public static <T> Data<T> error(String msg) {
27.         return new Data<>(Status.ERROR, null, msg);
28.     }
29.
30.     public boolean showLoading() {
31.         return status == Status.LOADING;
32.     }
33.
34.     public boolean showSuccess() {
35.         return status == Status.SUCCESS;
36.     }
37.
38.     public boolean showError() {
39.         return status == Status.ERROR;
40.     }
41.
42. }
```

我们在 Repository 中获取到数据后，需要将其封装成 Data 数据类型返回给 UI。这里我们提供了 loading、success、error 三种不同数据状态的封装，并且提供了 showLoading、showSuccess、showError 三种获取数据状态的方法。

结合 LiveData 来看，我们提供的 LiveData 也是对 Data 类型的处理，例如：

```
1. protected MutableLiveData<Data<GithubAuth>>
```

15.5.7　其他模块

1. 权限模块：RxPermissions

RxPermissions 使用比较简单，直接参考实例：

```
1.  RxPermissions rxPermissions = new RxPermissions(this);
2.      rxPermissions
3.          .request(Manifest.permission.CAMERA)
4.          .subscribe(granted -> {
5.              if (granted) {
6.                  ToastUtil.showToast("授权成功!");
7.              } else {
8.                  ToastUtil.showToast("授权失败!");
9.              }
10.         });
```

2. IOC 模块：ButterKnife

ButterKnife 主要应用于 UI 上，因此可以集成在我们的 Activity 或 Fragment 中，我们可以把 ButterKnife 集成到我们的 Activity 或者 Fragment 基类中。在前面介绍目录结构的时候提到的 base 库工程中的 QuickActivity 和 QuickFragment 均已集成。

```
1.  private Unbinder mUnbinder;
2.  
3.  @Override
4.  protected void onCreate(Bundle savedInstanceState) {
5.      super.onCreate(savedInstanceState);
6.      ......
7.      mUnbinder = ButterKnife.bind(this);
8.      ......
9.  }
10. 
11. @Override
12. protected void onDestroy() {
13.     super.onDestroy();
14.     if (mUnbinder != null) {
15.         mUnbinder.unbind();
16.     }
17.     ......
18. }
```

需要注意的是，为了兼容 AndroidX，ButterKnife 需要升级到最新版本，否则就会出现像"程序包 android.support.annotation 不存在"这样的错误，我们使用的版本号是 10.0.0。

另外还要记得在 app 工程的 build.gradle 中添加注解引用，否则会出现控件为空的问题：

```
1.  annotationProcessor 'com.jakewharton:butterknife-compiler:10.0.0'
```

3. 异步分发模块：EventBus

EventBus 的使用也很简单，如下。
- 注册：EventBus.getDefault().register(this)。
- 解除注册：EventBus.getDefault().unregister(this)。

EventBus 可以应用在各种模块中，不仅是 UI 模块，如 Activity、Fragment 等。

我们在 base 库工程的 QuickActivity 和 QuikFragment 中可以集成 EventBus，并且可以通过开关在子类中控制是否启用。

```
1.  @Override
2.      protected void onCreate(Bundle savedInstanceState) {
3.          super.onCreate(savedInstanceState);
4.          ......
5.       if (isBindEventBus()) {
6.           EventBus.getDefault().register(this);
7.       }
8.  }
9.
10. @Override
11.     protected void onDestroy() {
12.         super.onDestroy();
13.         if (isBindEventBus()) {
14.             EventBus.getDefault().unregister(this);
15.         }
16.         ......
17. }
```

15.6 开发实现：业务

15.6.1 启动页

启动页功能比较简单，主要的功能有以下 3 个。
- 展示 logo 或者 slogan。
- 检查权限。
- 跳转到首页。

1. 展示 logo 或者 slogan

我们可以使用动画来展示，这样就会有比较好的视觉效果。

在 11.11.3 小节中，我们介绍了使用 Lottie 来显示动画。具体使用方法读者可以回顾一下这节介绍的内容。需要注意的地方就是记得在 onStop 中取消这个动画。

2. 检查权限

在启动页跳转到首页之前，最好进行权限判断，例如判断这个 App 是否拥有存储设备的读写权限。这里我们使用 RxPermissions 进行权限申请，如果已有权限或者同意了权限申请，则跳转到首页；如果没有权限或者不同意权限申请，则退出 App。

3. 跳转到首页

考虑到有动画效果，我们延时一段时间跳转到首页，这里我们用到了 Handler 的 sendEmptyMessageDelayed 方法。需要注意的是，使用 Handler 延时可能导致内存泄漏。在 12.1.2 小节中，我们介绍了使用 Handler 时可能存在的内存泄漏问题以及解决方案。

这里我们进一步优化，使用泛型封装一个通用的、安全的 Handler 类：

```
1.  public abstract class SafeHandler<T> extends Handler {
2.
3.      private final WeakReference<T> mPage;
4.
5.      public SafeHandler(T page) {
6.          mPage = new WeakReference<>(page);
7.      }
8.
9.      @Override
10.     public void handleMessage(Message msg) {
11.         super.handleMessage(msg);
12.         T page = mPage.get();
13.         if (page != null) {
14.             disposeMessage(page, msg);
15.         }
16.     }
17.
18.     public abstract void disposeMessage(T t, Message msg);
19. }
```

使用时我们在使用的地方定义一个实现 SafeHandler 的类：

```
1.  private static final class MyHandler extends SafeHandler<SplashActivity> {
2.      ......
3.  }
```

此方案针对发送 Message 类型的数据，例如：safeHandler.sendEmptyMessageDelayed(0, 2500)，表示延时 2.5 秒发送数据。

如果使用 Runnable，仿造 SafeHandler，还需要封装一个含有弱引用功能的 Runnable。这里用到了 Handler，并且提供了解决 Handler 内存泄漏的方案。对于延时的功能，我们也可以不用 Handler，例如使用 RxJava 也可达到同样的效果，并且搭配针对 RxJava 中解决内存泄漏的方案，参考 8.1.5 小节中介绍的解决生命周期相关问题的方案。

15.6.2 登录页

我们来看一下登录业务的目录结构,如图 15.20 所示。

这是一个很典型的 MVVM 架构的目录结构,LoginActivity 负责登录 UI 界面的展示,LoginViewModel 是 AndroidViewModel 的实现,LoginRepository 负责具体的数据获取。

图 15.20 login 目录

1. LoginActivity

```
1.   public class LoginActivity extends MVVMActivity<LoginViewModel> {
2.
3.       @BindView(R.id.et_login_name)
4.       EditText mName;
5.
6.       @BindView(R.id.et_login_password)
7.       EditText mPassword;
8.
9.       @Override
10.      protected boolean isLoadDefaultTitleBar() {
11.          return true;
12.      }
13.
14.      @Override
15.      protected int getContentViewLayoutID() {
16.          return R.layout.activity_login;
17.      }
18.
19.      @Override
20.      protected void initViewsAndEvents(Bundle savedInstanceState) {
21.          super.initViewsAndEvents(savedInstanceState);
22.          getToolbar().setTitle("登录");
23.          getToolbar().setTitleTextColor(Color.parseColor("#ffffff"));
24.      }
25.
26.      @OnClick({R.id.btn_login})
27.      public void onClick(View view) {
28.          switch (view.getId()) {
29.              case R.id.btn_login:
30.                  if (StringUtil.isEmpty(mName.getText().toString()) || StringUtil.isEmpty(mPassword.getText().toString())) {
31.                      ToastUtils.showShort("账号或密码不能为空!");
32.                      return;
33.                  }
34.                  mViewModel
35.                          .login(mName.getText().toString(), mPassword.getText().toString())
36.                          .observe(this, result -> {
37.                              if (result.showLoading()) {
38.                                  showLoadingDialog();
```

```
39.                            }
40.                            if (result.showSuccess()) {
41.                                dismissLoadingDialog();
42.                                readyGo(MainActivity.class);
43.                                finish();
44.                            }
45.                            if (result.showError()) {
46.                                dismissLoadingDialog();
47.                                ToastUtils.showShort(result.msg);
48.                            }
49.                        });
50.                break;
51.        }
52.    }
53. }
```

2. LoginViewModel

```
1. public class LoginViewModel extends BaseViewModel<LoginRepository> {
2.     public LoginViewModel(@NonNull Application application) {
3.         super(application);
4.     }
5.
6.     public LiveData<Data<GithubAuth>> login(String name, String password) {
7.         return repository.login(name, password);
8.     }
9. }
```

3. LoginRepository

```
1. public class LoginRepository extends BaseRepository {
2.
3.     private final String TAG = "LoginRepository";
4.
5.     public LiveData<Data<GithubAuth>> login(String name, String password) {
6.         String authorization =
7.                 "Basic" + Base64.encodeToString((name + ":" + password).getBytes(), Base64.NO_WRAP);
8.         login(authorization);
9.         return liveDataLogin;
10.    }
11. }
```

login 方法我们放到 BaseRepository 中,因为不止这一处会用到,在首页中也会用到:

```
1. public class BaseRepository {
2.
3.     private final String TAG = "BaseRepository";
4.
5.     protected MutableLiveData<Data<GithubAuth>> liveDataLogin;
```

```java
6.
7.    public void login(String authorization) {
8.        liveDataLogin = new MutableLiveData<>();
9.        liveDataLogin.setValue(Data.loading());
10.       RetrofitApi.getLoginApi()
11.               .login(authorization)
12.               .compose(RxUtil.applySchedulers())
13.               .subscribe(new BaseObserver<GithubAuth>() {
14.
15.                   @Override
16.                   public void onError(ApiException exception) {
17.                       LogUtils.eTag(TAG, exception.toString());//输出错误日志
18.                       liveDataLogin.setValue(Data.error(exception.message));
19.                   }
20.
21.                   @Override
22.                   public void onSuccess(GithubAuth githubAuth) {
23.                       App.sAuthorization = authorization;
24.                       App.sGithubAuth = githubAuth;//存缓存
25.                       User user = new User();
26.                       user.setName(githubAuth.getAuthorName());
27.                       user.setToken(authorization);
28.                       user.setLoginTime(System.currentTimeMillis());
29.                       App.sLastLoginUser = user;//存缓存
30.                       AppRepository.insertUser(user);
31.                       liveDataLogin.setValue(Data.success(githubAuth));
32.                   }
33.               });
34.   }
35. }
```

后续其他业务模块的实现基本跟登录模块的 MVVM 架构的实现方式类似。

15.6.3 首页

首页是整个 App 的主体结构的展现，我们将这个主体结构从布局的角度考虑怎么实现。从原型图提供的信息来看，首页的布局我们采用 DrawerLayout、NavigationView、CoordinatorLayout、AppBarLayout、Toolbar 组合的解决方案来实现。这是一个首页带有 Toolbar，并且左边带有侧边栏抽屉的布局解决方案，也是较常见的一种 App 布局设计。

Toolbar 下方是首页的功能展示区域，我们考虑使用 TabLayout + ViewPager 方案来实现，每一个 tab 代表一个业务模块，如图 15.21 所示。

侧边栏效果如图 15.22 所示。

图 15.21　首页

图 15.22　侧边栏

15.6.4　开源项目和搜索

　　我们从原型图可以看到，开源项目和搜索在查找出来的数据 UI 展示上类似，只不过开源项目上方有一个编程语言的选择，而搜索界面的上面是用户输入搜索关键字。

　　从数据接口上还可以发现，这两个业务仅仅是数据接口的搜索关键字不一样，开源项目是把编程语言作为关键字，而搜索则是把用户输入作为关键字。

　　因此我们想，这两个业务的展示是不是可以用一个 UI 来解决呢？

　　我们考虑把这两个业务的展示用一个 SearchFragment 来完成，然后将这个 fragment 嵌入开源项目和搜索的界面中。SearchFragment 也有对应的 SearchViewModel 和 SearchRepository。

　　以开源项目的布局为例，我们放入一个 FrameLayout 布局，id 为 fl_open：

```
1.  <?xml version="1.0" encoding="utf-8"?>
2.  <androidx.constraintlayout.widget.ConstraintLayout xmlns:android="…"
3.      xmlns:app="…"
4.      xmlns:tools="…"
5.      android:layout_width="match_parent"
6.      android:layout_height="match_parent">
7.
8.      <TextView
9.          android:id="@+id/tv_desc"
10.         android:layout_width="wrap_content"
11.         android:layout_height="wrap_content"
12.         android:layout_margin="10dp"
```

```xml
13.            android:text="当前选择: "
14.            android:textSize="14sp"
15.            app:layout_constraintStart_toStartOf="parent"
16.            app:layout_constraintTop_toTopOf="parent" />
17.
18.        <Button
19.            android:id="@+id/btn_select"
20.            android:layout_width="120dp"
21.            android:layout_height="30dp"
22.            android:layout_marginLeft="10dp"
23.            android:background="@drawable/shape_item_trends"
24.            android:gravity="center"
25.            android:text="Java"
26.            android:textAllCaps="false"
27.            android:textSize="14sp"
28.            app:layout_constraintBottom_toBottomOf="@+id/tv_desc"
29.            app:layout_constraintStart_toEndOf="@+id/tv_desc"
30.            app:layout_constraintTop_toTopOf="@+id/tv_desc" />
31.
32.        <FrameLayout
33.            android:id="@+id/fl_open"
34.            android:layout_width="match_parent"
35.            android:layout_height="0dp"
36.            app:layout_constraintBottom_toBottomOf="parent"
37.            app:layout_constraintEnd_toEndOf="parent"
38.            app:layout_constraintTop_toBottomOf="@+id/btn_select">
39.
40.        </FrameLayout>
41.
42.</androidx.constraintlayout.widget.ConstraintLayout>
```

将 SearchFragment 的实例载入 fl_open 布局中：

```
1. FragmentManager manager = getSupportFragmentManager();
2. FragmentTransaction transaction = manager.beginTransaction();
3. mSearchFragment = new SearchFragment();
4. transaction.replace(R.id.fl_open, mSearchFragment);
5. transaction.commit(); // 提交创建Fragment请求
```

搜索业务模块也进行类似的处理。

15.6.5 国际化

我们的 App 是打算放到 Google Play 上的，因此会涉及不同语言的使用者，所以需要做好国际化的适配工作。

国际化其实也很简单，就是在资源文件夹中建立对应不同语言的 values 文件夹。例如默认的 values 文件夹，我们可以在这里放入英文资源文件，如果想要有对应的中文资源文件，可以新建一个叫 values-zh-rCN 的文件夹，里面放入跟 values 一样对应的文件，如 strings.xml、arrays.xml 等，然后将其中的资源改成中文内容即可。

需要注意的是，如果 values-zh-rCN 找不到对应的字段，系统会自动从 values 文件夹中找到对应的字段并读取出来，如图 15.23 所示。

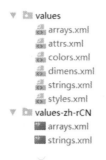

图 15.23　values 目录

这里在 arrays.xml 和 strings.xml 中都有对应的中英文字符串需要翻译，因此在 values-zh-rCN 中我们需要建立这两个文件。

如果建立了文件，但是其中没有 values 的字段，那么在 values 中会有提示，如图 15.24 所示。

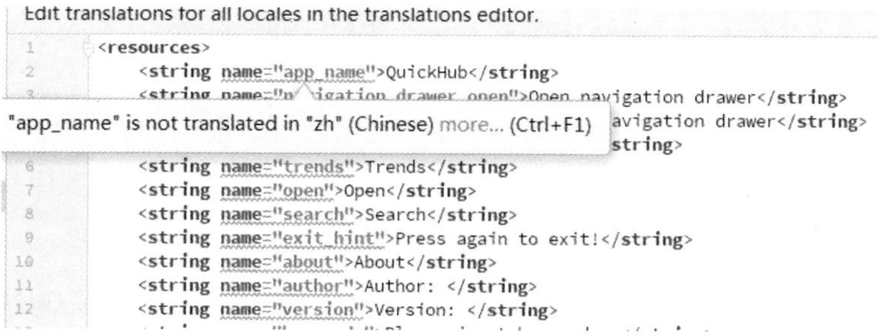

图 15.24　缺失提示

第 16 章 打包与发布

App 开发完成后,接下来我们打算上传到应用市场,这样可以给用户下载使用。这里我们以 Google Play 为例,来看看怎么将我们开发的 App 上传到应用市场。

16.1 打包

在发布之前,我们需要将 App 进行打包,最终得到一个 APK 文件。

与我们开发时编译运行的 App 不一样,发布到应用市场上的 App 必须是 release 版本的,而且必须有签名。

在 15.4.4 小节中我们介绍了签名文件的配置,现在我们介绍打包的步骤。

在 Build 选项中选择 Generate Signed Bundle or APK,选择 app,如图 16.1 所示。

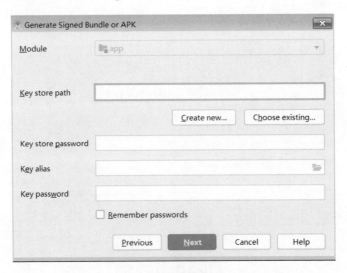

图 16.1　填写打包信息

如果没有 key 文件,也就是没有 jks 文件(密钥库),则选择 Create new...,按照指示填写即可。注意，创建 key 的时候，可能会出现图 16.2 所示的错误提示。

图 16.2　错误提示

我们按照图 16.3 所示的提示进行操作即可。

图 16.3　操作提示

接下来我们可以按照提示一步一步地生成签名文件的 APK。

但是这跟我们在 15.4.4 小节中提到的签名文件的配置有什么关系呢？是否每次都要通过这个步骤来生成签名的 APK 文件？当然不是，上面的步骤只是在没有申请过签名文件的前提下，我们可以通过这样的步骤生成签名文件；在得到签名文件后，我们按照 15.4.4 小节中介绍的签名文件配置信息填写好；然后我们在 Android Studio 左下角的 Build Variants 中勾选 release，如图 16.4 所示。

然后运行 Build -> Rebuld Project，这样就编译出了 release 版本的 APK，如图 16.5 所示。

图 16.4　Build Variants　　　　　　　　图 16.5　编译出的 APK 的路径

我们在运行项目的时候，同样是编译成 release 版本的 APK 并运行到设备上的，如图 16.6 所示。

图 16.6　运行项目

16.2 发布

首先,我们打开 Google Play 的官网,然后登录 Google 账号。如果你的开发者账号还没有支付 25 美元的注册费用,那么你会到这样一个界面,如图 16.7 所示。

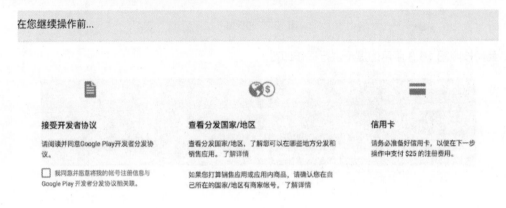

图 16.7 提示界面

如果你的账号已经支付过注册费用,那么打开这个网址登录后,你会跳转到 Google Play Console 控制台界面,如图 16.8 所示。

我们单击"创建应用",参考图 16.9 所示的界面。

图 16.8 控制台界面　　　　　　　　　　图 16.9 创建应用

然后按照要求填写内容,需要的资料如下。

- 简短说明。
- 完整说明。
- 512 像素 x 512 像素高分辨率的图标。
- 屏幕截图。
- 置顶大图。
- 应用类型、类别。
- 邮箱。

接下来找到左边抽屉栏中的"应用版本",我们直接在正式版本这一项中单击"管理",然后再单击"创建版本",如图 16.10 所示。

图 16.10 创建版本

Google 为我们管理 App 的签名密钥,这里我们选择"继续"并开始启用这个功能。

接下来的工作如下。

- 上传 APK。
- 定义版本号。
- 版本新功能描述。

接下来就是单击左边栏目的"内容分级",主要就是填写一些问卷之类的,很简单。然后就是填写"定价和分发范围""应用内容",这里就不过多描述了。

填写完成后,我们单击左上角的"应用版本",单击"正式版渠道"中的"修改版本",然后单击"查看",如图 16.11 所示。

图 16.11 修改版本

最后单击"开始发布正式版",就完成了整个发布流程,如图 16.12 所示。

图 16.12 发布完成

接下来就是等待审核了,一般一个小时左右就可以审核完毕,图 16.13 所示为审核中等待发布的状态。

图 16.13 等待发布